Contubernium

Tübinger Beiträge zur Universitäts- und Wissenschaftsgeschichte

Herausgegeben von
SIGRID HIRBODIAN (federführend), RENATE DÜRR, WOLFGANG FORSTER,
REGINA KEYLER, ULRICH KÖPF und THOMAS POTTHAST

Band 90

Zugleich

Jahreshefte der Gesellschaft für Naturkunde in Württemberg

Sonderband 6

Die Jahreshefte erscheinen seit 1845 (ISSN 0368-2307).
Weitere Informationen auf:
https://gesellschaft-naturkunde-wuerttemberg.de/jahreshefte/inhaltsverzeichnisse-der-jahreshefte.html
Die bisher erschienenen Sonderbände finden Sie unter:
https://gesellschaft-naturkunde-wuerttemberg.de/sonderbände.html

Gustav Schübler (1787–1834)

Professor für Naturgeschichte und Botanik in Tübingen

Rainer Loose

Franz Steiner Verlag

Gedruckt mit freundlicher Unterstützung der Gesellschaft für Naturkunde in Württemberg e. V. und der Gesellschaft Stiftung Oberschwaben.

Die Gesellschaft für Naturkunde in Württemberg e.V. wurde 1844 gegründet. Informationen, insbesondere auch zur Mitgliedschaft, finden Sie auf der Homepage:
https://gesellschaft-naturkunde-wuerttemberg.de/

GESELLSCHAFT FÜR
NATURKUNDE
IN WÜRTTEMBERG E.V.

Stiftung Oberschwaben

Umschlagabbildung: Gustav Schübler (1787–1834), Lithographie, unbekannter Künstler.
Vorlage und Aufnahme: Stadtarchiv Heilbronn.

Bibliografische Information der Deutschen Nationalbibliothek:
Die Deutsche Nationalbibliothek verzeichnet diese Publikation in der Deutschen Nationalbibliografie; detaillierte bibliografische Daten sind im Internet über <http://dnb.d-nb.de> abrufbar.

Layout und Herstellung durch den Verlag
Satz: SchwabScantechnik, Göttingen
Druck: Beltz Grafische Betriebe, Bad Langensalza
Gedruckt auf säurefreiem, alterungsbeständigem Papier.
Printed in Germany.
ISBN 978-3-515-13254-1 (Print)
ISBN 978-3-515-13258-9 (E-Book)

Vorwort

Bei meinen Recherchen zur Geschichte der Centralstelle des Königlich Württembergischen landwirtschaftlichen Vereins stieß ich erstmals auf den Namen des Tübinger Professors Gustav Schübler, der von König Wilhelm I. unter die beratenden Mitglieder dieser „Staatsanstalt" berufen worden war. Welche Gründe für seine Ernennung ausschlaggebend waren blieb mir zunächst rätselhaft. Groß aber war das Erstaunen, als sich zeigte wie groß seine Verdienste um die Naturwissenschaft und insbesondere die Botanik waren. Diese kannte ich nicht. Denn außer dem kurzen Eintrag in der Allgemeinen Deutschen Biographie von Ernst Wunschmann (siehe Literaturverzeichnis) fand ich wenig Erhellendes, das mir hätte weiter helfen können. Auch seine Leistungen als Naturwissenschaftler und Autor wissenschaftlicher Werke schienen mir nicht ausreichend gewürdigt worden zu sein. Also suchte ich nach Lebenszeugnissen und Unterlagen zu seinen Publikationen und seiner Lehrtätigkeit, um mehr über ihn und seinem Wirkungskreis zu erfahren. Das Ergebnis dieser mehrjährigen Nachforschungen habe ich in der vorliegenden Studie zusammengefasst, von der ich hoffe, dass sie den Blick auf die Frühzeit und Entwicklung der Naturwissenschaften in Württemberg zu weiten vermag. Diese Studie soll auch daran erinnern, wie mühsam und zeitaufwändig es gewesen sein muss, verlässliche Daten und Fakten zum Naturraum Württembergs, besonders zu Böden, natürlicher Vegetation und mikroklimatischen Verhältnissen, zu gewinnen, und dies zu einer Zeit, als es noch keine Fotoapparate gab, sondern der Reisende allein auf seine Beobachtungsgabe und zeichnerische Fähigkeit angewiesen blieb.

Die umfangreichen Recherchen waren nur dank der vielfältigen Unterstützung zahlreicher Personen und Institutionen möglich. Für diese Hilfen danke ich dem Landesarchiv Baden-Württemberg mit den Abteilungen Hauptstaatsarchiv Stuttgart und Staatsarchiv Ludwigsburg herzlich. Namentlich gilt mein besonderer Dank Frau Dr. Regina Keyler (Universitätsarchiv Tübingen), Herrn Dr. Wilfried Lagler (Universitätsbibliothek Tübingen, Abt. Handschriften/Alte Drucke), Frau Cornelia Dilger-Endrulat (Universität Tübingen, Institut für Evolutionäre Ökologie der Pflanzen/Herbarium Tubingense), Frau Dr. Gabriele Schweikl (Universitätsbibliothek Regensburg), Herrn Dr. Olaf Schneider (Universitätsbibliothek Giessen), Frau Susanne Dietel (Universitätsbibliothek Leipzig), Frau Editha Schubert, Senckenberg

Deutsches Entomologisches Institut Müncheberg, Herrn lic. phil. Wolfgang Göldi, Kantonsbibliothek Vadiana St. Gallen, Frau Christiana Herrgott (Klassik Stiftung Weimar) und Herrn Dr. Arno Wörz (Staatliches Museum für Naturkunde, Stuttgart) sowie Herrn Prof. em. Dr. Karl Stahr (Universität Hohenheim).

Das Manuskript entstand im Wesentlichen in den Jahren 2014 bis 2017 und wurde im ersten Halbjahr 2020 aktualisiert. Als sich endlich ein Abschluss abzeichnete, wäre die Publikation nach Jahren des Zuwartens an den inzwischen durch die Corona-Krise eingetretenen finanziellen Engpässen gescheitert.

Dass es dazu nicht kam, verdanke ich den Bemühungen von Herrn Prof. em. Dr. Ulrich Köpf und Frau Prof. Dr. Sigrid Hirbodian, die das Manuskript für die Veröffentlichung in der Schriftenreihe „Contubernium. Tübinger Beiträge zur Universitäts- und Wissenschaftsgeschichte" ihren Mitherausgebern empfahlen und welche ebenfalls ihre Zustimmung gaben. Frau Prof. Hirbodian hat sich zudem um eine Druckkostenbeihilfe bemüht.

Nicht zuletzt gilt dem Vorstand der Gesellschaft für Naturkunde in Württemberg, stellvertretend nenne ich Prof. Dr. Theo Simon und Dr. Simon Stutz, Schriftleiter der Jahreshefte der Gesellschaft, ein herzliches Dankeschön. Ihr Einsatz hat die Mitherausgeberschaft ermöglicht und die großzügige Förderung für die Drucklegung gesichert.

Mössingen, im Oktober 2021 Rainer Loose

Inhalt

Abkürzungen

ADB	Allgemeine Deutsche Biographie
Bearb., bearb.	Bearbeiter, bearbeitet von
BSM	Bayerische Staatsbibliothek München
CWLV	Correspondenzblatt des landwirthschaftlichen Vereins, hg. von der Centralstelle des Württembergischen landwirthschaftlichen Vereins. 1 (1822) – 54 (1848). Stuttgart/Tübingen (Verlag der Cotta'schen Buchhandlung).
DLA	Deutsches Literaturarchiv Marbach a. N.
EM	Ehrenmitglied
f	Folioseite
fl	Gulden (1 Gulden = 60 Kreuzer)
GNM	Germanisches National-Museum Nürnberg
Hg., Hgg., hg.	Herausgeber, herausgegeben
HStAS	Hauptstaatsarchiv Stuttgart
Jh.VVNW	Jahreshefte des Vereins für vaterländische Naturkunde in Württemberg, 1ff (1845ff)
KB	Kreisbeschreibung(en) des Landes Baden-Württemberg
KM	Korrespondierendes Mitglied
Morgen (Württemberger)	1 Morgen = 150 Quadratruten = 3.151,745 m^2
NDB	Neue Deutsche Biographie
NN	Normalnull, Meeresspiegelniveau Null
OA	Oberamt
OAB	Beschreibung des Oberamtes N. N., hg. vom Königlich Statistisch-Topographischen Bureau, Stuttgart 1824 ff.
OM	Ordentliches Mitgllied
Reg.Blatt	Regierungsblatt für das Königreich Württemberg 1824–1835, davor Königlich-Würtembergisches Staats- und Regierungsblatt.

(Quadrat-)Rute	1 Rute = 21,012 m^2
Schuh oder Fuß (Pariser)	32,48 cm
Schuh (Württemberger)	28,649 cm
s	Sekunde
StAL	Staatsarchiv Ludwigsburg
UAH	Universitätsarchiv Hohenheim
UAT	Universitätsarchiv Tübingen
UB	Universitätsbibliothek
WJb, WJbb	Würtembergisches Jahrbuch, Württembergische Jahrbücher
WLB	Württembergische Landesbibliothek Stuttgart
WLH	(Württembergisches) Wochenblatt für Land- und Hauswirthschaft, Gewerbe und Handel, hg. von der Centralstelle des Landwirthschaftlichen Vereins. 1 (1834) – 15 (1848). Stuttgart/Tübingen (Verlag der Cotta'schen Buchhandlung).
xr	Kreuzer
Zoll (Pariser)	2,707 cm

Abbildungsnachweis

Bayerische Staatsbibliothek, München: 13 und Anhang II
Manfred Grohe, Kirchentellinsfurt: 8, 14, 22
Klassik Stiftung Weimar, Goethe- und Schiller-Archiv: 24
R. Loose: 10b, 18, 19.
Katja Ott, Mengen: 9
Stadtarchiv Heilbronn: 1
Stadtmuseum Tübingen: 4
Städtische Museen Esslingen, Stadtmuseum im Gelben Haus: 21
Universität Tübingen, Institut für Evolution der Pflanzen, Herbarium Tubingense: 16
Universitätsbibliothek Tübingen, Abt. Handschriften/Alte Drucke: 2, 3, 5, 6, 7, 10a, 11, 12, 15, 17, 20, 23, 26, 27, 28, 29, 30.
Württembergisches Landesmuseum Stuttgart, Münzkabinett, Bildarchiv: 25a, 25b

1.
Einführung

*Das Interesse für Natur und Wissenschaft anzufachen und zu erhöhen.**

Dieses Zitat aus dem Nachruf auf Gustav Schübler von 1834 soll als Leitmotiv der Biographie vorangestellt sein. Es charakterisiert den Forscher und akademischen Lehrer, der – wie auch andere Naturforscher und Mediziner seiner Zeit – zu Beginn des 19. Jahrhunderts für den Aufbruch in den Wissenschaften steht. Das Interesse für die Naturwissenschaften zu wecken, sich von der Naturphilosophie abzuwenden, welche bequem zuhause am Schreibtisch zu betreiben war, war kein einfacher Weg, zumal im nach-napoleonischen Europa, wo vielerorts die finanziellen Mittel fehlten, um neue Grundlagen zu erstellen und verfügbar zu machen. Denn als nach den Napoleonischen Kriegen 1815 wieder Frieden in Europa einkehrte, bedeutete dies nicht nur die Restauration der staatlichen Obrigkeiten in neuen Grenzen, sondern zugleich auch einen Neubeginn in den Wissenschaften, besonders in den Naturwissenschaften, wofür der Name Alexander von Humboldt beispielhaft genannt sei. Er entfloh den europäischen Kriegsschauplätzen, schrieb aber nach der Rückkehr seine wichtigste Veröffentlichung „Kosmos“ in Paris, wo es große, reichhaltige Bibliotheken gab und wo er mit anderen Wissenschaftlern Fragen und Probleme ohne Rücksicht auf akademische und staatliche Zwänge diskutieren konnte. Als weltweit angesehener Wissenschaftler bewegte er sich ungehindert zwischen den Staaten und Weltanschauungen sowie Ständen, formulierte Themen und Aufgaben, die Aufschluss über die großen Geheimnisse der Welt geben könnten. Reisen, sehen, beobachten, sich austauschen war dank des Friedens und der wiedergewonnenen Sicherheit auf Europas Straßen wieder möglich und wer Geld hatte nutzte die neue Freiheit, um Landschaften, Städte, Natur, Sitten und Gebräuche sowie Lebensweisen in fernen Ländern und Regionen kennenzulernen, oft noch zu Fuß, weil es Postkurse lediglich zwischen den großen Städten gab. Für die Daheimgebliebenen das Erlebte und Gesehene schriftlich und zeichnerisch

* Das Zitat ist dem Nekrolog im Medicinischen Correspondenzblatt des Württembergischen ärztlichen Vereins, 4 (1834), S. 240–242 entnommen.

festzuhalten, war dabei das ersehnte Mitbringsel, aus dem für Vorträge und schriftliche Mitteilungen in Zeitungen und Zeitschriften oder gar großen Folianten geschöpft und die Neugier an den Wundern der fernen Welt befriedigt werden konnte. Goethe hatte es bei seinen italienischen Reisen vorgemacht und Maßstäbe für Reiseskizzen und literarische Stoffe gesetzt. Die Sehnsucht Italien zu bereisen, ist aber bei dem Dichter nicht so sehr der wissenschaftliche Impetus, alles Unbekannte systematisch zu erforschen, sondern folgt wohl einem Jugendtraum und der Bildung und Erziehung sowie dem Vorbild des Vaters, der ja auch Italien in jungen Jahren erlebt hatte und zeitlebens davon schwärmte.

Interesse an den Naturwissenschaften zu wecken und zugleich zu erhöhen, diesem Motiv kam nicht nur der wiedergewonnene Frieden zupass, sondern auch ein außergewöhnliches Naturereignis, das 1816 weltweit als „Jahr ohne Sommer" in die Annalen der Geschichte einging. Die Explosion des Vulkans Tambora im fernen Niederländisch Ostindien (heute Indonesien) 1815 zeitigte im Jahr darauf eine im Sommer und Herbst lang anhaltende nasse und kalte Witterung, die zu Missernten und Hungersnot führte[1]. Damals waren die unser Wetter bestimmende atmosphärische Zirkulation und die klimatologischen Wirkungen des Vulkanausbruchs auf die Wirtschaft den Naturforschern noch nicht bekannt. Einige ahnten zwar, dass es mehr Klimadaten bräuchte, um Wettervorhersagen zuverlässiger machen zu können, allein um sich rechtzeitig auf Nahrungsmittelengpässe vorzubereiten und ein Ansteigen der Getreidepreise ins Unermessliche zu verhindern. Der Staat begünstigte und beförderte deshalb Bestrebungen, das Wissen über die Natur zusammenzuführen und die natürlichen Grundlagen der Landwirtschaft zu erfassen und darzustellen. In Württemberg fiel diese Aufgabe der 1817 geschaffenen Centralstelle des landwirtschaftlichen Vereins zu, die Ideen für die Verbesserung der Landwirtschaft suchte und deshalb zur Mitarbeit in den verschiedensten Disziplinen einlud, nicht zuletzt um Bildung und Ausbildung in dem ihr unterstellten Landwirtschaftlichen Institut Hohenheim auf verlässliche Grundlagen zu stellen.

Nicht um Hohenheim, Humboldt oder Goethe soll es in dieser Studie gehen, obwohl der Weltreisende und der Dichter auch in der Biographie des vorzustellenden Tübinger Professors eine Rolle spielten, sondern um einen Mann, der aus ganz anderen Verhältnissen stammte und andere Gründe hatte sich auf den Weg zu machen, letztlich um eine eigene und gründliche Anschauung von Land und Leuten zu gewinnen. Seine Beobachtungen und Erfahrungen dienten – so viel sei vorneweg angemerkt – primär der universitären Lehre und wissenschaftlichen Zwecken, vornehmlich der Dokumentation der Landesnatur, welche wiederum eine Quelle für politisches

1 Vgl. dazu die Referate des interdisziplinären Symposiums vom Oktober 2016 in der Akademie der Diözese Rottenburg-Stuttgart in Hohenheim, abgedruckt im Sammelband „1816 – Das Jahr ohne Sommer", hg. Senta HERKLE, Sabine HOLTZ und Gert KOLLMER-VON OHEIMB-LOUP. Stuttgart 2019.

Handeln, u. a. um die Landwirtschaft zu erneuern, sein konnte und sollte. Es ging ihm um das Raumwissen seiner Zeit, das bezüglich Atmo-, Litho- und Biosphäre damals noch recht rudimentär war. Neue Erkenntnisse gewinnen, Wissen zu generieren, es mit älteren Ansichten methodischen Regeln gemäß zu verbinden, zu ergänzen und so einen umfassenderen Wissensstand und Blick auf die natürlichen Lebensgrundlagen zu gewinnen, war eines der Ziele früher Naturforscher. Die wissenschaftlichen Ergebnisse zusammenzuführen, sie als „Vaterlandskunde" auch für Laien verständlich zu machen, gehörte zu den aufklärerischen Zielen der Naturforscher. Als Vertreter einer Generation, die noch ohne große technische Möglichkeiten, vor allem unzulängliche physikalische Instrumente und dürftig ausgestattete chemische Labore, komplizierte experimentelle Versuchsanordnungen Forschung betrieb, darf Schübler immerhin für sich in Anspruch nehmen, Wesentliches entdeckt und publiziert zu haben. Seine Zeitgenossen haben deswegen wiederholt ihn als großen Mann der Wissenschaft, als Anreger und Aufklärer, gerühmt.

Für uns ist nicht nur die Person Schübler wichtig, sondern auch seine Position in den während der ersten Hälfte des 19. Jahrhunderts sich rasch entwickelnden Naturwissenschaften in Württemberg und darüber hinaus in Deutschland und Europa. In Berlin, München, Bern und Genf wurden neue Universitäten und Akademien mit speziellen Lehrstühlen gegründet, dazu mineralogische Sammlungen und Herbarien sowie Botanische Gärten für die Lehre angelegt oder erweitert, deren Direktoren bald einen regen Austausch untereinander pflegten. Schübler ist dabei ein fleißiger, bisher kaum gewürdigter Netzwerker. Die Beziehungen herauszuarbeiten, ist aufgrund der lückenhaften Quellenlage schwierig und muss daher fragmentarisch bleiben. Doch gewährt seine erhaltene Korrespondenz Einblicke in ein sich bildendes nationales und internationales Netzwerk von Medizinern, Botanikern, Geologen, Forst- und Agrarwissenschaftlern, geknüpft von einer vorwiegend bürgerlichen Bildungsschicht, die sich auf diese Weise von Standesgrenzen und bürokratisch, obrigkeitlicher Bevormundung abwandte und zu neuen Formen Sach- und Staatsgrenzen überschreitenden Wissenschaftsaustausch fand. Exemplarisch steht hierfür die, von dem im badischen Bohlsbach (bei Offenburg) geborenen Lorenz Ludwig Oken, 1822 gegründete Gesellschaft deutscher Naturforscher und Ärzte und ihre Jahresversammlungen (siehe unten).

Wer sich über Gustav Schübler, den stillen „Helden" dieser Studie, informieren will, dessen Tod, wie in der hoch angesehenen Zeitschrift „Flora oder Allgemeine botanische Zeitung" 1834[2] nachzulesen ist, als großer Verlust für die Naturwissenschaften angezeigt wurde, ist bis heute, abgesehen von knappen biographischen Notizen, auf Einträge im Neuen Nekrolog der Deutschen von 1836 und – wie erwähnt – in der All-

2 17. Jg., Nr. 36, S. 576.

gemeinen Deutschen Biographie von 1891[3] angewiesen. Warum er in Vergessenheit geriet, darüber kann spekuliert werden. Vermutlich liegt es an den Quellen, die über das Leben und Wirken von Schübler Auskunft geben könnten. Sie sind verstreut und daher nur mit großem Aufwand zu einem halbwegs abgerundeten Lebensbild zusammenzufügen. Dies ein wenig zu ändern, ist Absicht dieser biographischen Studie, auch in der Hoffnung, dass nicht nur weitere Quellenfunde gemacht werden, sondern auch der Beitrag dieses Mannes zur Entwicklung der Naturwissenschaften als einer ihrer hervorragenden schwäbischen Vertreter im frühen 19. Jahrhundert in einem helleren Licht erscheinen möge.

3 Schwäbische Chronik vom 5. April 1835, S. 371 und vom 6. April 1835, S. 373; Neuer Nekrolog der Deutschen 12. Jg. (1834), 2. Teil. Weimar 1836, S. 665–670; Medicinisches Correspondenzblatt des Württembergischen ärztlichen Vereins Bd. 4, Nr. 30 vom 10. April 1835, S. 240–242; POGGENDORFF, J. C. (Hg.): Biographisch-literarisches Handwörterbuch zur Geschichte der exacten Wissenschaften, Bd. 2 (M–Z). Leipzig 1863, Sp. 853–855; PRITZEL, G. A.: Thesaurus literaturae botanicae omnium gentium. Leipzig 1872, S. 289; HESS, Richard: Lebensbilder hervorragender Forstmänner und um das Forstwesen verdienter Mathematiker, Naturforscher und Nationalökonomen. Berlin 1885, S. 328–329; Allgemeine Deutsche Biographie (= ADB) Bd. 32 Berlin 1891, ND Berlin 1979, S. 639–640 (Ernst WUNSCHMANN); STAFLEU, Frans A. und Richard S. COWAN: Taxonomic Literature, 2. Auflage, Bd. 5, S. 357–361 (Regnum vegetabile, 112). Utrecht 1985.

2.
Herkunft und Vorfahren

Gustav Schübler wurde am 15. August 1787 in Heilbronn am Neckar geboren. Er war das erste von fünf Kindern des Bürgermeisters Christian Ludwig Schübler (* 21.03.1754, † 4.04.1820) und seiner Ehefrau Friederike Margarete Mertz (* 3.03.1765, † 2.11.1806). Von seinen Geschwistern haben die beiden Brüder Eduard (von) Schübler (1792–1870)[4], und Valentin (von) Schübler (1794–1862)[5] in der Geschichte des Königreichs Württemberg nicht unwichtige Rollen gespielt. Eduard studierte in Tübingen die Rechte und engagierte sich politisch, war Rechtsanwalt, juristischer Schriftsteller, Redakteur und Mitherausgeber der liberalen Zeitung „Der Volksfreund (aus Schwaben)", dem Vorläufer des oppositionellen Blattes „Der Beobachter", geriet wegen der Zensur in harte, gerichtliche Auseinandersetzungen, wurde 1819 Abgeordneter der Stadt Heilbronn zur Ständeversammlung, 1845–48 Abgeordneter von Stadt und Oberamt Schwäbisch Hall zum Württembergischen Landtag. Valentin studierte in Tübingen, Göttingen und Freiberg/Sachsen Mathematik, Physik, Chemie und Mineralogie, Kameralwissenschaft sowie Bergbau- und Hüttenkunde, wurde 1827 Münzwardein und 1832 Bergrat. Von den Schwestern – Justine (* 13.02.1796, † 2.12.1871) und Theresia († 2.11.1842) – ist nicht viel bekannt, außer dass sie unverheiratet blieben und im Haus ihres Bruders Gustav in Tübingen lebten und dort auch starben. (Abb. 1)

Die Schübler zählten zur kleinen Gruppe der ratsfähigen Familien und Geschlechter in der freien Reichsstadt Heilbronn. Zu Anfang des 18. Jahrhundert waren sie aus dem Elsass zugewandert. Johannes, der erste in Heilbronn nachweisbare Schübler (1686 in Straßburg/Elsass geboren), wurde 1709 Notar in Heilbronn und erhielt 1714 das Heilbronner Bürgerrecht. Über verschiedene städtische Funktionen und eine gute Heiratsverbindung stieg er in die städtische Aristokratie auf und wurde 1734 zum Dritten Bürgermeister gewählt, rückte schließlich dem Dienstalter (Anciennitätsprinzip) entsprechend ab 1741 in das Amt des Ersten Bürgermeisters vor und blieb bis zu seinem Tod (1757) an der Spitze der städtischen Regierung. Sein Sohn Johann Friedrich

4 Siehe ALEXANDRE, Eduard Schübler (1792–1870, S. 331 ff.; RABERG, Biographisches Handbuch, S. 837/838.

5 REINERT, Valentin Schübler S. 248–255.

Abb. 1 Gustav Schübler (1787–1834), Lithographie, unbekannter Künstler. – Vorlage und Aufnahme: Stadtarchiv Heilbronn.

(1722–1788) wurde ebenfalls Senator, aber nicht Bürgermeister. Christian Ludwig, der Enkel von Johannes und Vater von Gustav, war einer von den drei letzten Bürgermeistern der freien Reichsstadt Heilbronn. Er hatte in Erlangen und Jena die Rechte studiert, zeigte aber auch starkes Interesse an Mathematik, Astronomie und Naturwissenschaften. Als Verfasser mathematischer Schriften und Rezensent der Jenaer Allgemeinen Literatur-Zeitung hat er sich der Welt der Gebildeten bekannt gemacht[6]. Seine städtische Karriere begann er als gewählter Senator und Visitator der Apotheken, versah daneben die Ämter des Archivars, eines Scholarchen, Schauers über Gold- und Silberproben, war Obmann und Handwerksherr bei den Bäckern, Glasern, Rotgerbern und Seifensiedern[7]. Im Hause Schübler verkehrten Politiker und Dichter, darunter auch Friedrich Schiller, von dem die Familienchronik[8] nicht ohne Stolz festhält, dass

6 BULLING, Rezensenten der Jenaischen Allgemeinen Literatur-Zeitung; Sigel: Ar.

7 HOFFMANN, Verfassung und Verwaltung S. 143–155, hier S. 146.

8 HÄCKER, Christian Ludwig Schübler S. 170–182, hier S. 181 ff.; SCHMOLZ/WECKBACH, Bedeutende Heilbronner III (Mediziner, Naturwissenschaftler und Techniker); WECKBACH, Christian Ludwig Schübler S. 199–218.

er den Astrologen Seni im Drama „Wallenstein" nach einem Besuch in Heilbronn dem vielinteressierten und begabten Bürgermeister nachempfunden habe.

Als die Stadt durch den Reichsdeputationshauptschluss 1802/03 mediatisiert und in das Kurfürstentum, ab 1806 Königreich Württemberg, integriert wurde, bedeutete dies für die Familie eine tiefe Zäsur und als Folge davon den Wechsel des Vaters nach Ellwangen zur neu-württembergischen Oberlandesregierung und 1806 nach Stuttgart, wo er württembergischer Oberregierungsrat wurde. In Ellwangen war ihm die Reform des neu-württembergischen Schulwesens übertragen, auch für die Auflösung der säkularisierten Kloster-Bibliotheken und für die Zusammenführung der Buchbestände in Ellwangen war er zuständig, Tätigkeiten also, bei denen er seine Vorliebe für Bildung und Wissenschaft gut einbringen konnte. Zudem war er als einer von drei Mathematikern maßgeblich an der Maßregulierung für die neu-württembergischen Staaten beteiligt[9]. Diese Ämter und Aufgaben dürfte er zur vollen Zufriedenheit seines Herrn, König Friedrich, ausgeübt haben. Nur einmal, als Zensor, nahm er seine Amtspflicht vielleicht doch zu genau wahr, wie 1809/10, als er in Stuttgart die Zensur des unpolitischen Cotta'schen *Morgenblatts für gebildete Stände* wohl allzu streng handhabte, worüber der Verleger so erbost war, dass er 1810 mit der Verlegung des Blatts ins Ausland drohte[10]. Dass es dazu nicht kam, ist Cottas guten Beziehungen zu König und Hof zu verdanken. Bekam er doch nun einen anderen, weniger pedantischen Zensor, der ihm zugleich Gebühren und Druckkosten sparen half.

9 Vgl. PAUL, Württemberg 1797, S. 1327, 1351–1355.

10 FISCHER, Johann Friedrich Cotta, S. 328/329; MOJEM, Johann Friedrich Cotta. Repertorium seiner Briefe, n. 1155 vom 27./30.12.1809; n. 1161 vom 2.01.1810, n. 1169 vom 25.01.1810, n.1177 vom 24.02.1810 und n. 1199 vom 27.04.1810 (Cotta meldet die Ablösung Schüblers und erwägt die strittigen Artikel erneut der Zensur vorzulegen).

3.
Schule und Studium (1797–1810)

Die Eltern ermöglichten den Kindern eine gute schulische Bildung und Erziehung. Die drei Söhne durften sogar studieren. Gustav besuchte in Heilbronn und nach der Versetzung des Vaters in Ellwangen das Lyceum. Nach neun Jahren war er in *Sprachen und Hilfswissenschaften* – wie es heißt – so weit vorgerückt, dass er 1806 – Württemberg war gerade Königreich geworden – mit Erlaubnis des Königs und ohne der Wehrpflicht unterworfen zu sein die Universität Tübingen[11] beziehen konnte, um die Heilkunde zu studieren. „Sprachen und Hilfswissenschaften" meint in diesem Zusammenhang, dass er einer lateinisch gehaltenen Vorlesung folgen und eine Dissertation im klassischen Latein verfassen, zudem griechische Texte übersetzen konnte, ferner über hinreichende mathematische, geographische, geschichtliche und philosophische Kenntnisse verfügte, kurzum umfassend humanistisch gebildet war. In der Akte über seine Staatsprüfung vor der *Medicinal-Section (Medicinal Collegium),* einer Staatsbehörde aus Stuttgarter Leib- und Hofärzten, vom August 1810[12] sind seine akademischen Lehrer festgehalten. Alle sind über Tübingen hinaus berühmt geworden und stehen für den Aufstieg der Medizin und die Emanzipierung der Naturwissenschaften von der Theologie im Zeichen der Aufklärung im Herzogtum, später Königreich Württemberg. Das Studium, das Gustav Schübler in Tübingen absolvierte, umfasste Vorlesungen und Übungen bei den Professoren Wilhelm Gottfried (von) Ploucquet (1744–1814) in Nosologie und Pathologie, Semiotik und *medicina forensis;* bei Karl Friedrich (von) Kielmeyer (1765–1844) theoretische und experimentelle Chemie, vergleichende Anatomie, Pflanzenkunde und allgemeine Zoologie; bei Christoph Friedrich (von) Pfleiderer (1736–1821) theoretische Physik; bei Johann Heinrich Ferdinand (von) Autenrieth (1772–1835) Anatomie, Sezierübungen und Physiologie, Volkskrankheiten, medizinische Chirurgie und praktische Medizin; bei Ludwig Friedrich (von) Froriep (1779–1847) spezielle Zoologie, Chirurgie und Entbindungskunst;

11 Immatrikuliert am 28. Oktober 1806 unter dem Rektorat von Professor Kielmeyer (Bürk, Albert und Wilhelm Wille (Bearb.): Die Matrikeln der Universität Tübingen, 3 (1710–1817). Tübingen 1953, S. 432, Nr. 40189; Einschreibegebühr 6 fl 15 xr.

12 HStAS E 141, Bd. 5 (Ärzteprüfungen 1806–1830, Unter-Fasz 1810, datiert Stuttgart, 4. August 1810).

bei Ferdinand Gottlieb (von) Gmelin (1782–1848) *materia medica* und experimentelle Pharmazie und schließlich noch bei Jakob Friedrich (von) Abel (1751–1829), der über Seelenkrankheiten las. In der lateinisch verfassten Einladung von Rektor und Senat der Universität Tübingen zur Antrittsvorlesung Schüblers am 17. Dezember 1817, in der sein Lebenslauf und akademisch-wissenschaftlicher Werdegang skizziert ist, erscheint auch der Name von Johann Gottfried Friedrich (von) Bohnenberger (1765–1831), bei dem er vermutlich Vorlesungen über Mathematik, Astronomie und Vermessungskunde (Geodäsie) hörte[13]. Bohnenberger war für die Landesvermessung und Kartographie Württembergs ein wichtiger Mann gewesen. Hat er doch von Tübingen aus die Triangulation des Landes mit der Festlegung der Hauptmesspunkte in die Wege geleitet, mit deren Hilfe die exakte Vermessung von Grund und Boden in Württemberg durchgeführt wurde. Ziel war ein Liegenschaftskataster mit Verzeichnis der Eigentümer und Angabe der Flächengröße, Bodennutzung und Erträge zur Steuererhebung und -verteilung. Die Ergebnisse wurden in Flurkarten im Maßstab 1:2.500 übertragen und daraus im verkleinerten Maßstab (1:50.000) auch die topographischen Karten mit den Reliefverhältnissen in Schraffenmanier – der Topographische Atlas des Königreichs Württemberg – abgeleitet[14]. 2018 feierte Baden-Württemberg 200 Jahre Landesvermessung, die in den Kontext der von König Wilhelm I. angestoßenen Reformen zur Erneuerung von Verwaltung und Wirtschaft einzuordnen ist.

Im Dezember 1809 ließ Schübler sich von der Medizinischen Fakultät prüfen und im Mai 1810 verteidigte er seine Dissertation[15] über Experimente zum Einfluss der Elektrizität auf Blut und Atmung von Mensch und Tier öffentlich in Rede und Gegenrede und wurde von Professor Karl Friedrich (von) Kielmeyer, einem der damals renommiertesten Mediziner und Naturforscher Deutschlands, zum *Doctor medicinae* promoviert. (Abb. 2) Das Thema war höchst aktuell und widmete sich zwei Fragen: 1. ob Elektrizität, als physikalisches Phänomen 1770 von Alessandro Giuseppe Volta entdeckt, feste und flüssige Stoffe schneller oder langsamer erkalten lässt und 2. ob und wieviel Sauerstoff im Blut unter negativer und positiver Spannung aufgenommen wird und damit die Atmung erleichtert oder erschwert. Menschenblut und Mäuse sowie Vögel (u. a. eine Meisenart) dienten ihm als Versuchsobjekte zu seinen Experimenten der Bio-Elektrizität. Von den Erkenntnissen erhoffte er sich auch sogenannte galvanoelektrische Therapiemöglichkeiten, z. B. zur Lösung von Krämpfen und Lähmungen.

13 http://idb.ub.uni-tuebingen.de/diglit/LXV8a_fol_33/0001 vom 17. Dezember 1817.

14 Vgl. dazu die Beiträge in BAUMANN, Bohnenberger. Stuttgart 2016; KOMMERELL, Bohnenberger S. 38–53.

15 Dissertatio inauguralis medica sistens experimenta quedam influxum electricitatis in sanguinem et respirationem spectantia. Tübingen 1810 (gedruckt bei Reis und Schmid); vgl. dazu PESCHEL-KUDERNATSCH, Die medizinischen Promotionen S. 98, n. 87; von Schüblers Dissertation existiert auch eine deutsche Ausgabe mit dem Titel: „Versuche über den Einfluß der Elektricität auf das Blut und auf den Athmungsprozeß“ veröffentlicht in den „Annalen der Physik, hg. von Ludwig Wilhelm Gilbert 39/NF 9 (Leipzig 1811), S. 300–345“.

Die Jenaische Allgemeine Literatur-Zeitung[16] referierte Versuche und Ergebnisse dieser ersten wissenschaftlichen Arbeit von Gustav Schübler bereits im April 1811 und machte ihn damit überregional bekannt.

Im Anschluss an seine Tübinger Studienzeit reiste er, nicht zuletzt um seine medizinischen Kenntnisse zu erweitern und sich in der Heilkunst zu vervollkommnen, 1810 nach München, Salzburg und Wien, wo er überall freundlich aufgenommen wurde. In ferne Städte zu reisen war in diesen Jahren nicht selbstverständlich, war doch erst im Oktober 1809 gerade der Frieden von Schönbrunn geschlossen worden, der die kriegerischen Auseinandersetzungen zwischen Napoleon und Österreich beendet hatte und vorerst für gut zweieinhalb Jahre Sicherheit für Leib und Leben auf den Poststraßen gewährleistete. In Wien hinterließ die Klinik von Professor Valentin Johann Edler von Hildenbrand (1763–1818)[17] prägende Eindrücke; er erlebte, dass Kranke oft ganz anders behandelt wurden als in Tübingen oder Stuttgart. Auch die reichhaltigen kaiserlichen naturhistorischen Sammlungen unter ihren damaligen Direktoren – Vater und Sohn Jacquin (Nikolaus Joseph von J., 1727–1817[18] und Joseph Franz von J., 1766–1839) sowie Karl Franz Anton von Schreibers (1775–1852) – gewährten ihm Zutritt und stärkten so seine naturwissenschaftliche Neigung, vor allem lenkten sie den Blick auf die Botanik[19]. In Wien wiederholte er auch mit einer der damals stärksten Voltaischen Säulen (Batterie) seine in Tübingen gemachten Versuche über den Einfluss der Elektrizität auf Blut und Atmung[20], sehr zur Zufriedenheit von Baron Jacquin und Apotheker Moser, dem Besitzer der Voltaischen Säule.

16 Nr. 80 vom 9. April 1811, Sp. 62–63.

17 WURZBACH, Biographisches Lexikon, 9 (1863), S. 14.

18 Dazu neuerdings die Biographie des weit gereisten Naturforschers Nikolaus Jacquin, der 1754–1759 in West-Indien im kaiserlichen Auftrag Pflanzen sammelte und vielfältige Naturforschungen Joseph trieb (KLEMUN/HÄHNEL, Jacquin S. 45–128).

19 Wie Anm. 13 (Einladung zur Antrittsvorlesung vom 17. Dezember 1817).

20 Annalen der Physik 39/NF 9 (1811), S. 326 Fußnote (wie Anm. 15).

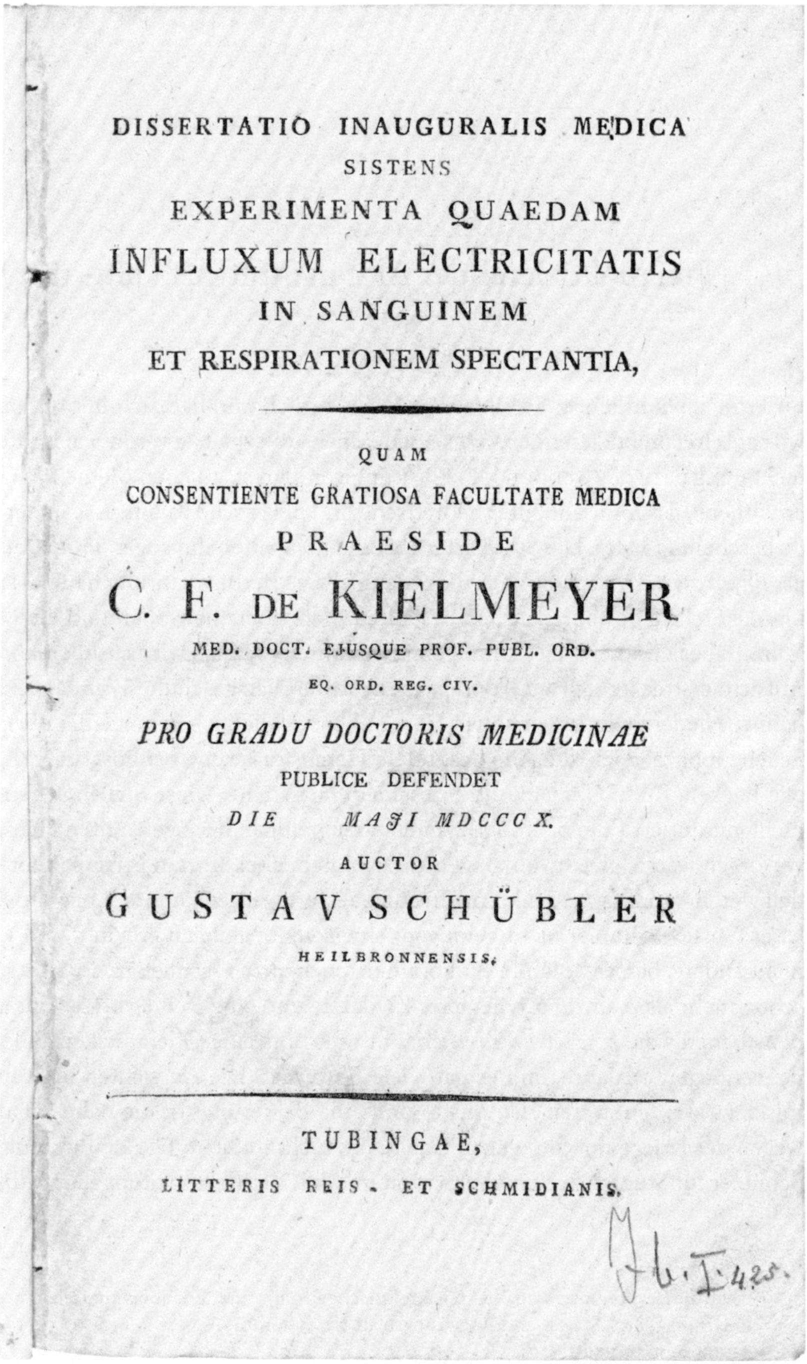

DISSERTATIO INAUGURALIS MEDICA
SISTENS
EXPERIMENTA QUAEDAM
INFLUXUM ELECTRICITATIS
IN SANGUINEM
ET RESPIRATIONEM SPECTANTIA,

QUAM
CONSENTIENTE GRATIOSA FACULTATE MEDICA
PRAESIDE
C. F. DE KIELMEYER
MED. DOCT. EJUSQUE PROF. PUBL. ORD.
EQ. ORD. REG. CIV.
PRO GRADU DOCTORIS MEDICINAE
PUBLICE DEFENDET
DIE MAJI MDCCCX.
AUCTOR
GUSTAV SCHÜBLER
HEILBRONNENSIS.

TUBINGAE,
LITTERIS REIS. ET SCHMIDIANIS.

Abb. 2 Titelblatt der gedruckten Dissertation Gustav Schüblers von 1810. – Vorlage und Aufnahme: UB Tübingen, Signatur: Jb I 425.

4.
Frei praktizierender Arzt in Stuttgart (1811–1812)

Im Frühjahr 1811 kehrte Schübler aus Wien zurück und ließ sich in Stuttgart nieder, wo er als frei praktizierender Arzt seinen Lebensunterhalt zu verdienen hoffte. Die Berechtigung dazu hatte er durch die Prüfung vor dem staatlichen Medicinal-Collegium erworben[21], das ihm sehr gute theoretische und praktische Kenntnisse in der Heilkunde bescheinigt hatte. Die Stuttgarter Leibmedici hielten ihn sogar *für die Ausübung eines Physikats für ganz fähig*, d. h., ohne langjährige Berufserfahrung hätte er sich sofort um die Stelle eines obrigkeitlich bestellten Mediziners bewerben und die Medizinal-Polizei über sämtliche Heilkundigen in einem Oberamtsbezirk ausüben können. Die Aufsicht erstreckte sich auf Apotheken, handwerklich geschulte Wundärzte und sogenannte Niedere Chirurgen sowie Hebammen. Schließlich gehörte die obrigkeitliche Seuchenpolizei dazu, die eine besondere Herausforderung bei bösartigen Epidemien wie Pocken, Ruhr, Cholera und Frieselfieber darstellte. Diese Stellen waren rar, auch nicht gut dotiert (450 bis 500 fl), zumal unentgeltlich die sogenannten Hausarmen zu versorgen waren, gleichwohl begehrt. Denn nebenbei durften Privatpatienten behandelt werden, sodass das Einkommen aufgebessert werden konnte. Aber wie es scheint, ist es Gustav Schübler nicht gelungen, eine solche Stelle zu erhalten und wohl auch nicht andere, besser bezahlte Einkommensquellen zu erschließen. In Stuttgart gab es schon mehr als zwanzig privilegierte Zivilärzte und eine Reihe von Militärärzten, denen ebenfalls die *freie Civil-Praxis* erlaubt war[22]. Bis eine Oberamtsarztstelle frei wurde, vergingen oft Jahre, und es gab viele Bewerber. Die Aussichten in Stuttgart heimisch zu werden, waren also düster und eine Besserung für die nahe Zukunft, auch wegen der Kriege mit und gegen Napoleon, nicht in Sicht. Die Zeit in Stuttgart[23] hat Schübler für Studien zur Luftelektrizität und mit der Ausarbeitung einer Abhandlung

21 Siehe die Bekanntmachung über die erfolgreiche Prüfung und Erlaubnis zur freien medizinischen Praxis im Württ. Staats- und Regierungsblatt Nr. 33 vom 11. August 1810, S. 317 (mit Verfügungsdatum vom 7. August 1810.

22 CLESS/SCHÜBLER: Versuch S. 143.

23 Königlich-Württembergischer Hof- und Staats-Kalender, ein vaterländisches Taschenbuch für 1811, S. 133–144.

über Höhenmessungen mithilfe des Barometers und der Methode Alexander von Humboldts sowie mit dem Sammeln von Quellen und medizinischen Daten über die württembergische Haupt- und Residenzstadt zu nutzen gewusst. Zusammen mit Georg Cless hat er seine Forschungen in eine medizinische Topographie von Stuttgart eingebracht, welche 1815 in Stuttgart erschienen ist[24], eine Studie, wie sie damals von der Vaterländischen Gesellschaft der Ärzte und Naturforscher Schwabens[25] angeregt für viele Städte und Orte geschrieben wurde, um die räumlichen Abhängigkeiten von Umwelt- und sozialen Faktoren und deren Einfluss auf die Wohnverhältnisse und die Gesundheit der Menschen aufzuzeigen, so beispielsweise über Sigmaringen, Ochsenhausen, Schwenningen, Rötteln bei Lörrach und – ein weiteres Mal 1834 – Stuttgart[26].

Wohl ermutigt von der Rezension seiner Dissertation in der Jenaer Allgemeinen Literatur-Zeitung schrieb er am 19. Juni 1811 an Alexander von Humboldt – zu der Zeit in Paris lebend – machte ihn auf seine Erkenntnisse aufmerksam und fügte ein Exemplar seiner gedruckten Dissertation bei[27]. Er teilte mit, dass er sich schon seit sechs Jahren mit der atmosphärischen Elektrizität in verschiedenen Gegenden Deutschlands, insbesondere von Stuttgart, Tübingen, Heilbronn und Wien beschäftige und dabei beobachtet habe, dass die Magnetnadel an heiteren Tagen periodisch täglich zweimal falle und steige. Die Magnetnadel habe seine Aufmerksamkeit erregt, weil tägliche Perioden ihrer Abweichung *auf ähnliche Art wie sie Euer Hochwohlgebohren schon in verschiedenen Gegenden und Hispanie Landen (?) beobachtete,* auch in Stuttgart vorzufinden sind. Schübler schilderte Humboldt dann ausführlich Versuche und Beobachtungen bezüglich der Luftelektrizität und hoffte, dass Humboldt, von dessen Interesse für Elektrizität und Magnetismus er wusste, ihm Messergebnisse von seiner Expedition nach und in Lateinamerika zur Verfügung stellen würde, nicht zuletzt weil er glaubte einem physikalischen Gesetz auf der Spur zu sein. Leider ist unbekannt, ob Humboldt ihm diesen Wunsch erfüllte.

Bekannt ist aber, dass der Überbringer des Schübler'schen Briefes an Humboldt Karl Friedrich (von) LeBret (1764–1829), Oberstudienrat am Stuttgarter Gymnasium, Aufseher über das Kunst- und Naturalienkabinett und Oberbibliothekar in Stuttgart, war. Dies mag eine Marginalie sein, aber sie zeigt doch, dass der junge Arzt Schübler bereits in Stuttgart gut vernetzt war und annahm, der hochangesehene Professor LeBret werde ihm schon zu seinen Wunschdaten verhelfen.

24 CLESS/SCHÜBLER, Versuch (wie Anm. 22).

25 Siehe hierzu die Anleitung in: Einrichtung und Gesetze der Vaterländischen Gesellschaft der Aerzte und Naturforscher Schwabens, gegr. 1801. (1 Exemplar in UB Tübingen, Signatur Ba 246a).

26 JAEGERSCHMID, Rötteln (1762); MEZLER, Sigmaringen (1822); SCHIRT, Ochsenhausen (1805); STURM, Schwenningen (1823); PLIENINGER, Beschreibung von Stuttgart (1834).

27 Staatsbibliothek Berlin, Handschriftenabteilung, Nachlass Alexander von Humboldt, gr. Kasten 9, Nr. 29–31, Blatt 4–7, http://kalliope-verbund.info/de/ead?ead.id=DE611-Hs-1313498.

5. Lehrer am landwirtschaftlichen Institut in Hofwyl (1812–1817)

Die Tätigkeit eines frei praktizierenden Arztes in Stuttgart dürfte Gustav Schübler nicht befriedigt haben, vor allem keine ausreichende Einkommensquelle gewesen zu sein. Mitte 1812 folgte er jedenfalls dem Ruf nach Hofwyl im schweizerischen Kanton Bern, wo er zunächst Lehrer für Naturgeschichte und schließlich für Agrikultur-Chemie und Botanik am berühmten Fellenbergischen Institut wurde. Philipp Emanuel von Fellenberg (1771–1844) hatte 1799 in Hofwyl eine Armen-Erziehungsanstalt und ein landwirtschaftliches Mustergut gegründet[28]. 1808 wurden ihr auch ein wissenschaftliches Institut und eine Erziehungsanstalt für Söhne höherer Stände angeschlossen. Später folgten noch eine Mädchenerziehungsanstalt und eine Kleinkinderschule. Wer aufgenommen wurde, hatte Unterrichts-, Kost- und Logisgelder zu entrichten oder musste seinen Fähigkeiten entsprechend in der Ökonomie mitarbeiten und konnte so das Unterrichts- und Zehrgeld „abverdienen". Überhaupt bildete die Landwirtschaft die Basis in Fellenbergs Erziehungskonzept zur Besserung der Jugend[29]. Vor dem Hintergrund der durch die Napoleonischen Kriege und Missernten zu Beginn des 19. Jahrhunderts wachsenden Massenarmut, der religiösen Entfremdung und Verrohung der Sitten war Fellenberg überzeugt, dass nur der Landbau eine Regeneration der Menschheit herbeizuführen vermag. Landarbeit sei vielfältig und unterscheide sich von der Industriearbeit, der er Unnatürlichkeit unterstellte, nicht zuletzt weil sie die Nerven zerrütte und den Geist abstumpfe. Mit rationellen Methoden betrieben schaffe die Landwirtschaft Wohlstand und Zufriedenheit, sodass die Menschen genug zum Leben hätten und auch nicht mehr auswandern müssten. Er setzte seine Hoffnungen in die Jugend, deren Geist und Herz es zu gewinnen gelte. Wenn sie gewonnen sei, werde die ganze Menschheit auf natürliche Weise veredelt[30]. Der pädagogische Ansatz und der philanthropisch-sozialethische Anspruch ließen sich freilich nur verwirklichen, wenn die Ökonomie tatsächlich die Erträge abwarf, die es brauch-

28 http://www.hls-dhs-dss.chD9019.php (Autor: Hans-Ulrich Grunder).
29 LINDGREN, Unterricht bei Fellenberg S. 80 ff.; GUGGISBERG, Fellenberg II, S. 90 ff.
30 Vgl. Fellenbergs landwirtschaftliche Ideen bei GUGGISBERG, Fellenberg II, S. 104 ff.

te, um mit der Zeit Konzept und Ideen umzusetzen. Fellenbergs Bemühen richtete sich daher auf eine Abkehr von der traditionellen Landwirtschaft mit Drei-Felder-System und bunt gemischter Viehhaltung. Sie orientierte sich an englischen Vorbildern, welche nach neuesten wissenschaftlichen Erkenntnissen und Methoden den Boden bestellten und im Vier-Felder-System Fruchtwechsel mit Hackfrüchten (u. a. Runkelrüben, vermehrter Kartoffelanbau), Getreide und Futterkräuter (Ray-Gras, Klee) betrieben und dadurch Anbau und Ertrag intensivierten. Dem Futterkräuteranbau und der ganzjährigen Stallviehhaltung kamen dabei eine Schlüsselstellung zu, dies umso mehr weil Ray-Gras, Klee und Luzerne je Hektar einen höheren Futterwert haben als Raufutter von der gleichen Fläche Naturwiese. Damit ließ sich ein größerer Viehstapel durchfüttern und mehr Dünger produzieren und sammeln, was wiederum der Düngung der Felder zugutekam. Zuvorderst bedurfte es dazu eines großen Kapitals und vieler Arbeitskräfte. Kapital brachte Fellenberg von zuhause mit und Arbeitslose gab es mehr als genug, auch im Kanton Bern. Wer kräftig und geschickt war, erlernte auch verschiedene handwerkliche Tätigkeiten, welche für sein späteres Leben nützlich sein konnten. Der ökonomische Erfolg sollte die Basis seines Bildungs- und Erziehungskonzeptes sein. Nicht ohne Stolz verwies Fellenberg darauf, dass er seine „große Colonie“ (ca. 150 Personen) in Hofwyl während der allgemeinen Hungersnot 1816/17 gut mit eigenen Früchten versorgen und darüber hinaus sogar Kartoffeln ins Berner Oberland verkaufen konnte[31].

Das Fellenbergische Institut erwarb sich rasch einen weit über die Schweizer Grenzen reichenden Ruf und galt als Vorkämpfer in einer Standesgrenzen überschreitenden Erziehung- und Bildungseinrichtung. Es wurde von Fürsten, adeligen und bürgerlichen Philanthropen, Ministern, „Agrikultur-Beflissenen“ – wie man damals die Agronomen nannte – und Pädagogen aus ganz Europa, aber auch aus Nord- und Süd-Amerika, besucht. Alle erhofften sich Anregungen und Ideen, wie in ihren Heimatländern die wachsende Armut bekämpft werden könnte, vor allem aber wie sich das Problem der armen, verwahrlosten Kinder und Jugendlichen lösen ließe. Aus Württemberg reisten 1808 auch König Friedrich I. und 1816 das Kronprinzenpaar Wilhelm und Katharina nach Hofwyl und informierten sich gründlich. Der württembergische Minister Karl August von Wangenheim und der Stuttgarter Verleger Johann Friedrich von Cotta kamen 1814, der Nationalökonom Friedrich List 1824 nach Hofwyl[32]. Auch über die Lehrer, unter denen außer Schübler noch weitere Württemberger, u. a. August Weckherlin (Neffe des württembergischen Finanzministers), weilten, tauschte man sich aus. Au-

31 GUGGISBERG, Fellenberg II, S. 119.

32 GUGGISBERG, Fellenberg II, S. 36–41 (Hofwyler Gäste) und 523–534 (Aus dem Hofwyler Fremdenbuch), darin sind weitere Besucher aus Württemberg verzeichnet wie z. B. 1834 General von Röder aus Württemberg, ab 1835 Vorsitzender des Landwirtschaftlichen Bezirksvereins Ludwigsburg und ab 1836 Vorstandsmitglied der ersten Württembergischen Zuckergesellschaft; PAUL, Württemberg 1797, S. 1081 Anm. 26.

gust Weckherlin sollte ab 1819 die königlichen Privatgestüte und Maiereien in Weil bei Esslingen, Klein-Hohenheim und Scharnhausen verwalten. Unter seiner Leitung wurden sie zu Mustergütern und „Leuchttürmen“ der landwirtschaftlichen Erneuerung in Württemberg. Nicht zu vergessen Johann Nepomuk Schwerz, der zweimal Hofwyl besucht hatte und 1816 eine Beschreibung des Fellenbergischen Instituts veröffentlichte[33], in welcher er kritisch die Wirtschaftsführung Fellenbergs unter die Lupe nahm. 1818 wurde er erster Direktor des Landwirtschaftlichen Instituts Hohenheim. Schübler und Schwerz haben sich damals in Hofwyl kennen und schätzen gelernt. Nicht unbedingt ein Württemberger, aber in einer Beziehung zu Württemberg stehend darf auch Karl Friedrich Vollrath Hoffmann (1796–1842) genannt werden, der 1825 von Cotta aus Hofwyl für seine Zeitschrift „Hertha“ nach Stuttgart geholt wurde. Später wurde auch ein Schüler Schüblers, nämlich Franz (von) Fleischer (1801–1878), Lehrer am Fellenbergischen Institut (1832), bevor er 1834 an die Aargauische Kantonsschule nach Aarau wechselte und 1840 als Professor der Naturwissenschaften an das Land- und Forstwirtschaftliche Institut Hohenheim berufen wurde[34].

Lässt man Lehrer und Besucher außer Acht und sucht nach Württembergern unter den Fellenbergischen Zöglingen, dann wird man auch hier unter Angehörigen des Adels fündig. Zwei gehörten der Uracher Seitenlinie des Hauses Württemberg an, Graf Alexander (1801–1844) und Herzog Wilhelm (I.) von Urach (1810–1869), dem Erbauer des Schlosses Lichtenstein[35], zudem zwei Grafenbrüder Alfred und Ferdinand von Neipperg[36], die wohl Zöglinge der Erziehungsanstalt für Söhne höherer Stände wurden.

Werden alle diese Personen – das Besucherbuch weist weitere hervorragende Personen aus –, die in Hofwyl Zöglinge waren oder bei einem Besuch mit Fellenbergs ökonomischen und erzieherischem Konzept vor Ort konfrontiert wurden, in ihren sozialen und räumlichen Vernetzungen zusammen betrachtet, dann versteht man, dass Fellenbergs Institut und Musterwirtschaft – trotz mancher Kritik[37] – Vorbild für ähnlich konzipierte Einrichtungen dieser Zeit wurden, so für Württemberg das Landwirtschaftliche Institut Hohenheim und die dortige Ackerbauschule für Waisenkinder, die auf eine Initiative von Königin Katharina zurückging.

Zu den Aufgaben Schüblers in Hofwyl gehörte neben den Vorlesungen in Physik (Mechanik, Witterungslehre) und Chemie (u. a. *Zerlegung der mineralischen, vegeta-*

33 1812 begleitete Schwerz den 17jährigen Fürsten Wrede nach Hofwyl, 1815 weilte er während des Sommers in Hofwyl und unterrichtete in Abwesenheit von Fellenberg auch über Ackerbau, vgl. STEDMANN, Lebensumriß S. 2–3; SCHWERZ, Beschreibung und Resultate.

34 KLEIN, Akademische Lehrer Hohenheim S. 62/63.

35 Über ihn jetzt die Beiträge im Begleitbuch zur Ausstellung „Romantiker auf dem Lichtenstein. Lebenswelten Herzog Wilhelms von Urach (1810–1869)“, hg. von Nicole BICKHOFF, Wolfgang MÄHRLE und Eberhard MERK. Stuttgart 2018.

36 GUGGISBERG, Fellenberg II, S. 544.

37 Hier ist besonders SPRENGEL, Nachrichten über Hofwyl (1819) zu nennen.

bilischen und tierischen Körper) die Aufsicht über das chemische Laboratorium und den physikalischen Apparat[38]. Zur Freude von Fellenberg benutzte Schübler das chemische Laboratorium rege für umfangreiche Experimente und Untersuchungen. Schuf doch Schübler mit seinen Untersuchungen breitere, wissenschaftliche Grundlagen für eine „rationelle Landwirtschaft", die Fellenberg bei der Umwandlung seines Landgutes Hofwyl in eine Musterwirtschaft favorisierte. Nichts sollte nach Möglichkeit dem Zufall überlassen werden. Neue Agrartechniken – wie Bewässerung trockener Areale, Entwässerung feuchter Wiesen und Äcker, Reihen-Drillsaat – wurden auf ihre Tauglichkeit geprüft und gegebenenfalls eingeführt. Abhängig blieb man nur vom Witterungsgeschehen, dessen Verlauf allein in Gottes Hand lag. Ergebnisse publizierte Fellenberg in den von ihm herausgegebenen *Landwirthschaftliche*(n) *Blätter*(n) *von Hofwyl,* so auch die Abhandlung von Schübler *Über die physischen Eigenschaften der Erden*[39], in der er die Zusammensetzung unterschiedlicher Erden (Quarzsand, Kalksand, lettenartiger Ton, lehmartiger Ton, Humus oder Dammerde, erdiger Gips, Gartenerde, Ackererde von Hofwyl) nach diversen Parametern wie spezifisches Gewicht, Wasser- und Wärmespeicherungseigenschaften, Bodenfarbe und Erwärmung durch Sonnenlicht (Bestimmung des Albedograds, d. h. des Maßes für die Rückstrahlung des Sonnenlichts), elektrische Leitfähigkeit und Einfluss auf die Keimung in reinem Zustand, Nährstoffgehalt analysierte. Auf dieser Grundlage konnten Vorschläge zur Bodenverbesserung, ob etwa Tiefpflügen, Bodenaustausch und Mischung der Erden erforderlich ist, und anschließend Dünge- und Anbauempfehlungen gegeben werden.

Eine andere Untersuchung widmete sich der Frage nach den Bestandteilen der Milch[40]. In Hofwyl befand sich seit 1802 die erste Bernische Talkäserei und -molkerei. Die Kühleinrichtungen für die Milch waren vorbildlich[41]. Im Mittelpunkt von Schüblers Untersuchungen stand die Kuhmilch, die für die Käseherstellung in der Schweiz natürlich von besonderem wirtschaftlichem Gewicht war. Er konnte nachweisen, dass die wesentlichen Bestandteile der Milch der *Käs,* der unter Zugabe von Lab oder etwas Säure ausgefällt wird, und der *Zieger,* eine eiweißähnliche, weiße Substanz, welche unter Zugabe von fünf- bis sechsprozentigem Essig beim Erhitzen des Käswassers entsteht, sowie der Rahm (Milchfett) die wertvollsten Inhaltsstoffe sind. Auch den Milchzuckergehalt (Lactose) konnte er ziemlich genau bestimmen. Beim Fettgehalt beobachtete er, dass dieser sich je nach Fütterung und Ort, Melkzeitpunkt und Anzahl der Kälbergeburten, auch von Rinderrasse zu Rinderrasse änderte und recht verschieden ausfallen konnte. Zudem stellte er fest, dass die Schweizer Milch fetter als die

38 Landwirthschaftliche Blätter von Hofwyl, hg. von Emanuel von Fellenberg, Heft 4 (Aarau 1813), S. 201 ff.
39 Heft 5 (Aarau 1817), S. 5–98.
40 Heft 5 (Aarau 1817), S. 117–153.
41 GUGGISBERG, Fellenberg II, S. 124.

schwäbische war. Wegen der guten alpinen Weide gebe sie eine für Butter, Käs und Zieger reichere Milch, schrieb er. Diese Erkenntnis ist ein wesentlicher Grund, warum die Centralstelle des Württembergischen landwirtschaftlichen Vereins ab 1820 die Bezirksvereine ermunterte, im Herbst Zuchtstiere und gute Muttertiere auf Schweizer Viehmärkten einzukaufen, um so nach und nach die heimischen Rinderrassen bezüglich der Milchleistung zu verbessern. Aus dem Simmental im Berner Oberland kam so das rotbunte Fleckvieh nach Württemberg, das sich als Zweinutzungsrind (hohe Milchleistung, gute Fleischqualität) auszeichnete.

Die Verschiedenheit der Milch und die teils unterschiedliche Art der Trennung und Scheidung ihrer Bestandteile bewirkten die Güte der Schweizer Käse, die oft Jahre lang haltbar waren. Der Genfer Diplomat und Naturwissenschaftler Charles Pictet de Rochemont, der oft in Hofwyl weilte, hielt in einem Brief an Fellenberg Schüblers Arbeit über die Milch für sehr wertvoll[42]. Pictet eröffnete ihm Wege zur Publikation von Ergebnissen seiner ersten wissenschaftlichen Arbeiten in der, zusammen mit seinem Bruder Marc-Auguste und Frédéric-Guillaume Maurice redigierten, Zeitschrift „Bibliothèque britannique", ab 1816 fortgesetzt in der „Bibliothèque universelle", welche ihn in der französischsprachigen Welt bekannt machten.

Von Fellenberg ermuntert, nutzte Schübler die Gelegenheit, Kontakte zu Professoren der Akademie im nahen Bern aufzunehmen. Kennengelernt hat er dort u. a. August Gottfried Ferdinand Em(m)ert (1772–1819) aus Göttingen, der im Jahr 1800 in Tübingen zum Doktor der Medizin promoviert worden war, 1815 nach Tübingen zurückkehrte und Professor der Anatomie wurde. Auch dessen Bruder Carl Friedrich hat er in Bern getroffen, der dort seit 1812 die Veterinärkunst lehrte[43]. Weitere Berner Akademieprofessoren, mit denen Schübler in Bern und Hofwyl zusammentraf, waren der Naturforscher Friedrich Meisner (1765–1825), 1802 Wiederbegründer der Bernischen Naturforschenden Gesellschaft, Philipp Friedrich Beck (gebürtig aus Tübingen, Professor der Chemie) und Carl Meyer (Karl Mayer, Professor der Anatomie und Physiologie)[44]. Beck und Mayer waren gebürtige Württemberger und stehen beispielhaft – wie auch die anderen zuvor genannten Personen – für die Abwanderung akademisch gebildeter und wissenschaftlich qualifizierter Kräfte aus ihrem Vaterland, wenngleich einigen von ihnen (wie Schübler und Weckherlin) es später gelang, wieder eine adäquate Beschäftigung und Anstellung in der Heimat zu finden. Seine Kontakte nutzte Schübler auch, um interessierte Besucher wiederum weiter zu empfehlen. Von Hofwyl

42 GUGGISBERG, Fellenberg II, S. 144 Anm. 2, freilich ohne Nennung der Vornamen; LINDGREN, Naturwissenschaftlicher Unterricht, S. 86 ff.

43 Wie Anm. 13 (Einladung zur Antrittsvorlesung 1817); siehe auch HIRSCH, August: Emmert, August Gottfried Ferdinand, in: ADB (1877), [Onlinefassung]. URL: http://www.deutsche-biographie.de/pnd116471107.html.

44 Vgl. die Einträge zu Friedrich Meisner in ADB 21 (1885), S. 244–246; zu Karl Mayer, siehe ADB 21 (1885), S. 121–122 und Friedrich Philipp Beck, siehe Wikipedia URL: https://de.wikipedia.org/wiki/Philip_Friedrich_Beck.

aus schrieb er an Dr. Bremser vom kaiserlichen Naturalienkabinett in Wien und bat einem gewissen Dr. Coreth aus Schlesien die Sammlungen zugänglich zu machen, so wie er 1810 und 1811 das Glück hatte sie mit Erlaubnis der Vorstände besichtigen zu dürfen[45].

45 Senckenberg Deutsches Entomologisches Institut Müncheberg, Archiv: Autographensammlung Ferrari, Brief von G. Schübler an Dr. med. (Johann Gottfried) Bremser in Wien, datiert Hofwyl, 1. November 1813. (Kalliope Verbund-Katalog DE-611-HS-997994). – Zu Dr. Johann Gottfried Bremser (1767–1827) siehe WURZBACH, Biographisches Lexikon, 2 (1857), S. 131, Digitalisat unter (https://de.wikisource.org/wiki/BLKÖ: Bremser_Johann_Gottfried)

6.
Alpenexkursionen und Begegnungen in Genf (1813–1815)

Bedeutsam für seine Liebe zur Botanik wurden die Exkursionen und Reisen, die er von Hofwyl aus unternahm: 1813 über den Gotthard-Pass nach Oberitalien und an den Lago Maggiore, wo er die Borromäischen Inseln (Isola Bella, Isola Madre, Isola dei Pescatori) besuchte. Auf dem Rückweg querte er den Simplon-Pass, das mittlere Wallis und das Leuker Tal, um über den Gemmi-Pass wieder in den Kanton Bern zu gelangen. 1815 machte er sich auf den Weg nach Savoyen, ging wieder über den Simplon-Pass, wanderte weiter zum Mont Blanc und stieg hinauf zum Mer de Glace, einem der mächtigsten Alpengletscher, den schon Goethe bestaunt hatte und welcher damals infolge der anhaltenden Klimaverschlechterung in das Tal von Montenvers/Chamonix vorrückte und dessen Eismassen Häuser und Höfe bedrohten. Von dort begab er sich nach Genf. Hier traf er mit den berühmten Naturforschern Marc-Auguste Pictet[46] (1752–1825), Nicolas Théodore De Saussure (1767–1845)[47], Jean André De Luc (1727–1817)[48] und Augustin-Pyramus De Candolle (1778–1841)[49] zusammen und tauschte

46 Pictet hatte 1778 Horace Bénédict de Saussure bei der Erstbesteigung des Mont Blanc begleitet und gründete 1817 eine Wetterstation auf dem Großen St. Bernhard (Historisches Lexikon der Schweiz, Online-Fassung URL: http://www.hls-dhs-dss.ch/textes/d/D21593.php, Autor: René Sigrist) und Marc-Auguste Pictet (1752–1825) et son baromètre du Mont-Blanc, Note d' archive, presentée par Jean-Michel Pictet. Fondation des archives de la famille Pictet, Avril 2009 (http://www.archivesfamillepictet.ch, abgerufen am 04.04.2017); SIGRIST, Pictet, Correspondance IV.

47 Sohn des Erstbesteigers des Mont Blanc Horace Bénédict de Saussure, Pionier der Pflanzenchemie (Historisches Lexikon der Schweiz, (Online-Fassung: URL: http://www.hls-dhs-dss.ch/textes/d/D26138.php).

48 Zusammen mit seinem Bruder Guillaume-Antoine erforschte er die Alpen und den Jura, legte dabei eine reiche Gesteins- und Mineraliensammlung an, verbesserte das Réaumur'sche Thermometer und konstruierte ein tragbares Barometer, verfasste 1786 die Abhandlung „Idées sur la meteorologie" (Historisches Lexikon der Schweiz, Online-Fassung: URL: http://.hls-dhs-dss.ch/textes/d/D15896.php, Verfasser: René Sigrist).

49 De Candolle war einer der bedeutendsten Botaniker Frankreichs und der Schweiz, wurde 1808 zum Professor für Botanik an der Universität Montpellier berufen und gestaltete dort den botanischen Garten neu, kehrte 1816 in seine Vaterstadt Genf zurück, wo er den Lehrstuhl für Naturgeschichte (Botanik und Zoologie) an der Akademie erhielt; DE CANDOLLE, Mémoires et sou-

sich mit ihnen über Erfahrungen und Erkenntnisse bei seinen Alpenwanderungen aus. Im Mittelpunkt der Unterhaltungen stand wohl die atmosphärische Elektrizität und damit verbunden der Magnetismus. Zu erschließen ist dies aus den Veröffentlichungen Schüblers aus seiner Hofwyler Zeit, wie jene über die *atmosphärische Electrizität in den Alpen*[50]. Die Gespräche mit den Genfer Wissenschaftlern dürften nicht nur anregend gewesen sein, sondern auch wegweisend, lenkten sie doch den Blick auf neue Forschungsfelder und Themen. Sie decken sich teilweise mit späteren Arbeitsgebieten und Veröffentlichungen Schüblers. Zudem markieren diese Kontakte die Anfänge eines europaweiten wissenschaftlichen Netzwerkes, das am Ende in einer Vielzahl von Mitgliedschaften Schüblers in in- und ausländischen gelehrten Gesellschaften und Akademien mündete. Bedeutsam für seine späteren Kontakte war die während des Aufenthalts in Hofwyl im Juli 1816 erfolgte Aufnahme in die *Allgemeine Schweizerische Gesellschaft für die gesamten Naturwissenschaften,* an deren Jahresversammlung er in Bern teilnahm[51].

venirs und DERS., Mémoires et souvenirs, Neuedition 2004, 3. Buch; Historisches Lexikon der Schweiz, Online-Fassung: URL: http://hls-dhs-dss.ch/textes/d/D15882.php, Verfasser: René Sigrist; BUNGENER, Mémoires et souvenirs d'Augustin-Pyramus de Candolle S. 39–44.

50 Siehe Journal für Chemie und Physik Bd. 9, H. 4 (1813), S. 347–361.

51 Siehe das *Verzeichnis sämmtlicher Mitglieder der allgemeinen Schweizerischen Gesellschaft für die gesammten Naturwissenschaften im Jahr 1816,* in: Eröffnungsrede der Jahresversammlung der Allgemeinen Schweizerischen Gesellschaft für die Gesammten Naturwissenschaften Bd. 2 (1816) (Digitalisat der ETH-Bibliothek Zürich, abgerufen 15.05.2016).

7.
Wirkungsort Tübingen

Welche Gründe Gustav Schübler bewogen haben, seine Lehrtätigkeit in Hofwyl im August 1817 aufzugeben und in sein Heimatland zurückzukehren, ist unbekannt. Im April 1815 war der Vulkan Tambora auf der Insel Sumbawa im fernen Südostasien (heute Indonesien) explodiert und zeitigte im niederschlagsreichen und kühlen Sommer 1816 eine Missernte und anschließend eine Hungersnot (Herbst 1816 bis Sommer 1817) auf der gesamten Welt[52]. War dies der Grund, welcher zunächst König Friedrich und dann Wilhelm I., der am 30. Oktober 1816 seinem Vater in der Regierung des Landes nachgefolgt war, bewog, die naturwissenschaftliche Forschung und Lehre an der Landesuniversität zu intensivieren? Sollte doch die Stelle des nach Stuttgart berufenen Professors Kielmeyer aufgeteilt und ein Mann auf den neu geschaffenen Lehrstuhl für Naturgeschichte und Botanik berufen werden[53], der nicht aus einer der miteinander versippten und verschwägerten Tübinger und altwürttembergischen Familien stammte. Schüblers Familie zählte nicht zur altwürttembergischen Ehrbarkeit, auch war er nicht Privatdozent in Tübingen geworden, sondern hatte sich im Ausland und hier in Hofwyl nicht nur in praktischer Agrikulturchemie und Landwirtschaftslehre hervorgetan, zudem auch Beiträge zur Naturkunde Württembergs – wie in der medizinischen Topographie von Stuttgart – geschrieben, welche ihn für das Tübinger Lehramt besonders qualifizierten. Alle diese Vorzüge werden im Gutachten der Medizinischen Fakultät an den Akademischen Senat vom 9. April 1817 über die Qualifizierung des potenziellen Bewerbers genannt, aber die Professoren hielten ihn nur für eine Professur der Naturgeschichte an einer neu zu schaffenden, ökonomischen Fakultät geeignet, weil er zuletzt die medizinischen Fächer nicht mehr gelehrt habe. Sie wünschten, dass ihr Mitglied Dr. Christian Gottlob Gmelin (1792–1860) zum ordentlichen Professor der Chemie berufen werde, wobei er auch die Botanik zu vertreten habe[54].

52 Dazu etwa D'ARCY WOOD, Gillen: Vulkanwinter 1816.

53 Das Dekanatsbuch der Tübinger Medizinischen Fakultät 1808–1858 (Teil 2: 1816–1818), bearb. von Brigitte NIKLAS, S. 27 ff.

54 UAT 117/719, 124; n. 3.

König und Regierung entschieden aber anders. Die Stelle von Kielmeyer wurde aufgeteilt, und zwar so, dass Professor Em(m)ert zum ordentlichen Professor der Anatomie berufen wurde und die Besoldung Kielmeyers von 1.200 fl erhielt. Aber dabei sollte es nicht bleiben, der König war überzeugt, *daß es nothwendig sey, einen eigenen Lehrer der Chemie aufzustellen, daß aber auch das Bedürfniß der medizinischen Fakultät überhaupt so dringend die Aufstellung eines eigenen Lehrers der Naturgeschichte im Allgemeinen und der Botanik im Besondern erfordere.* Das waren Vorgaben, die beachtet werden mussten, wenn ein Kandidat gefunden werden sollte. Aber ob die neuen Stellen in öffentlichen Blättern ausgeschrieben oder ob Personen gezielt aufgefordert worden waren sich zu bewerben, ist nicht eindeutig überliefert. Jedenfalls geht aus dem genannten Fakultätsgutachten hervor, dass Schübler Mitbewerber hatte, nämlich den Tübinger Arzt Dr. Gmelin, den aus Calw stammenden Arzt und Botaniker Dr. Carl Friedrich Gärtner[55] und den in Esslingen gebürtigen Arzt und Botaniker Dr. Ernst Gottlieb Steudel[56]. Berufen wurden dann zum neuen Professor der Chemie und Pharmazie Dr. Christian Gottlob Gmelin, zum Professor der Naturgeschichte und Botanik im Besonderen Dr. Schübler. Beide sollten ein Gehalt von je 1.000 fl beziehen. Diesen Entscheid des Königs teilte der Kurator der Universität, Minister von Wangenheim, am 25. August 1817 dem akademischen Senat mit. Die Universität sollte nun unverzüglich die erforderlichen Berufungsschreiben ausfertigen und versenden[57].

Ob es noch andere Motive für Schübler gab, sich um die Tübinger Stelle zu bewerben, etwa weil er in Hofwyl und in der Schweiz keine Chance für eine akademische Karriere sah oder ob ein ganz anderer privater Grund ihn veranlasste, so bald wie möglich in sein Heimatland zurückzukehren, ist nicht zu eruieren. Möglich ist es, hat er doch eineinhalb Jahre später am 30. September 1819 Caroline Juliane Kern (*30.06.1800, †7.05.1874), Tochter des evangelischen Pfarrers Christoph Friedrich Kern in Söhnstetten (OA Heidenheim), geheiratet[58].

55 Siehe GRAEPEL, Gärtner.

56 Vom Mitbewerber Dr. Steudel aus Esslingen heißt es, er habe sich privatim beworben und bereite eine größere Publikation über Pflanzen vor (gemeint ist sein Werk Nomenclator botanicus enumerans ordine alphabetico, das 1821 im Verlag der Cotta'schen Buchhandlung in Stuttgart/Tübingen erschien, vgl. LOOSE, Passion S. 91; ein weiterer Mitbewerber war Professor Reuß aus Moskau, der aus Württemberg stammte.

57 UAT 117/719, 124; n. 4.

58 StadtA Tübingen, A 56 (Inventuren von Exemten 1829–1866) n. 127 (Prof. G. Schübler, verhandelt Tübingen, 17. Juni 1835); Christian SIGEL (Bearb.): Das Evangelische Württemberg, Teil 2: Generalmagisterbuch Bd. 13,1, S. 196, Nr. 519,19 und Friedrich Heinrich Kern (Bruder der Caroline, *20.04.1790 in Söhnstetten, †3.02.1842 in Tübingen); der Eintrag in die Datenbank Pfarrerbuch Herzogtum Württemberg ist als Geburtsjahr der Caroline Juliane Kern 1799 angegeben, http://wkgo.de/personen/suchedetail?sw=gnd:GNDPFB4148, s.v. Kern, Christoph Friedrich (Vater der Caroline).

7.1 Erster ordentlicher Professor der Naturgeschichte und Botanik in Tübingen (1817–1834)

Wie dem auch sei, Schübler wurde, nachdem die Universität, die ihn zunächst nicht haben wollte, eingelenkt hatte[59], von König Wilhelm I. am 22. August 1817 zum ordentlichen Professor für Naturgeschichte und insbesondere der Botanik an der Medizinischen Fakultät der Universität Tübingen ernannt[60]. Die Stelle war mit 1.000 fl dotiert, jedoch ohne Anspruch auf universitäre Emolumente (Entgelte für Amtshandlungen, Nebeneinkünfte), wohl aber mit Ansprüchen auf Naturalien, Hausmiete und Brennholz-Deputat, wie sie jedem Kanzleibeamten zustanden, darunter auch das Neujahrsgeld von 17 fl, dessen Zahlung die Universitätskasse regelmäßig verbuchte[61]. Die Emolumente sollte ihm die Medizinische Fakultät erst 1829 gewähren[62], nachdem er 1828 gehaltsmäßig mit den älteren Fakultätskollegen gleichgestellt worden war. Vom Gehalt konnte ein junger, unverheirateter Universitätslehrer zwar nicht üppig doch einigermaßen standesgemäß leben, noch dazu wenn er an den Hörer- und Prüfungsgeldern Anteil hatte. Im Durchschnitt der Jahre 1817 bis 1824 waren dies immerhin 789 fl[63].

Bis Schübler sein Amt in Tübingen antreten konnte, galt es noch offene Fragen zu klären, so jene, ob ein neu berufener Professor eine öffentliche Inaugural-Dissertation mit Disputation über sich ergehen lassen müsse, wie die Medizinische Fakultät meinte, oder ob es nicht genüge eine Inaugural-Rede (Antrittsvorlesung) zu halten, um sich als geeignet für das Amt auszuweisen. Um Überschneidungen und kollegiale Reibereien zu vermeiden, mussten zudem Probleme der Abgrenzung der Lehrfächer und die

59 NIKLAS, Dekanatsbuch der Tübinger Medizinischen Fakultät 1808–1858, Teil 2: 1816–1818, S. 27.

60 Dieses Datum nennt das Württ. Staats- und Regierungsblatt Nr. 53 vom 30. August 1817, S. 426 (Königliche Entschließung der Ernennung Schüblers zum ordentlichen Lehrer der Naturgeschichte im Allgemeinen, und insbesondere der Botanik, an der Universität Tübingen, vom 22. August 1817); angemerkt sei, dass die Universitätsstatuten von 1811 die Privilegien der Universität abgeschafft und die Hochschule zu einer staatlichen Institution gemacht haben, vgl. MÜLLER-PABST, Franziska: Staat und Universität [Tübingen] im württembergischen Vormärz. Diss. Phil.Fak. Universität Tübingen 1976, S. 7 ff.

61 StAL E 226/192 Bd. 19 (Rechnungen der Universitätskasse Tübingen 1821/22, Besoldungen f. 131 v.

62 UAT 126/619, Mappe Generalakten zu Akte Schübler, Kanzler Autenrieth leitet das Gesuch des Professors Schübler an das Ministerium des Innern weiter, datiert Tübingen, 16. Mai 1829; dass es solange gedauert hat, bis Schübler das volle Gehalt eines ordentlichen Professors erhielt, wo doch sein Nachfolger Hugo Mohl sofort mit Dienstbeginn in Tübingen im Jahr 1835 das Normgehalt von 1.200 fl bezog, ist doch bemerkenswert und lässt auf unterschiedliche Auslegungen der Besoldungsordnung durch die Ministerialbürokratie schließen (vgl. die Verfügung des Ministeriums des Innern und derdes Kirchen- und Schulwesens an den akademischen Senat vom 5. März 1835 (UB Tübingen, Handschriften/Alte Drucke, Signatur Md 673/1, Nr. 15).

63 UAT 126/619 (Rektoramt, Personalbogen Professor Schübler 1817 ff.); anhand der Hörerlisten lässt sich nachweisen, wer von der Entrichtung der Kollegiengelder befreit und wer sie in voller Höhe bezahlen musste; die Höhe der Hörergelder bewegte sich zwischen 5 fl 30 xr für eine dreistündige Vorlesung und 11 fl für eine fünfstündige Botanikvorlesung mit Pflanzendemonstrationen und Exkursionen.

Kompetenzen im Botanischen Garten, bei den Naturwissenschaftlichen Sammlungen und im Chemischen Labor geklärt werden. Allein daran zeigt sich, dass die Professoren der Universität den neuen Kollegen nicht mit offenen Armen empfingen. Schübler appellierte an das Ministerium des Inneren und des Schul- und Kirchenwesens und bekam den erwünschten Bescheid. Später sollte sich erweisen, dass er auf der genauen Festlegung seines Status' und Rangs als erster ordentlicher Professor der Botanik zu Recht beharrt hatte, gab es doch wiederholt Versuche, seine Kompetenzen von Seiten der Universitätsspitze und der medizinischen Fakultätskollegen zu beschneiden.

Für die Antrittsvorlesung wählte er das Thema *Untersuchungen über chemisch-physiologische Bestandteile der Kuhmilch und über Unterschiede zur Milch anderer wiederkäuender Haustiere,* ein Thema, das er schon in Hofwyl und in Bern bei der Jahrestagung der Allgemeinen Schweizerischen Gesellschaft für die gesamten Naturwissenschaften vorgetragen hatte. (Abb. 3). 1819 wollte ihn der preußische Minister Karl von Stein zum Altenstein auf die Professur der Physik und Chemie an der Universität Halle berufen. Schübler lehnte aber ab, weil er nicht schon nach anderthalb Jahren wieder sein Vaterland, in welches er *unter günstigen äußern Verhältnißen zurükgerufen worden* war, verlassen wollte und weil ihn verschiedene Familienverhältnisse banden, wie er im Mai 1819 dem Akademiemitglied Thomas Johann Seebe(c)k in Berlin schrieb[64]. König Wilhelm I. und Innenminister von Otto wollten ihn in Tübingen halten und reagierten mit einer Erhöhung seines Normgehaltes auf 1.200 fl[65]. Besoldungsmäßig war er nun den älteren ordentlichen Professoren der Universität gleichgestellt, aber immer noch nicht vom inner-universitären Status und Rang her. Blieb ihm die Teilhabe an den Emolumenten doch weiterhin versagt. 1823 hätte ihn auch die Universität München gern berufen. Schübler lehnte indessen ab und nahm offenbar diese Gelegenheit auch nicht wahr, um Wünsche nach einer Besoldungszulage zu äußern. Sein Normgehalt wurde erst sechs Jahre später am 20. Juli 1829 auf 1.400 fl erhöht. Diese Gehaltserhöhung dürfte ihn animiert haben, nun auch die Emolumente der Medizinischen Fakultät einzufordern.

Als Universitätslehrer hatte Schübler Vorlesungen zu halten, botanische Übungen und Experimente im Chemischen Labor durchzuführen, botanische und geognostische Exkursionen zu leiten sowie die regelmäßigen Semesterprüfungen und Schlussexamina abzunehmen. Außerdem hatte er in der neu geschaffenen Staatswirtschaftlichen Fakultät einen Lehrauftrag für agronomische und technische Chemie (Agrikulturchemie) sowie ökonomische Botanik wahrzunehmen, zudem die botani-

64 Staatsbibliothek Berlin, Handschriftenabteilung, Slg Darmstadter F1f (Brief Gustav Schüblers an Dr. Th. Seebek, Mitglied der Königl. Preuß. Akademie der Wissenschaften in Berlin, mit Datum Tübingen, 6. Mai 1819.

65 HStAS E 221 I, Bü 4383 (Erhöhung des Gehaltes des Professors der Naturgeschichte Dr. Schübler, datiert Stuttgart, 3. Juni 1819).

schen und chemischen Sammlungen aufzubauen und zu unterhalten. Hierfür standen ihm anfangs pro Jahr 120 fl zur Verfügung[66].

Dank den Ankündigungen in den öffentlichen Blättern und insbesondere im Regierungsblatt für das Königreich Württemberg sind die Themen seiner Vorlesungen und übrigen Lehrveranstaltungen bekannt. Bis auf drei Ausnahmen bleiben aber die Inhalte dieser Vorlesungen im Dunkeln. Die Ausnahmen betreffen Nachschriften von Vorlesungen, beispielsweise war eine im Wintersemester 1821/22 der Naturgeschichte Württembergs gewidmet, von der eine unvollständige Nachschrift eines namenlosen Studenten und eine vollständige ebenfalls eines unbekannten Hörers existieren[67]. Im Sommersemester 1831 las er über Allgemeine und Spezielle Botanik, deren Inhalt durch eine Mit- und Nachschrift von Carl Meebold, Student der Medizin aus Heidenheim, erschlossen werden kann[68]. 1832 lehrte er „Specielle Botanik"[69]; mit- und nachgeschrieben von Wilhelm Schüle, der aber im Verzeichnis der immatrikulierten Studierenden und Gasthörer von 1832 nicht aufscheint.

Die „Naturgeschichte Württembergs", die Schübler ab dem 5. November 1821 wöchentlich jeweils fünfstündig vortrug, beginnt mit einem Überblick über die *physischen Verhältnisse Württembergs* und setzt dann mit dem *Zusammenhang der Gebirge Württembergs mit denen des Auslandes* sowie dem geognostischen Landschaftsüberblick vom *Urgebirge, dem älteren Schiefergebirge und dem Flötzgebirge* fort. Gesondert kamen auch Vegetation, Klima und Witterung in den jeweiligen Gebirgs- und Landschaftsräumen von Schwarzwald, Schwäbischer Alb, Welzheimer Wald und Oberschwaben zur Darstellung. Ausführlich und detailliert stellte er die Fossilien und Mineralien sowie die Erze und Mineralquellen vor. Das Schlusskapitel galt der heimischen Tierwelt, die er in der üblichen Einteilung „Säugetiere, Vögel, Reptilien, Fische, Insekten und Würmer" seinen Zuhörern näher brachte. Vorzugsweise las er über Naturgeschichte, Naturkunde und Statistik Württembergs in naturhistorischer Beziehung im Winterhalbjahr, Vorlesungen, in denen er die natürlichen Grundlagen des Lebens und Wirtschaftens im Königreich Württemberg behandelte und die er immer wieder *mit Demonstrationen über die im naturhistorischen Cabinet aufgestellten Natur-Produkte* verband. Zweimal machte er seine Hörer darauf aufmerksam, dass seine Ausführungen sich auf Memmingers Beschreibung von Württemberg stützen, die ja überwiegend von ihm stammten[70]. Im Sommersemester galt es die warme Witterung für botanische und

66 Wegweiser durch Tübingen S. 38 ff.; BORN, Geschichte der Wirtschaftswissenschaften S. 27, 30.

67 UB Tübingen, Handschriften/Alte Drucke, Sign.: Mh II 409 (Mitschrift von Wilhelm von Tessin) und StadtA Heilbronn, Handschrift E001–190 (gebunden; 289 Seiten mit 4 Abbildungen); J. D. G. Memminger erwähnt in der Vorrede seiner Schrift „Beschreibung von Würtemberg", 2., verbesserte und vermehrte Auflage 1823, S. V, dass Schübler die von ihm stammenden naturhistorischen Ausführungen in seinen Vorlesungen vortrug.

68 WLB Stuttgart, Abt. Handschriften, Alte Drucke, Signatur: Cod. med. 4°.124.

69 StadtA Heilbronn, Handschrift E001–323, (gebunden, ca. 160 Seiten).

70 Reg.Blatt 1820, S. 517; Reg.Blatt 1823, S. 649.

33.

RECTOR
ET
SENATUS UNIVERSITATIS TUBINGENSIS.

L. S.

Quum proxime præterlapso semestri, data occasione, de fabuloso medico, sive potius medicæ artis et chirurgicæ præsertim ab antiquis auctoribus habito patre atque statore verba fecerimus, liceat nunc nobis, nactis iterum ad continuandam hanc materiam novam eamque suavissimam occasionem alium in medium afferre ex ætatibus illis antiquitatis rudioribus medicum et naturæ peritum artis, fabulosum *Prometheum*.

Constat et vel lippis tonsoribusque notum est, quod de hoc Titane sive semideo mythologia tradidit veterum, ignem scilicet surripuisse illum fraude mala Jovi, homines, rudia antea et omnis culturæ disciplinæque expertia animantia, ad vitæ commoditates, ut igne ita aliis subsidiis instruxisse et ad cætera humanitatis excoluisse studia, multisque exornasse decoribus præmiisque, quibus antea ceu „*mutum et turpe pecus*" *) fuerint exclusi; pro quibus beneficiis ab invido cœli terrarumque Domino, graviter tum dominante tyranno, Europææ Scythiæ petræ alicui maritimæ in pœnam sit affixus.

Non vacat nunc, neque ratio aut temporis aut materiæ in hac præfatiuncula poscit, quatenus mythologorum, tum poëtarum, ut Hesiodi præsertim (Opp. et d. 41 sq. et Theog. 528 sq.) tum scriptorum prosi sermonis, *Diodori Siculi, Apollodori, Hygini, Luciani* sale suo rem omnem perfricantis, aliorumque commemorationes differant in hac re, fusius hic enarrare. 141

Constat enim, in talibus commentis alium secutum fuisse aliam famam, et quum sibi non constiterit tradita fama, eo magis poëtus tragicosque inprimis non raro selegisse eas traditiones, quas suo poëtico in dramatibus consilio proprio quam maxime crediderint aptas idoneasque, et eas etiam sæpenumero in eundem finem suo ingenio magis exornasse.

Hærebimus hic tantummodo in eo, quod nostri sigillatim est propositi, commonstraturi, Prometheo etiam medicæ artis scientiam fuisse tributam supra vulgi modulum elatam.

Scilicet, quum, quod nomen illius jam innuere videtur, *Prometheus*, (Προμηθεύς) maxima præditus existimaretur rerum scientia et etiam vi augurandi futura, vatesque et divinus, cui arcana essent naturæ aperta, haberetur, non poterat non fieri, quin etiam medicæ artis peritia et quidem non mediocris illi adscriberetur. Accidit enim hic fere, quod etiam in aliis accidere solebat mythologiæ personis, ubi grata hominum admiratio beneficum aliquem, qui a prisca gente talis prædicabatur, humanitatis sospitatorem, coronare voluit laudibus suis, ut multa alia etiam ab aliis in illum, scilicet ut eo amplior esset et laudis et meritorum materia, liberalius quam verius cumularentur. Est autem hic, ad demonstrandum, quid de Promethei physicæ ac medicæ disciplinæ penitiori cognitione informaverit sibi animo antiquitas, quam maxime idoneus locus classicus in Aeschyli tragœdia *Prometh. vinct. inscripta*,

*) Hor. I. Serm. 3, 100.

Abb. 3a

v. 478-484. Ibi enim, posteaquam Prometheus Oceani filiabus, quæ Titanis, patruelis sui questibus suspiriisque excitæ e maris abysso curru alato (v. 135.) per aërem transvectæ fuerant ad rupem, unde sonitum audierant, et chorum nunc sistunt tragœdiæ divinæ, percontantibus, quæ causa sit hujus diri supplicii, quo afflictum videbant infelicem, omnes exposuerat causas, commemorando praedicandoque fusius sua de hominibus merita: „se aedificandi domos artem, se lignorum fabricam, se agrorum culturam docuisse homines rudes, se siderum ortus occasusque difficiles ostendisse ipsis, litterarum simul numerorumque impertiisse secreta; posteaquam, inquam, haec et similia v. 447-470. declaraverat Oceanitidibus, quae indolentes dolori interrumpunt eum verbis leniter carpentibus:

Πέπονθας αἰκὲς πῆμα, ἀποσφαλεὶς φρενῶν
Πλάνῃ· κακὸς δ' ἰατρὸς ὥς τις ἐς νόσον
Πεσὼν ἀθυμεῖς, καὶ σεαυτὸν οὐκ ἔχεις
Εὑρεῖν ὁποίοις φαρμάκοις ἰάσιμος.

„Du büſsest Herbes, durch bethörten Sinn entrafft
Der Bahn, und siehst dich, wie ein schlechter Arzt erkrankt,
Nun selber rathlos, in Verlegenheit verstrickt,
Wie dich wohl heilen möchte, welche Arzeney?"

— Quid jam respondet ille? — Non excusare se operæ pretium ducit magnanimus cum maxima nunc adversa fortuna compositus heros. Continuat meritorum praedicationem v. 507 sqq.

Τὰ λοιπά μου κλύουσα θαυμάσει πλέον,
Οἵας τέχνας τε καὶ πόρους ἐμησάμην·
Τὸ μὲν μέγιστον, εἴ τις ἐς νόσον πέσοι,
Οὐκ ἦν ἀλέξημ' οὐδὲν, οὐδὲ βρώσιμον,
Οὐ χριστὸν, οὐδὲ πιστὸν, ἀλλὰ φαρμάκων
Χρείᾳ κατεσκέλλοντο, πρὶν ἐγώ σφίσιν
Ἔδειξα κράσεις ἠπίων ἀκεσμάτων,
Αἷς τὰς ἁπάσας ἐξαμύνονται νόσους.

„Hör' weiter noch; mehr staunen sollt du, wenn du's hörst,
Was ich von Kunst zu Schutz und Nutz nicht ausgedacht!
— Das Meisterstück! — wo Krankheit einen vor befiel,
Abwehren nimmer konnt' er sie, mit Eſsbarem,
Mit Trinkbarem nicht, mit Salbe nicht! der Arzeneyn
Ermanglung brach das sieche Leben, eh gelehrt
Den Armen ich die Mischung lindes Heilungsafts,
Die jede Krankheit, jede niederbändigte." —

Omittimus caetera, quae de divinationis variis a se constitutis generibus, de somniorum interpretationis arte, de auguriorum, extispiciorum ignispiciorumque a se inventa disciplina, quae de aeris, argenti aurique metallis, a se primo apertis (rectius fortâssis, ut cum alio loquamur poëta, absconditis) longius commemorat, et quae universim redeunt huc omnia, a se Prometheo omnes datas esse artes hominibus. *) Quae proposuimus, sufficiunt ad ostendendum, in Japeti hoc filio sisti, saltim a poëta nostro Aeschylo, exemplum, ut perfectissimi artificis rerum omnium, plane παντέχνου, ita etiam physici medicique consummatissimi. Curatius rem omnem hic discutere plagulae hae non sinunt. Ita etiam, quid de fabulae mente sensuque vel historico vel allegorico statuamus, alii relinquendum est a nobis loco.

---

*) Βραχεῖ δὲ μύθῳ πάντα συλλήβδην μάθε,
Πᾶσαι τέχναι βροτοῖσιν ἐκ Προμηθέως v. 504-5.

„In kurzem Spruch zusammen alles denn vernimm!
Prometheus danken alle Kunst die Sterblichen."

Abb. 3b

Felix aetas nostra, cui non confugiendum est ad fabulosos naturae artium peritos medicosque! Felix seculum, ubi, qui dicant se his scientiis, non, ut rudioribus illis primaevis temporibus multi existimarunt aut experientiae usu destituti, aut hominum imperitia, vel rationis suapte ignavia abrepti, ad proficiendum in illis magicis artibus aut naturae majore vi scientiaque opus esse, sibi aliisque volunt persuasum; sed insistentes viae justae naturae rationisque sanae, cum diligentia summa, utentes grato animo veterum inventis sapientibus et melius ea semper perficere adnitentes, cum observationibus curatissimis et experientiae usu multiplici philosophiae lucem salutarem ac methodum conjungunt exactam. Illi *Aesculapidae* sagam *Circen*, quam ad illudendos misologos et agyrtas hujuscemodi, a poëtis oculatis Baco si non vere, ingeniose tamen ait Aesculapio fuisse sororem datam, *) ut suam devenerentur praesidem; His colendus:

Ἥελιος, ξύμπαντ᾽ ἐφορῶν.

Talem vero, justa in excolenda sua procedentem arte et rationis principiis usus observata temperantem diligentioris virum, ingenio, doctrina et scriptis eruditissimis apud exteros etiam jam celeberrimum, commendare vobis possumus, cives, quem sistimus nunc, novum Professorem

Dn. Gustavum Schübler, *naturæ histor. ac Botanices Prof. P. O.*

Quam justae sint, de eo quas concepistis, expectationes, etiam ex vitae rationibus illius, quas hic communicamus vobiscum, percipietis.

Natus sum Heilbronnæ ad Nicrum a. 1787. die 17. Aug. patre *Christiano Ludov. Schübler*, tunc temporis a Consiliis superioribus senatus in ista civitate, tum imperiali libera, nunc Consiliarii Regiminis Würtembergici, matre *M. Frid.* nata *Merz*, filia civis Heilbronnensis. In gymnasio Heilbronnensi elementa linguarum liberaliumque artium hausi per annos septem usque ad annum 1803. inprimis ductu virorum, mihi semper venerandorum, Rect. *Meyer* et *Tscherning*. Postquam cum patre, qui a. 1803. in urbem Elvacensem vocatus, transiit, huc una abieram, anno eodem in lyceo istius urbis Philologiæ, Matheseos, Physices elementa ex ore plurium virorum dignissimorum mihique summe colendorum hausi; quo præterlapso tempore, anno 1806. vergente, ad studia academica progredi ausus, medicinam elegi, eique in sede hac literarum illustri Tubingensi operam dedi ab anno 1806. usque ad 1810. ducibus et fautoribus viris, summe mihi venerandis *de Ploucquet, de Kielmeyer, de Pfleiderer, de Bohnenberger, de Autenrieth, de Froriep* et *Ferd. Gmelin*, quibus ob insignia in me merita gratias in æternum habebo quam maximas. Anno 1810. post exantlata examina, et postquam præside Prof. *de Kielmeyer* dissertationem, experimenta quædam ad influxum electricitatis in sanguinem et respirationem spectantia sistentem, proprio marte conscripseram ac publice defenderam, Monachium et Viennam abii. Hac in urbe medicinæ et historiæ naturalis scientiam excolendi occasio mihi contigit, Proff. *Hildenbrand, de Jacquin* patre et filio, et Domino *de Schreibers*, musei historiæ naturalis Directoribus.

Anno 1811. reversus per Salisburgum Stuttgardiam, praxi medicæ operam dedi, privatim in physica et chemia versatus.

Anno 1812. ad instituta Hofwylensia invitatus primis duobus annis physicam et historiam naturalem, tribus insequentibus annis chemiam ad agriculturam spectantem, agronomiamque et botanicam docui.

Dum Hofwylæ versabar, frequenti Domini *de Fellenberg*, institutionum horum fundatoris consuetudine usus sum, cujus humanitatem in adjuvandis disquisitionibus meis, rei rusticæ scientiam ullo modo attingentibus, grato recolere animo nunquam desinam; nec non Domini

*) cf. de Augm. sc. l. IV. c. 2. Auream hic etiam legimus aliam sententiam, huc facientem: „Sane quemadmodum in republica Rom. cives erant utilissimi et optime compositi, qui aut consules populo favebant, aut tribuni in partes Senatus inclinabant, ita medicos eos probamus, qui aut in magna eruditione traditiones experientiae plurimum faciunt, aut in practica insigni methodos et generalia artis non aspernantum.

Abb. 3c

Straub, Med. Doct. nunc chemiæ professoris, Drum. *Lippe*, *Laur*, *Kortüm*, *Schacht*, *Beker*, *Müller*, *Leopold*, *Kuhn*, *Desberger* etc. Proff. Hofwylens. Bernæ vicina urbe multum vetsatus sum cum Academiæ Professoribus, Dno. Prof. *Emmert*, tunc Bernensi, nunc Tubingensi Anatomiæ Professore, hujusque fratre, Chirurgiæ et artis veterinariæ Professore, cumque Domino *Beck* Chemiae, Domino *Meisner* Historiae naturalis et Dom. *Meyer* Anatomiae et Physiologiae Proff.

Hofwylae degens quotannis in alpes Helveticas, anno 1813. per Gotthardum et Simplonem montes,, in Italiam superiorem et insulas Boromeas peregrinationem historiae naturalis causa feci; eademque causa anno 1815. in Sabaudiam, in Montblanci mare glaciele etc. Genovae versatus sum cum Proff. *Pictet*, *Saussure*, *Deluc*, *Decendolle* etc.

Otium, si quod mihi fuit, adhibui variis de rerum natura disquisitionibus. Hujusce studii testes nonnullas commentatiunculas, maximam partem his, istis ephemeridibus insertas appellare liceat:

*Versuche über die Kälte erregende Eigenschaft der Electricität und deren Einwirkung auf das Blut. Gilb. Annalen d. Physik. B.*39.*p.*305.

Bestimmung der Höhe mehrerer Gegenden Würtembergs über das Nekarthal u. über d. Meer. Würtemb. Staatscalender und Tübinger Blätter für Naturwissenschaft u. Arzneik. von v. Autenrieth u. v. Bohnenberger. 1815. *Tom. I. p.* 329.

Ueber die Bildung der polyposen Concremente bei der Ruhr, in Harles Jahrbüchern der deutschen Medicin. Tom. III. 1813.

Ueber die Abweichung der Magnetnadel und die verschiedene Grösse ihrer täglichen Veränderungen, je nach der verschiedenen Art, wie ihr Magnetismus mitgetheilt wird. Journ. de Phys. et Chim. Paris 1812.

Beobachtungen über die atmosphärische Electricität, ihre jährliche und tägliche Perioden. Schweigger Journ. d. Chem. in mehreren Heften von 1811—1817. *Bibl. univers. Juin. Geneve* 1816.

Ueber Regen, Nebel, Wolkenbildung und deren Electricität in den Alpen. Schweigger Journ. der Chem. Tom. IX. 1813.

Ueber die troknen electrischen Säulen von Deluc u. Zamboni. Schweigger Journal der Chemie. T. XVI. Gilberts Annalen d. Physik 1815.

Medicinische Topographie von Stuttgart von Dr. Cless u. Dr. Schübler Sattlerische Buchhandl. Stuttg. 1815.

Untersuchungen über die physischen Eigenschaften der Erden in Vergleichung mit ihren chemischen Bestandtheilen. Bibl. brittan. Gen. 1815. *Mai. Gilberts Annalen d. Phys. Nov.* 1815. *Landwirthschaftl. Blätter v. Hofwyl. Arau bei Sauerländer.* 5*tes Stük.*

Chemische Untersuchung mehrerer Erdarten in den Umgebungen von Stuttgart. Bibl. brittan. 1815. *Decbr.*

Ueber den Humus und dessen Zerlegung. Bibl. univ. Gen. Oct. 1816.

Ueber die nähern Bestandtheile der Milch. Landwirthsch. Blätter von Hofwyl, im 5*ten St.* 1817.

etc. etc. etc.

Quanquam per quinque hos annos suavissimam vitam felicissimamque apud Helvetios transegi, tamen munificentissima Regis nostri gratia oblatum mihi in patriae universitate munus subire non cunctatus sum.

Superest jam, ut novus Professor munus Regis Augustissimi nostri clementia sibi traditum, more tralatitio, solemni auspicetur oratione; cujus erit argumentum:

Disquisitiones chemico-physiologicae de praecipuis lactis partibus constituentibus et ruminantium reliquorumque animalium domesticorum lactis diversitatibus.

Cui actui, qui crastino die celebrabitur hora X. et quidem in aula nova, ut frequentes adsitis Cives omnesque, qui rebus favetis nostris academicis, officiose rogamus invitamusque.

P. P. S. S. Rector. Tubingæ d. XVII. Dec. MDCCCXVII.

Abb. 3d

Abb. 3 Lateinisch verfasste Einladung von Rektor und Senat der Universität Tübingen zur Antrittsvorlesung von Gustav Schübler am 17. Dezember 1817, 10 Uhr in der Neuen Aula, hier Seite 4 mit Angabe des Vorlesungsthemas (in Übersetzung): *Untersuchungen über chemisch-physiologische Bestandteile der Kuhmilch und über Unterschiede zur Milch anderer wiederkäuender Haustiere.* – UB Tübingen, Signatur: LXV 8a.2,33.Stück (Digitalisat abgerufen am 2.10.2018 über URL-Adresse: http://idb.ub.uni-tuebingen.de/diglit/LXV8a_fol_33)

geognostische Exkursionen in die Umgegend zu nutzen und im Rahmen der Botanik-Vorlesung je nach Schwerpunkt verschiedene Pflanzengruppen z. B. medizinisch pharmazeutische Pflanzen und Giftpflanzen im Botanischen Garten kennenzulernen und zu bestimmen.

Vermittelt die „Naturgeschichte Württembergs" den Eindruck einer umfassenden geologischen, botanischen und faunistischen Materialsammlung für eine Beschreibung von Württembergs natürlichen Grundlagen, so gewährt die Mitschrift der „Speciellen Botanik" vom Sommersemester 1832 (durch Wilhelm Schüle) Einblick in die Bemühungen Schüblers das Linné'sche Ordnungssystem durch das der natürlichen Ordnung der Pflanzen nach Antoine Laurent De Jussieu (1745–1836) zu ersetzen und abzulösen[71]. Dieses Thema hatte er schon 1820, damals wohl noch unter dem Eindruck des anregenden Gedankenaustauschs mit den Genfer Naturforschern, von Ernst Friedrich Gurlt als Dissertation bearbeiten lassen[72]. Es heißt, dass Jussieu und Augustin-Pyramus De Candolle als oberstes Prinzip einer Pflanzenordnung *das Dasein oder Fehlen der Cotyledonen,* d. s. die Keimblätter oder Samenlappen, gesetzt hätten. Diesen zufolge gliederte Schübler die Vorlesung in die drei Abteilungen: 1. der *Acotyledonen* (Keimblattlose Pflanzen), 2. der *Monocotyledonen* (Einkeimblättrige Pflanzen) und 3. *Dicotyledonen* (Zweikeimblättrige Pflanzen). Anschließend beschrieb er die Familien der jeweiligen Kategorien und zwar nach äußeren Merkmalen wie Blätter, Stängel, Blüte und Geschlechtsorgane (Griffel, Staubgefäße) sowie der Samen, um dann die Inhaltsstoffe und deren mögliche medizinische Eignung und Verwendung anzugeben. Insgesamt machte er im Sommersemester 1832 seine Hörer mit über 100 Pflanzenfamilien vertraut. Didaktische Unterstützung erfuhr seine Vorlesung durch eine Gegenüberstellung der Pflanzenordnungen nach Jussieu und Linné auf gedruckten Tafeln. Die Lehre Jussieus prägte noch lange seinen akademischen Unterricht und zwar so sehr, dass sein Schüler Georg Ludwig Duvernoy eigens eine gesonderte *Unter-*

71 Vgl. dazu MÄGDEFRAU, Geschichte der Botanik S. 78–89.

72 Übersicht des Pflanzenreichs nach dem Linnéischen Sexualsystem und nach dem natürlichen Pflanzensystem von Jussieu. Tübingen 1820.

suchung über Keimung, Bau und Wachsthum der Monokotyledonen schrieb[73]. Auch Hugo Mohl verwendete in seiner Preisschrift von 1827 diese Einteilung der Rankenpflanzen und kam zu dem Schluss, dass – soweit damals bekannt – bei keiner der genannten Pflanzenverwandtschaftsgruppen Ranken- und Schlingpflanzen dominieren; sie sind in den gemäßigten Breiten seltener als in den feucht-heißen Tropen, schrieb er.

Über Schüblers Hörer geben die im Universitätsarchiv erhaltenen Hörerverzeichnisse Auskunft und Aufschluss[74]. Darin finden sich Namen von Angehörigen herausragender Familien Württembergs, die später zu hohen Ämtern und Ansehen gelangten. Genannt seien hier Ferdinand Steinbeis aus Ilsfeld, der als Student der Bergbauwissenschaft im Winter 1824/25 unter den Hörern seiner „Agrikulturchemie" und der „Naturkunde Württembergs" war und dem er bei den Semesterprüfungen *Sehr gute Kenntnisse* und *Fleiß* bescheinigte[75]; 1826 erhielt Steinbeis den akademischen Preis der Staatswirtschaftlichen Fakultät zugesprochen. 1855 wurde er dann zunächst Direktor, 1865 schließlich Präsident der württembergischen Zentralstelle für Gewerbe und Handel. Oder Hugo Mohl aus Ellwangen/Stuttgart, Student der Medizin, dem er ebenfalls *Sehr gute Kenntnisse* und *Fleiß* attestierte[76]; im März 1835 wurde dieser sein Nachfolger in Tübingen, der aber nicht von ihm als Dissertant betreut wurde. Oder Gustav Friedrich Graf von Zeppelin, Sohn des württembergischen Kammerherrn und Mergentheimer Schlosshauptmanns Vollrath Gustav Friedrich Melchior von Zeppelin (1798–1871)[77], Student der Forstwissenschaft und im Sommer 1820 Hörer der „Ökonomischen Botanik" sowie im Winter 1820/21 auch der „Agrikulturchemie". Oder Freiherr von Tessin aus Tübingen, im Winter 1820/21 Hörer der „Agrikulturchemie". Im Sommer 1821 sind unter den namentlich registrierten 30 Hörern Wiest aus Weingarten, (Georg) Duvernoy aus Ludwigsburg, (Gustav Friedrich) Märklin aus Tübingen, Johannes Friedrich Finckh aus Reutlingen, Friedrich Eberhard Mauz (1792–1854) aus Nellingen/Esslingen, der 1821 für seine Vorschläge zur Verbesserung des Hanfbaus den landwirtschaftlichen Preis der Centralstelle des Württembergischen landwirtschaftlichen Vereins und eine silberne Medaille erhielt[78] und Johann Gottlob Kurr aus Sulzbach a. d. Murr (siehe unten)[79]. Weitere, später bedeutende Männer unter Schüblers Hörern sind: Gustav (von) Walz (1804–1876), 1842 Direktor der Ackerbauschule Ellwangen und von 1850 bis 1865 Direktor der Land- und forstwirtschaftlichen Akademie Hohenheim;

73 Erschienen 1834 im Verlag Brodhag, Stuttgart.

74 UAT 51/606 (Zuhörer-Verzeichnisse des Prof. Schübler 1820–1833/34).

75 UAT 51/606 (Hörerliste Prof. Schübler, Winter 1824/25).

76 Wie Anm. 73.

77 Vgl. WASMANNSDORFF, Erich (Bearb.): Geschichte des Geschlechts von Zepelin (Zeppelin). Görlitz 1938, S. 74/75.

78 CWLV 20 (1831), S. 10; Mauz wurde bereits 1820 eine öffentliche Belobung der Medizinischen Fakultät der Univ. Tübingen zuteil (Reg.Blatt 1820, S. 583).

79 Duvernoy (1823), Märklin (1825), Mohl (1826), Kurr (1832) wurden für ihre Dissertationen mit dem Preis der Medizinischen Fakultät der Univ. Tübingen ausgezeichnet.

Gustav (von) Horn (1807–1886), 1842–1871 Direktor der Ackerbauschule Ochsenhausen und Landtagsabgeordneter (1868–70); Karl Göriz (1802–1853) aus Stuttgart, Student der Kameralwissenschaft und im Sommer 1820 Hörer der „Agrikulturchemie", von 1831 bis zu seinem Tod 1853 Professor für Land- und Forstwirtschaft an der Universität Tübingen[80] sowie Hermann Hauff (1800–1868) aus Tübingen, älterer Bruder des Schriftstellers und Dichters Wilhelm Hauff (1802–1827) und seit Ende 1827 Redakteur des Cotta'schen Morgenblatts für gebildete Stände, im Sommer 1820 Hörer seiner Botanik- und Zoologievorlesung[81]. Alle genannten Studierenden wurden von Schübler unter *die Vorzüglicheren* und *Fleißigen* eingereiht.

Sein eigentlicher Schülerkreis, soweit er sich an der Zahl der unter seiner Ägide publizierten Dissertationen überhaupt eruieren lässt, ist beachtlich. Enthält die Liste doch 48 Namen[82], darunter auch solche von später zu Ansehen und Geltung gelangten akademischen Lehrern und Botanikern wie Franz (von) Fleischer (1801–1878, ab 1840 Professor in Hohenheim)[83], Johann Gottlob (von) Kurr (1798–1870, von 1828 bis 1831/32 Student der Medizin und fleißiger Hörer von Schüblers Vorlesungen[84], dann ab 1832 Lehrer der Naturgeschichte an der Gewerbeschule in Stuttgart, ab 1838 Professor am Polytechnikum in Stuttgart)[85], Anton Wiest († 1835 in Kairo/Ägypten) und Friedrich (Edward Frederik) Leitner aus Schorndorf (1812–1838 in Nordamerika), Hospitant und von 1828/29 bis 1830 Hörer der Vorlesungen „Agrikulturchemie", der „Ökonomische Botanik", „Statistik Württembergs", „Pflanzenphysiologie"[86], alle vom Botanischen Reiseverein in Esslingen[87] unterstützt, die nach und in Kleinasien, Ägypten, Griechenland, Norwegen und South-Carolina, hier hauptsächlich in die Umgebung von Charleston, reisten und vor allem durch das Sammeln von Pflanzen, Samen

80 UAH 4/1 Personalakte K. Göriz; KLEIN, Ernst: Karl Göriz. Professor der Landwirtschaft in Hohenheim und Tübingen 1802–1853, in: Lebensbilder aus Schwaben und Franken 9 (1963), S. 174–187; MARCON/STRECKER S. 217–221.

81 Hermann Hauff war im Winter 1817/18 (27.11.1811) als Student der Medizin und der höheren Chirurgie immatrikuliert worden (Verzeichniß der Studirenden Wintersemester 1819/20, S. 10); er erscheint im Hörerverzeichnis des Sommers 1820 unter dem Namen *Hauf.*

82 Vgl. Thesaurus literaturae botanicae omnium gentium, hg. von G. A. Pritzel. Leipzig 1872, S. 289; die Liste ist unvollständig; sie ist um weitere Namen aus dem Dekanatsbuch der Tübinger Medizinischen Fakultät 1808–1858 zu ergänzen.

83 Fleischer stammte aus Lausigk in Sachsen, im Sommer 1828 Hörer der „Medizinischen Botanik" und der „Pflanzenphysiologie"; Schübler notierte: „Sehr gut" und *von der Entrichtung der Collegien-Gelder befreit* [UAT 51/606 (Hörerliste Sommer1828)].

84 UAT 51/606 (Hörerlisten!828–1831/32).

85 GÜMBEL, Kurr, Johann Gottlob, in: ADB 17 (1883), S. 416–417; WEBER/KULL, Leben und Werk S. 337–400.

86 UAT 51/606 (Hörer-Verzeichnis des Professor Schübler, Winter 1828/29 bis Sommer 1830); bei Leitner vermerkte Schübler: *„der Gärtnerey Beflissener,* d. h. Gärtner, fleißig, gute Kenntnisse, zahlte keine Kollegien-Gelder".

87 Schübler war 1826 „Aktionär" des Reisevereins geworden; auch der unter seiner Leitung stehende Botanische Garten und die Naturaliensammlungen der Universität Tübingen erwarben je eine halbe Aktie (UAT 68/3b, Unterfasz.: a 3).

und Mineralien erheblich zur Kenntnis der Pflanzenwelt in diesen Ländern beigetragen haben[88].

Die Themen, die Schübler von Kandidaten hat bearbeiten lassen, spiegeln zugleich seine Forschungsinteressen wider (siehe die Literaturliste im Anhang I). Zweimal hat ihn die Medizinische Fakultät beauftragt die medizinische Preisaufgabe auszuarbeiten. 1826 lautete die lateinisch formulierte Frage: *Cum plures sint plantarum species, quae vicina volubile amplectuntur ad minicula, quia …* usf., auf Deutsch kurz: „Über das Winden der Pflanzen"[89]. Der Gewinner, der immerhin 15 Dukaten (= 82 fl 30 xr) in Form einer goldenen Medaille erhielt, wurde durch Los ermittelt und war Louis (Ludwig Heinrich) Palm, gebürtig aus Aalen, dem die Preismedaille zugesprochen wurde[90]. Sein Mitbewerber war sein Nachfolger, Hugo Mohl. Beide Preisschriften wurden gedruckt. Mohl nahm sich aber die Freiheit die Ergebnisse von Palm in einem Anhang seiner Schrift zu kommentieren und einer kritischen Würdigung zu unterziehen. Ein Gerücht besagt, dass Mohl nur deshalb den Preis nicht erhielt, weil er der Neffe des Universitätskanzlers Autenrieth war[91]. Wahr daran ist, dass sein Doktorvater Hermann Friedrich Autenrieth, Sohn des Kanzlers, ihn 1828 zum Med. doc. promovierte. 1831/32 lautete die medizinische Preisfrage: *Über die Beziehung der Nektarien zur Befruchtung und Samenbildung der Gewächse.* Die beste Antwort lieferte der aus Kißlegg stammende Franz Xaver Wörz[92], der am 1. März 1833 von der Fakultät geprüft worden war. Er erhielt eine silberne Medaille und – was wichtiger war – ein Reisestipendium, das ihn wie einst seinen Lehrer nach München und Wien führte. Gern wäre Wörz noch nach Paris gereist, aber da die finanziellen Mittel erschöpft waren, musste er sich nach einer Anstellung umsehen, um sich und seiner Braut den Lebensunterhalt zu sichern[93]. Mit königlichem Dekret vom 21. Oktober 1838 wurde er zum Unteramtsarzt in Zwiefalten ernannt[94], wo er bis zu seiner Berufung zum Oberamtswundarzt und Oberamtsarzt im oberschwäbischen Waldsee (ab 1843) blieb. 1840 regte er in einem Vortrag an, in Gemeinden, in denen die Flur weniger als die Hälfte für die Dreifelderwirtschaft genutzt werde, die brachliegenden Außen- und Wechselfelder (Weitraiten) zusammenzulegen und sie

88 Vgl. jetzt ausführlich WÖRZ, Esslinger Botanische Reiseverein; LOOSE, Passion S. 104 ff.; GIFFORD, George E.: Edward Frederik Leitner.

89 ZÜRCHER, Dekanatsbuch S. 184.

90 Reg.Blatt 1826, Nr. 45 vom 17.11.1826, S. 481; die Preisschrift von Ludwig Heinrich Palm wurde von Prof. Ferdinand Gottlieb Gmelin als Inauguraldissertation angenommen und erschein im Druck Tübingen 1827; jene von Hugo Mohl wurde 1827 unter dem Titel: Ueber den Bau und das Winden der Ranken und Schlingpflanzen: eine gekrönte Preisschrift. Tübingen bei Laupp gedruckt, freilich ohne Erwähnung, dass es sich dabei um die Dissertation handelt, die Prof. Schübler betreut hatte.

91 Vgl. den Nekrolog auf Hugo von Mohl in der Botanischen Zeitung 30. Jg. (1872), Nr. 31 von 2. Aug. 1872, col. 561–574, hier col. 569–570 (Schriftenverzeichnis col. 575–580).

92 BECHT, Dekanatsbuch S. 140 und 145,

93 Siehe seine Personalakte in StAL E 162 II, Bü 866.

94 Reg.Blatt vom 27.10.1838, S. 555.

zur Ansiedlung drei bis vier mittellosen Neusiedlern zur Verfügung zu stellen. So sollte jungen Familien eine Existenz geschaffen werden. Dies gefiel nicht allen, insbesondere nicht dem Vorsitzenden des Münsinger landwirtschaftlichen Bezirksvereins, Oberamtmann Johann Jakob Mann (1787– † nach 1851), der befürchtete, dass sich nur unvermögende, arme Leute niederließen, die für die öffentliche Sicherheit eine Gefahr darstellten[95], weil sie durch Umherziehen und Bettelei der Kinder ihren Lebensunterhalt verdienen müssten. Wörz stieß damit eine Diskussion an, die schließlich in die Gründung von landwirtschaftlichen Neusiedlungen auf der Schwäbischen Alb mündete.

Zu den Aufgaben eines ordentlichen Professors gehörte auch die Mitwirkung bei der akademischen Verwaltung. Vier Mal hat Schübler das Amt eines Dekans der Medizinischen Fakultät ausgeübt, nämlich im Sommer 1823, in den Wintersemestern 1824/25, 1826/27 und 1828/29, jedoch nur bis zum 28. Januar 1829, weil ein königliches Dekret die Universitätsverfassung zugunsten der Senioren der Fakultät abgeändert hatte. Während seines Dekanats im Winterhalbjahr 1828/29 kam es zu einer Auseinandersetzung in der Medizinischen Fakultät mit dem Kollegen Leopold Sokrates Riecke, seit 1827 Ordinarius für Chirurgie, wegen der *Prädizierung der Chirurgia medica als Prüfungsfach*[96]. Als Dekan hatte Schübler dafür zu sorgen, dass Prüfungsordnung und Prüfungsablauf korrekt eingehalten sowie die Zensuren entsprechend den Vorgaben vergeben wurden. Da die Chirurgie in der Rangfolge ziemlich am Ende angesiedelt war, wollte Riecke nun erreichen, dass sein Lehrfach auch als Prüfungsfach aufgewertet werde. Das gefiel nicht allen Ordinarien in der Fakultät, weshalb Stellungnahmen eingeholt werden mussten, die aber nicht bekannt sind, sodass der Ausgang des Streits nicht zu verfolgen ist. Vermutlich wurde er auch in Schüblers kurzem Dekanat nicht beendet, da er ja Ende Januar 1829 aus dem Amt schied.

Außeruniversitären Verpflichtungen, welche die Ministerialbürokratie an die Professorenschaft herantrug, versuchte Schübler – wie übrigens auch seine Kollegen – nach Möglichkeit zu entgehen. Ein konkreter Fall lehrt aber, dass man gute Gründe angeben musste, um nicht zusätzliche Aufgaben aufgebürdet zu bekommen. In diesem Fall ging es um Gutachten medizinisch-gerichtlichen Inhalts, für die das Stuttgarter *Medicinal-Collegium* die Professoren der Medizinischen Fakultät zu verpflichten suchte. Zwei Widersprüche zeigen klar, dass wohl keiner der Tübinger Professoren an solchen Gutachten mitzuwirken bereit war. Allgemeiner ablehnender Tenor: Man sei jetzt schon mit der Wahrnehmung des Lehramts in großer Zeitnot und könne nicht noch weitere Aufträge übernehmen. Schübler begründete zudem seine Weigerung damit, dass er von *zwei Vereinen aus Stuttgart eingeschikkte Gegenstände* zu begutachten habe, worüber seine Veröffentlichungen im Correspondenzblatt und in den Württembergischen Jahrbüchern zeugten. Gemeint waren seine Tätigkeiten für die Centralstelle des

95 LOOSE, Centralstelle S. 403–409.
96 ZÜRCHER, Dekanatsbuch S. 16 ff.

landwirtschaftlichen Vereins und im Verein für Vaterlandskunde. Im Übrigen habe er seit 11 Jahren die praktische Medizin nicht mehr ausgeübt. Deshalb könne es ja nicht *der Wunsch der Fakultät seyn, daß in Zukunft jedes Mitglied der Fakultät nach und nach wiederum stufenweise alle Fächer der Medicin übernehme, wie es früher der Fall war, bei dem gegenwärtigen Zustand der Wissenschaften wird daher ein Abscheiden nach Fächern wohl immer nöthiger werden.* Er wolle nur die Gegenstände übernehmen, *für die er sich angemeßen finde.* Schübler meinte noch, dass *ein Collegium von 6 Mitgliedern* (gemeint ist wohl das Medizinal-Collegium) *groß genug sei, daß es wohl einzelnen Mitgliedern gestattet werden könne, nicht anhaltend bei Verhandlungen gegenwärtig seyn zu müssen, wenn sie zu deren Beurtheilung nichts beitragen können*[97]. Mit dieser Schlussbemerkung dürfte Schübler sich keine Freunde in Stuttgart und Tübingen gemacht haben.

Unmut und Anstoß erregt haben wohl auch immer wieder die Bücherwünsche Schüblers, die von der Universitätsbibliothek rasch realisiert werden sollten. Einmal, am Ende des Jahres 1823, machte er die Bibliothekskommission auf günstig zu erwerbende Werke naturhistorischen und mineralogischen Inhalts aufmerksam, die in Zürich zur Versteigerung kommen sollten[98]. Da aber der Etat für individuelle Bücherwünsche der Fakultäten mit 180 fl (d. h. jede Fakultät konnte über 45 fl verfügen) knapp bemessen war, hätten die übrigen zustimmen und auf Anschaffung eigener fachspezifischer Werke für 1823/24 verzichten müssen. Dazu war aber wohl kein Lehrer bereit und namentlich versagte Professor Fulda[99] von der Staatswirtschaftlichen Fakultät seine Zustimmung. Ein Jahr später trat ein Defizit in der Bibliothekskasse auf, sodass eine Lösung gefunden werden musste, wie diese Lücke geschlossen werden könnte. Der Kommissionsvorsitzende Ephorus Jäger unterrichtete am 23. März 1825 den Senat, dass der Fehlbetrag sich auf 440 fl belaufe[100]. Der Bibliothekar Dr. Herbst schlug vor, den Kassenvorrat des Münzkabinetts zum Abbau der Schulden zu verwenden und vorerst keine Bücher mehr anzuschaffen, und zwar solange, bis durch Zuweisung neuer Mittel ein Ausgleich zustande käme. Die Fakultäten sollten diesen Vorschlag prüfen und sagen, ob so verfahren werden sollte. Kanzler Autenrieth notierte lapidar, dass

97 UAT 117/719, 135, 2 (Abschrift, aber mit Unterschrift von Schübler).

98 UAT 44/2,3 (Anzeige des Dr. Herbst an den Rektor und die Bibliothekskommission, datiert 8. Dezember 1823).

99 Friedrich Karl Fulda, geboren am 27. Dezember 1774 in Mühlhausen an der Enz, studierte auf der Hohen Karlsschule in Stuttgart und Göttingen, wurde am 29. Januar 1798 zum ordentlichen Professor der Kameralwissenschaft in Tübingen berufen. Seine akademische, öffentliche Antrittsrede am 19. April 1798 in der Alten Aula widmete er dem Thema *De meteorologiae in agricultura usu et abusu* (Über Nutzen und Mißbrauch der Meteorologie in der Landwirtschaft). Bei Errichtung der Staatswirtschaftlichen Fakultät am 27. Dezember 1817 wurde er zum Dekan gewählt, sein Lehrstuhl hieß „Theorie der Staatswirtschaft, inklusive Technologie"; von seinem Lehramt trat er auf eigenem Wunsch am 29. April 1837 zurück und starb am 15. Januar 1847 in Tübingen [UAT 126/186 (Personalakte Prof. Fulda)]; INAMA VON STERNEGG, Theodor: Fulda, Friedrich Karl von, in: ADB 8 (1878), S. 192–194; RANDECKER, Über 400 Semester S. 9, 516 ff.

100 UAT 44/2, 4 (Bibliotheksausschuß 1825–27).

Bücher angeschafft werden sollen, wenn sie notwendig sind. Dekan Schübler schrieb auf die Akte: *Wenn ein Deficit von wenigen hundert Gulden mit ins folgende Jahr hinüber kommen* (sic!), *so scheint mir das nicht von so großer Bedeutung zu seyn, daß der Ankauf jedes Buchs deswegen sistiert werde. Es wird auch nicht so streng gemeint seyn.* Da hatte er sich wohl getäuscht! Denn es wurden vorerst tatsächlich keine Bücher mehr gekauft, weshalb der Senat nach Auswegen suchte und 1826 beim Innenminister anfragte, ob das Werk von Spix und Martius über Brasilien für die Universitätsbibliothek angeschafft werden dürfe, ein Bücherwunsch, der vielleicht auf Initiative von Schübler zurückgeht. Korrespondierte er doch schon damals mit C. F. Ph. von Martius, dem berühmten Brasilienforscher in München. Doch das Ministerium wollte keinen Präzedenzfall schaffen und schrieb zurück, dass das Werk angekauft werden dürfe, *jedoch nach Maßgabe disponibler Mittel*, will heißen, wenn die Universitätskasse liquide ist[101].

Spannungen traten wohl auch im Verhältnis Schüblers zur Staatswirtschaftlichen Fakultät auf. Wie erinnerlich, gehörten zu seinen Lehrverpflichtungen auch Vorlesungen und praktische Übungen in „Ökonomischer Botanik“ für Studenten der Kameralistik. So wollte es König Wilhelm und so steht es auch in seinem Personalbogen und in der Berufungsurkunde von 1817. Woran sich genau der Dissens entzündete und was genau der Anlass für den Brief an den Innenminister im Sommer 1830 war, das ist nur zwischen den Zeilen zu erfahren[102]. Offenbar ging es um eine Statusfrage und zwar darum, ob Schübler berechtigt sei, auch Prüfungen von Studierenden der Staatswirtschaftlichen Fakultät abzunehmen.

7.2 Rektor im Sommerhalbjahr 1824

Im Sommerhalbjahr 1824, vom 1. April bis 23. September, war Schübler auch Rektor der Universität[103]. Während seines halbjährigen Rektorats besuchte König Wilhelm I. auf der Durchreise nach Marseille am 4. Juli 1824 Tübingen und speziell die Universität[104]. Zu erfahren ist dies mittelbar aus der Rektoratsrechnung vom Sommerhalbjahr 1824, wo Tagegelder für acht Universitäts-Hatschiere (Wächter, Hilfspolizisten) verrechnet wurden[105]. Es war dies nicht der erste Besuch des Königs in Tübingen. Am

101 UAT 5/6 (Rescript des Ministeriums des Innern, des Kirchen- und Schulwesens an den akademischen Senat in Tübingen, datiert Stuttgart, 2. April 1826, gez. Schmidlin).

102 UAT 126/619 (Rektoramt, Personalakte G. Schübler, hier: Schreiben des Ministeriums des Innern an den akademischen Senat in Tübingen, datiert Stuttgart, 5. August 1830.

103 UAT 129/1,24 (Rektoratsrechnungen 1818/19–1826 und UAT 129/2, 14 (Beilagen zu den Rektoratsrechnungen 1824–1826/27); BAUER-KLÖDEN, Historisch-statistisches Handbuch S. 134, Nr. 770 (www.ub-archiv.uni-tuebingen.de/w723/rektoren.pdf (abgerufen 22.04.2017).

104 Schwäbische Chronik vom 6. Juli 1824, S. 359.

105 UAT 129/1,24 (Rektoratsrechnungen, hier: Rectoratsrechnung des ordentlichen Professors der Medicin D. Gustav Schübler vom 1. April 1824 bis 23. September 1824, f. 10v).

3. Juni 1822 hatte er schon einmal gründlich die Universität visitiert und sich die Professoren vorstellen lassen. Über Schübler notierte der Protokollant, der vermutlich mit dem Kanzler Autenrieth identisch ist, er sei seinem Fach gewachsen[106]; das war eine nüchterne Beurteilung und rückt von jener der Jahre 1819/20 ab, welche ihm noch bescheinigte, er sei sehr geschickt und ungemein tätig[107]. In der Zwischenzeit muss er sich wohl durch irgendeine unbedachte Äußerung oder Tätigkeiten die Missgunst des allgewaltigen Kanzlers Autenrieth zugezogen haben. 1824 galt es die Verwaltung der Universität zu leiten, darunter den Dienstantritt von Robert (von) Mohl als außerordentlichen Professor der Rechte an der Staatwirtschaftlichen Fakultät nach Stuttgart zu melden[108], den Senatssitzungen beizuwohnen und alltägliche Verwaltungsaufgaben zu erledigen, wie die Vorlesungsankündigungen in den öffentlichen Blättern einrücken zu lassen (u. a. *Regierungsblatt für das Königreich W., Schwäbische Chronik, Intelligenzblatt der Jenaischen Allgemeinen Literaturzeitung*)[109] und besonders die akademische Disziplinargewalt auszuüben, für welche Schübler wohl die meiste Zeit hat aufbringen müssen, allein um Pöbeleien, Duelle, nächtliche Ruhestörungen (Katzen- und Nachtmusiken) von Studenten, teilweise in Trunkenheit begangen, einzudämmen und zu ahnden. Diese Disziplinlosigkeiten hatten wegen der steigenden Studentenzahlen – im Sommerhalbjahr 1824 waren insgesamt 796 Studierende eingeschrieben – ein solches Ausmaß angenommen, dass den Beschwerden aus der Bürgerschaft gründlich nachgegangen werden musste und zum Handeln zwangen. Dazu muss man wissen, dass die Universität mit ihren Angehörigen – Professoren und immatrikulierte Studenten besaßen das akademische Bürgerrecht – noch einen eigenen Stand und Rechtskorpus bildete, der sich in den ersten Jahrzehnten des 19. Jahrhunderts in alten Privilegien wie Befreiung vom Militärdienst und eigene Gerichtsbarkeit äußerte. Rektor Schübler musste zwar keinen Mord oder Totschlag untersuchen, dafür aber z. B. eine Schlägerei zwischen Bürgern und Studenten in Rottenburg und dabei die Schuldigen bestrafen, weshalb er zusammen mit Justitiar und Pedell in zwei Postkutschen in die Nachbarstadt am Neckar fuhr. In der Rechnungslegung sind die Reisekosten samt Trinkgeldern mit 7 fl 38 xr verzeichnet.

Solche richterlichen Untersuchungen und Tätigkeiten, denen nicht nur der Rektor, sondern auch zwei Professoren als Schöffen und Urkundspersonen beizuwohnen hatten, waren ziemlich unbeliebt, um nicht zu sagen: verhasst. Die Verhandlungen beanspruchten viel Zeit, die den dazu verpflichteten ordentlichen Professoren bei ihren Vorlesungen und den dazu erforderlichen Vorbereitungen fehlte. Im akademischen

106 MILLER, König Wilhelm I. S. 45.

107 MILLER, Universität Tübingen in den Jahren 1819/20 S. 49.

108 StAL E 226/192, Bü 120 (Rechnungsbeilagen zum Hauptbuch der Universitätskasse Tübingen 1823/24, Ernennung am 9. April 1824 mit der Gehaltszusage von 400 fl).

109 UAT 129/2,14 (Beilagen Rektoratsrechnung Prof. Schübler Sommerhalbjahr 1824, hier: Belegexemplar der Nummer 25 vom April 1824, Sp. 193–200).

Senat wurde deshalb darüber diskutiert, vor allem wie man die zusätzlichen Aufgaben insgesamt reduzieren könnte. Während seiner Amtszeit musste Schübler deshalb auch einen Beschluss des Senats an das Innenministerium in Stuttgart weiterleiten, in dem eine Reduzierung dieser Last gefordert wurde. Der Senat schlug vor, die Regierung solle auch die außerordentlichen Professoren und Privatdozenten als *Scabinen* (Schöffen) heranziehen und eine entsprechende Verfügung des Königs erwirken[110]. Nach Rücksprache mit dem Justizministerium wurde dieser Vorschlag gebilligt, aber die Beamten in Stuttgart wiesen darauf hin, dass diese Universitätslehrer nicht den gleichen Stand wie die ordentlichen Professoren hätten und deshalb jedes Mal vereidigt werden müssten. Einen Beeidigungsvorschlag (Eidesformel) schickten sie gleich nach Tübingen zur weiteren Beratung[111]. Wie die Sache ausging, überliefern die Akten nicht.

Unruhe ins Land brachte auch das Verbot der preußischen Staatsregierung die Universität Tübingen zu besuchen. In Berlin war bekannt geworden, dass der Privatdozent Karl (August) von Hase (1800–1890), Anführer einer studentischen Bewegung, sich in Tübingen aufhalte. Befürchtet wurde, dass sich dort mit Duldung der württembergischen Regierung ein Geheimbund zum Sturz autoritärer Fürstenregime bilden könnte. Dem galt es einen Riegel vorzuschieben und den eigenen Untertanen das Studium im Ausland und besonders in Tübingen zu verbieten[112]. In Berlin, aber auch in Wien schätzte man das liberale Verhalten des württembergischen Königs und seiner Regierung gegenüber den Burschenschaften und Verbindungen überhaupt nicht. Gad Arnsberg hat erst kürzlich die politischen Zusammenhänge der „demagogischen Vorläufer" der württembergischen Militärverschwörung von 1831 bis 1833 und das Agieren der Exponenten Preußen und Österreich im Deutschen Bund gegenüber der württembergischen Regierung aufgezeigt und die Angst der regierenden gekrönten Häupter vor revolutionären Umtrieben geschildert[113], welche das eigentliche Agens für die Repression war. Natürlich war man in Stuttgart darüber wenig erfreut, eher sehr besorgt, dass die Verfügung der preußischen Regierung den Ruf der eigenen Universität schädigen könnte, wie in der Schwäbischen Chronik vom 8. Juni 1824 zu lesen ist. Mit deutlichen Worten wies die Stuttgarter Regierung diesen Vorwurf zurück und beteuerte, dass *die Lehranstalt selbst in den bewegendsten Zeiten politischen Umtrieben fremd geblieben u. sich jederzeit durch Ordnung u. Ruhe ausgezeichnet hat*[114]. Wie sich bald offenbaren sollte, waren die Vorhaltungen Preußens nicht ganz haltlos. Im Herbst 1824 wurden geheime studentische Verbindungen aufgedeckt, gegen die die württembergische Regierung scheinbar rigoros durchgriff. Hase wurde festgenommen und auf den Hohenasperg

110 HStAS E 200, Bü 373, Unterfasz.: Bestimmungen über das Anwohnen von Professoren bei Untersuchungen der akad. Gerichtsbehörde, n. 1: Schreiben des Rektors der Universität Tübingen an das Ministerium des Innern, datiert Tübingen 25. Mai 1824, gez. Schübler.

111 HStAS E 200, Bü 373, Unterfasz. n. 3 (datiert Stuttgart, 9. Juni 1824).

112 MÜLLER-PABST, Staat und Universität S. 17 ff.

113 ARNSBERG, „... über die Notwendigkeit" S. 133 ff.

114 Schwäbische Chronik vom 8. Juni 1824, S. 359.

gebracht, wo er aber nur acht Monate einsaß[115]. Nebenbei bemerkt, verbarg sich in den „Umtrieben des sogenannten Jünglingsbundes" – um hier die zeitgenössische Formulierung zu verwenden – mehr als nur eine belanglose studentische Katzenmusik gegen unliebsame Professoren. Dahinter standen junge Leute, denen es einerseits um die nationale Einheit Deutschlands, andrerseits aber auch um die eigene berufliche Zukunft ging, wie die Biographie einer anderen, später in Tübingen wirkenden, Person zeigt: Karl Christian Knaus (1801–1844), Professor der Landwirtschaft in Tübingen (seit 1840) und 1843 Initiator der jährlich wechselnden Versammlungen der Württembergischen Land- und Forstwirte, bei denen die Teilnehmer die wirklich brennenden Probleme und Fragen wie Ablösung der feudalen Rechte und Grundlasten diskutierten und entsprechende Petitionen an die Regierung in Stuttgart absandten. Er büßte sein Engagement für die Ziele des „Jünglingsbundes" mit etlichen Jahren Festungshaft auf dem Hohenasperg[116]. Und daran wäre beinahe seine Berufung auf den Lehrstuhl für Landwirtschaft in Tübingen gescheitert, weil konservative Bürokraten ihm dies als Hochverrat ankreideten!

7.3 Vorstand des Botanischen Gartens

Mit dem akademischen Lehramt verbunden waren Aufgaben, für die es keine zusätzliche Vergütung gab. Das Dekanatsbuch der Medizinischen Fakultät und das württembergische Hof- und Staatshandbuch von 1824[117] nennen einige Funktionen: Vorstand des Botanischen Gartens, des Laboratoriums der Agrikulturchemie und der botanischen und zoologischen Abteilung des Naturalienkabinetts. Diese Verantwortungsbereiche hat Schübler mit den ihm gegebenen Mitteln verwaltet und dabei einmal nachweislich seine Kompetenzen überschritten, als er 1824 zwei gut erhaltene Mühlsteine aus dem Schönbuch *zwei Stund hinter Bebenhausen in der Nähe der alten Grabhügel* (d. h. bei Weil im Schönbuch) *ausgraben ließ, um sie daselbst bei den übrigen Alterthümern aus dem Schönbuch aufstellen* zu können. Die Grabungs- und Transportkosten, für die Schübler dem Waldschütz Frank 1 fl 18 xr schuldete, stießen aber bei der Rechnungsprüfung auf Kritik, weil hierfür eigentlich der Oberbibliothekar Professor Bohnenberger als Vorstand des Münzkabinetts zuständig gewesen wäre, und dieses noch liquide Mittel hatte[118]. Gewiss eine belanglose Episode, aber doch bezeichnend

115 MÜLLER-PABST, Staat und Universität S. 127; dazu auch JENS, Eine deutsche Universität S. 257 ff.

116 SCHÜZ, Nekrolog Carl Christian Knaus S. 792–799; GÖRIZ, Andenken an Karl Christian Knaus; o. Verf.: Vaterländisches Gedenkbüchlein: Karl Christian Knaus, in: Der Schwaben-Kalender für das deutsche Volk 1845. H. IV, hg. von Franz KAPFF und Eduard SÜSKIND. Ulm 1845, S. 124–128; MARCON/STRECKER S. 203–208.

117 NIKLAS, Dekanatsbuch S. 27 und Staatshandbuch S. 120–123.

118 StAL E 226/192, Bü 120 (Rechnungsbeilagen der Universitätskasse Tübingen 1823/24), Quittungszettel des Waldschütz Frank, datiert Tübingen, 15. Mai 1824.

für die Herrschaft der Bürokraten wie sich in einem anderen, viel bedeutenderen Rahmen noch ungleich wirkmächtiger zeigen wird!

Das Konfliktpotential bot der Botanische Garten der Universität. Für ihn focht er manchen Strauß mit der Ministerialbürokratie aus. Doch unbeirrt deswegen erwarb sich Schübler große Verdienste, von denen heute kaum noch die Rede ist. Vor dem Hintergrund der Behinderung durch die Stuttgarter Bürokratie sollen seine Leistungen wieder in Erinnerung gerufen und ins rechte Licht gerückt werden.

Erst 1804 gegründet und von Professor Kielmeyer 1805 bis 1809 angelegt, war der Botanische Garten zu Schüblers Zeiten längst zu klein, um die wachsende Zahl an Pflanzen aufzunehmen. Auch das Gewächshaus mit Warm- und Kalträumen, Hörsaal und Wärterwohnung platzte aus allen Nähten und war zudem unpraktisch eingerichtet. Es besaß auch ein unvorteilhaftes Dach, das wenig Licht durchließ, was sich im Winter nachteilig auf Pflanzenpflege und -wachstum auswirkte. Als Vorstand des Botanischen Gartens leitete Schübler 1818 die Umgestaltung des Gartens ein und ordnete die Pflanzen nach dem System von Jussieu neu. Die Anträge, das Gewächshaus neu und größer zu bauen, scheiterten jedoch – vorerst[119]. Doch 1821 hält das Kassenbuch der Universität fest, dass für die Herstellung des Gewächshauses 1.156 fl 27 xr ausgegeben wurden, die aber nicht auf den Etat des Botanischen Gartens angerechnet werden dürften, sondern das Universitätskameralamt aus seinen Mitteln zu begleichen habe[120]. Ob aus dieser Notiz geschlossen werden kann, dass das Gewächshaus von Grund auf neu erbaut wurde, ist zweifelhaft. Eher ist anzunehmen, dass durch Umbauten und Aufteilung in vier kleinere Glashäuser den Pflanzen nun bessere Wuchsbedingungen geschaffen wurden. Durch Erwerb zweier aneinanderstoßender Gärten im Umfang von insgesamt 2 Viertel Morgen 13 Ruten (ca. 1.850 m^2) konnte Schübler auch den Botanischen Garten 1821 etwas vergrößern, wofür die Universitätskasse 932 fl verrechnete[121]. Die Kaufverhandlungen gestalteten sich schwierig, weil der Anrainer Konditor Ammermüller einen Preis verlangte, der weit über dem amtlichen Schätzwert lag.

Und es kam noch ärger! 1826 musste sich Schübler vor dem württembergischen Finanzminister wegen des hohen Kassenvorrats rechtfertigen, der 1824 1.376 fl und ein Jahr später immer noch 1.218 fl betrug[122]. Der Überschuss bedeutete faktisch, dass er den Haushaltsansatz von insgesamt 1.615 fl (darin 1.400 fl für Anschaffungen) für

119 DOBAT/MÄGDEFRAU, Vom Heilpflanzenbeet S. 18; ZÜRCHER, Dekanatsbuch S. 157 und BECHT, Dekanatsbuch S. 43; wie der Garten 1824/25 aussah, geht aus der Beschreibung *Ueber einige botanische Gärten Süddeutschlands, n. 3: Tübingen* in der Zeitschrift „Hesperus" Jg. 1825, S. 985–986, 989–991, 993–994 hervor.

120 StAL E 226/192, Bd. 19 (Rechnungen der Universitätskasse Tübingen 1821/22), f. 173v.

121 StAL E 226/192 Bd. 19, f. 101v.

122 UAT 68/3b, Unterfasz.: a 3 (Akten das Etats- und Rechnungswesen des Botanischen Gartens betreffend), hier: Aufforderung des Finanzministers v. Weckherlin an die Medizinische Fakultät des Univ. Tübingen, datiert Stuttgart 6. Februar 1826.

1825/26 nahezu verdoppelte[123]. In seiner Stellungnahme wies er alle Vorwürfe einer Veruntreuung und fehlerhaften Rechnungslegung, vor allem aber die Anweisung an das Universitätskameralamt nach einer Halbierung des Zuschusses aus der Staatskasse von 1.400 auf 700 fl zurück. Er verwies darauf, dass die Kassenüberschüsse dieser beiden Jahre verschiedene Ursachen hätten, u. a. höhere Inskriptionsgelder[124] durch die 1817 gegründeten neuen Fakultäten der Staatswirtschaft und der Katholischen Theologie, Einnahmen aus dem Verkauf entbehrlicher Exemplare aus der Baumschule und des „ökonomischen Gartens". Dem stünden höhere Ausgaben für den Unterhalt eines stark vermehrten Pflanzenbestandes, gestiegene Heizkosten und die Ausbesserung des Gartenzauns gegenüber. Der Aufwand für den Garten werde sich in den nächsten Jahren weiter erhöhen, vor allem wenn der in Aussicht genommene Bau eines neuen Gewächswarmhauses realisiert worden sei. Schübler fügte noch an, dass die Gartendirektion längst die Absicht habe ein an den Garten stoßendes Feld anzukaufen, *um auf dieses das für den Garten so nöthige Gewächshauß zu sezen u.*(nd) *zugleich den übrigen Raum für ökonomisch-technische Botanik benüzen zu können; der Besitzer dieses Platzes machte jedoch so übertriebene Forderungen, daß für die nächste Zeit keine Aussicht dazu vorhanden ist*[125].

Diese Bemerkung war vielleicht zu viel und dürfte auch seinen Kollegen in der Medizinischen Fakultät sauer aufgestoßen sein. Stimmten sie doch der Kürzung des staatlichen Zuschusses für den Unterhalt des Gartens zu. Neid, Missgunst und Sorge um die eigene Karriere dürfen als leitende Motive hier angeführt werden, und sie werfen ein Schlaglicht auf die Kollegen der Medizinischen Fakultät, die sich nur allzu gern willfährig den Ministerialbeamten in Stuttgart unterwarfen. Die Bürokratie sah den Moment für den Rotstift und wollte ein Exempel statuieren, vor allem mochte sie keine Eigenmächtigkeiten und plante nicht voraus, was sich schon ein Jahr später als grober, vermeidbarer Fehler erweisen sollte. (Abb. 4)

1827 nämlich hatte Schübler endlich Erfolg bei der Verwirklichung des Gewächshausneubaus. Die Fakultät unterstützte nun geschlossen den Bauantrag und stellte sogar den Wunsch nach einem Neubau der Anatomie zurück. Nach Freigabe der Mittel wurde unverzüglich mit dem Bau begonnen, sodass das neue Gewächshaus im Frühjahr 1828 eingeweiht werden konnte. Es zeichnete sich hauptsächlich durch den Anbau eines Warmhauses für tropische Pflanzen an der westlichen Seite des Glashauses aus. Freilich erwies sich auch dieses Gebäude bald als zu klein. Immerhin war ein Anfang gemacht! Anerkennend hob der „amtliche Bericht" über die Versammlung der deut-

123 Diese Summen nennt der Etat über den allgemeinen Universitätsbedarf für 1825/26 [StAL E 226/192, Bü 122 (Rechnungsbeilagen zur Universitätskassenrechnung 1825/26)].

124 Vom Inskriptionsgeld (jeder Student hatte immerhin 6 fl 15 xr zu entrichten, armen Studierenden und Hospitanten konnte das Inskriptionsgeld verringert oder gar erlassen werden) erhielt der botanische Garten 3 fl, die Bibliothek 2 fl, der Rest wurde auf verschiedene Ausgabetitel verteilt.

125 UAT 68/3b, Unterfasz. a 3.

schen Naturforscher und Ärzte zu Heidelberg von 1829 im Überblick über den Stand der naturwissenschaftlichen Einrichtungen in Deutschland hervor, dass der Botanische Garten unter Schübler sehr erweitert und mit einem ökonomischen Garten in Verbindung gesetzt worden sei[126], d. h. um eine Baumschule (= Arboretum) und Beete für Zwiebeln, Gemüse und Kräuter zur Demonstration in Vorlesungen und Übungen, nebenbei zum Verkauf an Jedermann. Schübler durfte sich über dieses Lob und den Zugewinn an botanischer Kompetenz und Renommée freuen, aber die Freude währte nicht lange. Irgendjemand wollte in seinen Verantwortungsbereich eingreifen und mitbestimmen.

Der Anlass war scheinbar gering. Ging es doch nur um eine Bitte nach Pflanzen für den akademischen Unterricht, welche der Privatdozent Dr. Gustav Märklin Anfang März 1830 geäußert hatte[127]. Märklin begründete sein Gesuch damit, dass mehrere Studenten sich an ihn gewandt hätten, einen einleitenden Vortrag für das Studium der angewandten Botanik zu halten. Dazu seien Pflanzen unerlässlich, die er aus dem Botanischen Garten zu erhalten hoffte. Der Dekan der Medizinischen Fakultät, Prof. Christian Gottlob Gmelin, bat Schübler um seine Meinung. Zuerst stellte Schübler klar, dass er bei seiner Berufung 1817 zum alleinigen, ersten Vorstand des Botanischen Gartens bestellt worden sei und er als einziger ordentlicher Professor der Botanik das alleinige Recht habe, nicht nur den Garten zu verwalten, sondern auch zu benützen. Wenn er dennoch seinem Kollegen (Georg Carl Ludwig) Sigwart (1784–1864) entbehrliche Pflanzen für dessen Vorlesungen und Übungen zu Demonstrationszwecken überlassen habe, dann in der Annahme, es bleibe bei den anfänglich bescheidenen Wünschen. Inzwischen aber habe der sich daran gewöhnt und fordere immer mehr Gewächse und Samen, deren Bereitstellung dem Gartenpersonal Mühe mache. Die Pflanzen müssten ja nicht nur ausgegraben oder bloß abgeschnitten, sondern auch bestimmt werden, was schließlich Aufgabe des Vorstands sei. Schübler fürchtete wohl weitergehendere Wünsche und blockte diese mit der Bemerkung ab, Dr. Märklin könne sich wildwachsende Pflanzen besorgen, die für seinen Anfängervortrag ja ausreichend seien. Die Stellungnahme Schüblers war möglicherweise nicht diplomatisch und klug, auch nicht zu Ende gedacht. Jedenfalls reagierte die Medizinische Fakultät nicht in seinem Sinn, sondern schlug vor, dem Gesuch Märklins insoweit stattzugeben, wenn einer der übrigen Lehrer keine botanische Vorlesung hält und wenn die Vorlesungen über spezi-

126 Isis, encyclopädische Zeitung Jg. 1830, Sp. 463, Digitalisat http://zs.thulb.uni-jena.de/receive/jportal-jparticle_00159549, Bild 230.

127 UAT 68/3b, Unterfasz. a 1 (Akten die Benützung des Botanischen Gartens betr.), Bitte des Dr. G. Märklin, datiert 4. März 1830; Gustav Friedrich Märklin (1803–1871) war der Sohn des Besitzers der sogenannten Oberen Apotheke in Tübingen, Johann Christian M. (1768–1832), und hatte am 15. Sept. 1829 die ministerielle Erlaubnis erhalten, Privatvorlesungen an der Medizinischen Fakultät Tübingen zu halten; 1835 wurde ihm der Titel „Professor" verliehen, war jedoch nicht in die Reihe der Außerordentlichen Professoren aufgenommen worden, sodass er seine Vorlesungen aufgab (LEHMANN, Schwäbische Apotheker S. 186).

elle Botanik abwechselnd vorgetragen werden, so solle auch jener Lehrer Pflanzen erhalten, der diese Aufgabe übernehme. Diesem Kompromiss stimmte Schübler zu, aber Kanzler Autenrieth, noch immer der mächtigste Mann der Universität und Mitglied der Kammer der Abgeordneten des Württembergischen Landtags, fügte eine Randnotiz an und meinte: *Um noch mehr den Schein des Individiösen zu vermeiden, stimme ich für das Verabreichen von 3 Exemplaren, die wohl gewiß entbehrt werden können*[128]. Und so ging der Beschluss der Medizinischen Fakultät nach Stuttgart. Der König befahl jetzt alle Lehrenden der Botanik mit Pflanzen aus dem Botanischen Garten zu versorgen. Und diesen *höchsten Entscheid* teilte das Ministerium des Innern am 7. Mai der Universität und Schübler mit.

Mit dieser Entscheidung konnte und wollte Schübler sich nicht abfinden. Er verfasste eine umfangreiche Erklärung, die auf den 19. Mai 1830 datiert[129] und aus der einige Argumente Schüblers herausgegriffen seien. Sie zeigen, wie sehr er sich in seiner Ehre als Vorstand des Botanischen Gartens verletzt sah. Alles, was er in den letzten 12 Jahren seit seiner Berufung im Jahr 1817 aufgebaut habe, zähle nicht. Sollte das königliche Dekret tatsächlich ausgeführt werden, dann sei er nicht mehr alleinverantwortlicher Direktor des Botanischen Gartens, sondern weniger als der Gärtner, der nun alle Wünsche zu bedienen habe, ohne die wissenschaftliche Qualifikation dazu zu haben. Bei seiner Ernennung zum ordentlichen und ersten Professor der Botanik habe ihm die Regierung zugesichert, die Direktion des Gartens allein auszuüben und Pflanzen für Vorlesungen allein entnehmen zu dürfen. Er habe *sich seit den 12 Jahren seines Hierseins unausgesezt bemüht die Pflanzen des bot. Gartens durch Reißen, Exkursion und Verbindungen mit dem Ausland zu vermehren. Bei der dadurch in neuern Zeiten zunehmenden Zahl der Pflanzen* verzichtete er auf sein Recht, *die Pflanzen blos zu meinen Vorlesungen zu benüzen, in dem ich auch die Professoren Wiedemann und Sigwart seit etwa 5 Jahren die zu ihren botanischen Vorlesungen nöthigen Pflanzen, abgesehen von den zum Vortrag der Forstbotanik nöthigen Pflanzen, mittheilen lasse.* Er habe sich nur das Recht die abzugebenden Pflanzen auszuwählen vorbehalten. Bisher habe dies niemand beanstandet. Im Gegenteil! Noch im letzten Jahr habe der Verwaltungsausschuss in einem Erlass diese Regel und Vorgangsweise anerkannt. Durch den königlichen Erlass werde er nun den anderen Professoren, *welche keine Verdienste u. Verantwortlichkeit* [für den Botanischen Garten] *besizen, nicht nur völlig gleichgestellt, sondern ich sehe mich nach dem 4ten Punkt des Dekrets sogar unter den botanischen Gärtner gestellt, ohne dessen Gegenwart oder Genehmigung ich keine Pflanzen aus dem botanischen Garten abbrechen darf; ich würde mit andern Worten aufhören Direktor des Gartens zu seyn.* Diese Zurücksetzung habe er nicht verdient und er werde sie sich nie gefallen lassen. Schübler betonte, dass er – und nur er – als einziger ordentlicher Lehrer der Botanik die Pflicht habe,

128 Mit Datum: 12. März 1830.

129 UAT 68/3ba (Erklärung von Prof. Schübler die Verhältnisse des Bot. Gartens betreffend), mit Unterschrift und Datum, Tübingen, den 19. Mai 1830).

die Hauptlehren der Botanik regelmäßig jeden Sommer vorzutragen, das Institut den Fortschritten der Wissenschaft gemäß in gehörigen Stand [zu] *erhalten, Pflichten, welche keiner der übrigen Lehrer hat.* Unter solchen Pflichten verstand er:

1. Die zum Unterricht erforderlichen Pflanzen zu beschaffen, *was nur durch ausgebreiteste Correspondenz mit den Vorstehern der größern Gärten des Auslands möglich ist, um theils neu entdeckte Pflanzen, welche sich in der Regel gar nicht kaufen lassen, für den Garten zu erhalten, theils Arten, deren in jedem größern Garten sogleich mehrere bei allergrößter Sorgfalt ausgehen, für den Garten wieder zu gewinnen.* Deswegen unterhalte er zu 15 bis 18 Gartenvorstehern eine rege Korrespondenz; mit ihnen sei er teils persönlich bekannt, teils stehe er mit ihnen in wissenschaftlichem Briefwechsel. Auf diese Weise habe er die Zahl der Pflanzenarten verdoppeln und verdreifachen, nämlich von 1.500 auf 4.500 steigern können.
2. Habe er die Pflicht, *sämtliche Pflanzen, die der Garten schon besitzt oder erst aus anderen Gegenden erhält, näher zu untersuchen, ihre Namen den Fortschritten der Wissenschaft gemäß zu bestimmen und dem Gärtner anzugeben, ein sehr zeitraubendes Geschäft,* kurzum, Arbeiten, um den Garten das ganze Jahr über in Ordnung zu halten; für Privatdozenten sei es dann ein Leichtes *sich die Pflanzen abschneiden zu lassen und den Studierenden zu demonstrieren; er wolle nicht zum Amanuensis* [= Handlanger] *der Privatdozenten werden.*
3. Kann es doch nicht die Absicht des königlichen Erlasses sein *dem Gärtner selbst alle Funktionen zu übertragen, die mit der Leitung des Gartens verbunden* seien, für welche er im Übrigen auch nicht die wissenschaftliche Ausbildung mitbringt; *vor allem das Geschäft des Bestimmens der Pflanzen unter die einzelnen Lehrer zu vertheilen wäre unausführbar, da der Gärtner und die Privatdozenten nicht über die Hilfsmittel und größeren botanischen Werke verfügen,* die Schübler selbstverständlich sich aus seinen privaten Mitteln beschafft hat, er müsste ihnen *zudem den größten Teil seiner Privatkorrespondenz überlassen und die tägliche Benützung des Universitätsherbariums* gestatten.
4. Der Gärtner sei schon jetzt mit der Auswahl der Pflanzen für die – im Sommer täglich bis zu vier – Vorlesungen stark beschäftigt; legt man die Zahl von 80 Hörern – so viele sind es in seiner Vorlesung – und je fünf Pflanzen an fünf Tagen während 20 Vorlesungswochen zugrunde, dann muss der Gärtner rund 40.000 Pflanzen abschneiden, bei fünf Vorlesungen gar 45.000 Stück; dadurch müsste der Garten auf Dauer Schaden erleiden, was ja nicht die Absicht der Regierung sein kann.

Schübler zieht aus den vorgebrachten Argumenten die Summe und vergleicht sich mit seinen Kollegen in der Medizinischen Fakultät wie dem Vorsteher des chemischen Labors, des anatomischen Theaters, des mineralogischen und physikalischen Kabinetts, denen ja auch nicht zugemutet werde, *diese Sammlungen und Instrumente jedem Privatdocenten zu Vorlesungen zu überlassen.*

Schüblers Argumente machte sich die Medizinische Fakultät nun zu eigen und sie verwies noch einmal auf den ausdrücklichen Befehl der königlichen Regierung, die Wünsche aller botanischen Privatdozenten nach Pflanzen für ihre Vorlesungen zu erfüllen, wodurch allein Kosten von 100 fl entstünden, welche die Universitätskasse übernehmen müsse. Leider lässt sich aus den Akten nicht erkennen, ob die Rechtfertigung Schüblers bei den Ministern des Innern und der Finanzen Gehör fand. Auszuschließen ist dies nicht!

In der Auseinandersetzung mit der Ministerialbürokratie sticht dann ein Vorgang hervor, der Fragen und Rätsel aufwirft, aber nicht mit letzter Gewissheit geklärt werden kann. Am 30. September 1830 ordnete das Innenministerium an, dass die *Debenten von Scortationsstrafen* im Tübinger botanischen Garten ihre Strafe abverdienen sollten[130]. Darunter fielen Männer und Frauen, die *Unzucht* getrieben hatten, d. h. Personen, die vor- und/oder außerehelichen Geschlechtsverkehr hatten, was damals gegen kirchliche Lehren und öffentliche Moralvorstellungen verstieß und hart bestraft wurde. Schübler fürchtete um den guten Ruf und lehnte aus *disziplinarischen Gründen* ab[131]. Das Abverdienen solcher Strafen sei ganz unpassend. So teilte es auch der akademische Verwaltungsausschuss dem Innenminister mit. Damit fand sich das Ministerium aber nicht ab und verwies auf den Ministerialerlass, gegen den es keinen Widerspruch gebe. Wohl oder übel mussten sich Medizinische Fakultät und Direktor des Botanischen Gartens fügen. Natürlich stellt sich die Frage, welche Absicht hinter dieser Anordnung aus Stuttgart steckte. War es eine Schikane oder gar ein Racheakt, mit welchem dem aufmüpfigen Professor gezeigt werden sollte, wer sich zu fügen hatte. Oder wollte man der Klage, im Sommersemester nicht über ausreichende Arbeitskräfte für den Garten zu verfügen, die Spitze nehmen, wo es doch genügend straffällig gewordene Leute als kostenlose Arbeitskräfte gab? Die Antwort muss offenbleiben.

Wenig später, d. h. im November 1832, begann ein jahrelanger Streit um die Erweiterung des Botanischen Gartens, der durch die Erkundung der Vegetationszonen der Erde, – auch mit Hilfe des Esslinger Botanischen Reisevereins, – sich mehr und mehr als vergrößernder Wissensraum und als Experimentierfeld für wissenschaftliche Aussaat- und Pflanzversuche Besuchern und Studenten präsentierte. Der Anlass war aber nicht der wiederholt geäußerte Wunsch nach einer Vergrößerung und besseren Ausstattung des Gartens, sondern die Absicht der Finanzkammer des Schwarzwald-Kreises ein neues Marstallgebäude neben der Reitbahn zu errichten[132]. Um dieses Vorhaben verwirklichen zu können, sollte die Direktion des Botanischen Gartens eine höher gelege-

130 UAT 121/1 (Protokoll über die Verhandlungen des akademischen Verwaltungsausschuss vom 1. November 1830, § 2, f. 234a+b).

131 UAT 121/1, f. 234b und 121/2, f. 271a+b vom 17. Februar 1831.

132 UAT 68/3b, Unterfasz. a 2 (Erweiterung des Botanischen Gartens); UAT 121/2, f. 430a (Universitätsrat Haas unterrichtet den akademischen Verwaltungsausschuss von dem Antrag des Kgl. Kameralamts Tübingen einen Teil des botanischen Gartens für den Neubau des Marstallgebäudes abzutreten, datiert 26.11 1832/18.12.1832).

ne Terrasse an der Ammer im Umfang von mindestens 18 Quadrat-Ruten abtreten (rd. 380 m^2). Die Medizinische Fakultät, vom akademischen Senat zu einer Äußerung dazu aufgefordert, bat Schübler wiederum um eine Stellungnahme. Obwohl eigentlich längst die Vergrößerung des Gartens als vordringlich anerkannt worden war, wollte – statt zu erweitern – nun die Finanzverwaltung ein Stück der knappen Nutzfläche dem Garten wegnehmen. Dagegen wehrte sich der Direktor des Botanischen Gartens energisch. Er erkannte aber auch sogleich, dass sich ihm die Chance bot endlich dem Ziel einer Flächenvergrößerung des Gartens näher zu kommen. Er schrieb, er wäre bereit ein Opfer zu erbringen, wenn ihm für den Verlust ein gleichwertiger Ersatz geschaffen würde. Seit langem wusste er aus diskret erhaltenen Informationen, dass die städtische Stiftungs- und Hospitalpflege den alten Kirchhof, d. i. der alte Friedhof am Zwinger/Stadtgraben, der im Westen an den Botanischen Garten grenzte, verkaufen wollte. Ferner hatte er in Erfahrung gebracht, dass sich der Baugrund dort während der letzten Jahre ziemlich verteuert hatte, nämlich auf 32 fl je Quadrat-Rute. Eine Erweiterung des Botanischen Gartens – darüber waren sich alle Professoren der Medizinischen Fakultät einig – war indes nur hier möglich. Die Fläche des alten Kirchhofs hatte Feldmesser Hornung 1830 mit 2 Morgen 5 Ruten 60 Fuß neues Meß (rund 0,65 Hektar) ermittelt. Schübler berechnete nun zusammen mit den nicht mehr umsetzbaren Bäumen und Sträuchern einen Verlust von 3.385 Gulden. Die Finanzkammer des Schwarzwald-Kreises in Reutlingen müsste also – so die Schlussfolgerung – eine bedeutende Summe aufwenden, wenn der Tausch zustande kommen sollte. Schübler schlug vor, Vorverhandlungen mit der Stiftungs- und Hospitalpflege aufzunehmen, welche aber offensichtlich der Finanzkammer in Reutlingen nicht genehm waren, weil auch sie nicht handeln durfte, bis aus Stuttgart ein entsprechender königlicher Befehl vorlag. Erst im Frühjahr 1834 gab die Regierung grünes Licht. Daraufhin schrieb der Präsident der Reutlinger Finanzkammer, Johannes Karl (von) Werner (Vater des Gründers des Reutlinger Bruderhauses Gustav Werner), am 22. Juli 1834 an den Verwaltungsausschuss der Universität Tübingen und bat die Medizinische Fakultät *Erkundigungen über den Verkaufspreis des alten Kirchhofs zum Zwecke der Vergrößerung des botanischen Gartens* einzuziehen[133]. Werner schrieb, *daß die Acquisition des alten Kirchhofs sehr wertvoll sey und durch die Verwendung desselben für diesen Zweck* (d. h. für den Botanischen Garten) *die würdigste wäre, mithin beiden Theilen eine billige Übereinkunft angelegen seyn wird.*

Wer hätte gedacht, dass die Kaufsumme mit 1.200 fl wirklich niedrig ausfiel – vor allem wenn man an die 920 fl für den Grunderwerb im Jahr 1821 in Erwägung zieht – und für den Fiskus mehr als überraschend kam, sodass, statt sofort zuzugreifen erst wieder gründlich geprüft wurde, ob es nicht doch einen Haken gäbe. Und den gab es tatsächlich, in der Auflage, dass keine Grabstätte in Kultur- oder Gartenland umgewan-

133 UAT 117/863 (Allgemeine Akten betr. den botanischen Gartens, Unterfasz.: 863 e (Akten betr. die Erwerbung des alten Kirchhofs zur Vergrößerung des botanischen Gartens 1834–1836).

delt werden dürfe, wenn die letzte Bestattung nicht mindestens 20 Jahre zurückliege. Offenbar wurde von Amtswegen nachgeprüft, wie viele Gräber von dieser Bestimmung der ungestörten Totenruhe betroffen waren. Nach gut einem weiteren Jahr des Zuwartens waren endlich alle Fragen zufriedenstellend geklärt. Mit Billigung durch König Wilhelm I. vom 13. Januar 1836 kam der Kaufvertrag am 10. Februar 1836 zustande[134]. Die Universitätskasse hatte den Kaufpreis aus ihren während der letzten Jahre gemachten Ersparnissen zu begleichen. Schübler erlebte die Erfüllung seines lang gehegten Wunsches nach einer Vergrößerung des Botanischen Gartens nicht mehr. Die „Frucht" seiner Auseinandersetzungen mit der Bürokratie um eine Modernisierung und Vergrößerung des Botanischen Gartens durfte sein Nachfolger Hugo Mohl ernten.

Noch einmal zurück zu den Jahren 1830 bis 1833! Anlässlich der Rechnungsprüfung durch die Oberfinanzkammer 1833 geriet Schübler ein weiteres Mal unter Druck. Den Stuttgarter Bürokraten war nicht entgangen, dass der Botanische Garten während der Jahre 1829–32 ein stetig anwachsendes Defizit zu verbuchen hatte. Wiederum wurde die Medizinische Fakultät vom Finanzministerium aufgefordert, sich zu äußern, wie diese Defizite zustande gekommen seien. Schübler als Vorstand gab die Auskünfte. Sie lesen sich heute wie ein Protest gegen staatliche Ignoranz und Bevormundung. Fein säuberlich listete er auf, wie es zu diesem Kassendefizit gekommen ist, übrigens zumeist Argumente, die er schon in seiner Erklärung von 1830 aufgeführt hatte, aber unbeachtet in irgendwelchen Registraturen verschwunden waren. Ein paar Argumente seien hier abermals in Erinnerung gerufen:

1. Der Pflanzenbestand sei seit einigen Jahren stark gewachsen, teils durch Geschenke, teils durch Tausch mit jährlich über 12 bis 15 größeren Gärten im Ausland (d. h. überwiegend Staaten des Deutschen Bundes), *in welchen der Unterzeichnete getreten ist, teils auch durch Ankauf von einzelnen Pflanzen besonders Bäumen und Straucharten, welche nicht tauschweise für den Garten erhalten werden konnten, dadurch stieg der Unterhaltungsaufwand insgesamt.*
2. Die Heizungskosten seien, seitdem der Botanische Garten ein Gewächshaus für tropische Gewächse besaß, gestiegen, wofür aber keine zusätzlichen Gelder zur Verfügung gestellt worden waren, der Garten benötigte deshalb weitere acht Klafter Holz für rund 100 fl.
3. Für die Wiederherstellung der Ammerbrücke und für die Reparatur des 785 Schuh (ca. 225 Meter) langen hölzernen Staketenzauns müssten jährlich 60–70 fl aufgewendet werden.
4. Der Botanische Garten wurde früher nur von den Studierenden der Medizinischen Fakultät benutzt, seit Errichtung der Staatswirtschaftlichen Fakultät aber

134 HStAS E 14, Bü 1476, Unterfasz. Botanischer Garten n. 2 (Bericht des Innenministers an den König vom 9. Januar 1836, mit Randbemerkung: „Decret. d.d. 13. Januar 1836" und Auszug aus dem Kaufbuch der Stadt Tübingen vom 10. Februar 1836, gerichtlich genehmigt am 26. März 1836 (Beilage in UAT 117/863e).

auch regelmäßig durch Vorlesungen und Demonstrationen ihrer Professoren und Dozenten, weshalb die wichtigsten ökonomischen Gewächse, Bäume und Straucharten angepflanzt werden mussten, ohne eine Haushaltserhöhung für den Garten.

5. Der Vorstand des Botanischen Gartens besaß früher das alleinige Recht, für seine Vorlesungen Pflanzen aus dem Garten zu entnehmen. Jetzt hat, seit etwa drei Jahren, jeder Privatdozent das Recht dazu. Nicht selten werden jetzt täglich deren drei, vier Vorlesungen gehalten, wodurch die Arbeitsbelastung des Gartenpersonals sich so sehr steigerte, dass für das Sommerhalbjahr ein zusätzlicher Gartenknecht angestellt werden musste (Ausgabe 93 fl).
6. Für die Samensammlung und das Herbarium des Botanischen Gartens, die früher einen Teil des naturhistorischen Kabinetts bildeten, seien die Auslagen gewachsen, hauptsächlich durch die Übernahme einer Aktie des württembergischen Botanischen Reisevereins[135], welche nun, da die Kasse des Naturalienkabinetts ohnehin nicht ausreicht, mit 20 bis 50 fl je nach Umfang der zur Verteilung kommenden Pflanzen und Samen zu veranschlagen sei.

Schübler verschwieg nicht, dass wegen der Aufgabe der früheren Baumschule (Arboretum) auch keine Einnahmen durch den Verkauf überzähliger Exemplare mehr zu erzielen seien. Aus all' diesen Gründen ergibt sich die Forderung in Zukunft den Etat des Botanischen Gartens um 200 bis 300 fl zu erhöhen, so Schübler.

Diese Vorgänge werfen die Frage auf, ob Schübler isoliert in der Tübinger Professorenschaft war und keine Unterstützer in den übrigen akademischen Gremien für sein Anliegen, die Einrichtungen der Botanischen Gartens den Erfordernissen der Zeit anzupassen, fand. Schließlich war er ja auch Lehrbeauftragter der Staatswirtschaftlichen Fakultät und hatte Vorlesungen und Praktika für Studenten der Kameral- und Staatswissenschaft (Ökonomische Botanik und Agrikulturchemie[136]) abzuhalten. Wie die geschilderten Fälle, in denen Schübler sich gegenüber der Universitätsspitze und Ministerialbürokratie rechtfertigen musste, zeigen, stand Schübler ziemlich allein da. Jeder akademische Lehrer war wohl mehr auf seinen Vorteil bedacht als sich solidarisch berechtigten Forderungen eines Kollegen anzuschließen. Für diese These fehlen aber persönliche Zeugnisse, um ein klareres Bild zeichnen zu können.

Wenngleich die Auseinandersetzung mit der Bürokratie Kraft kostete, so waren die 1830er Jahre doch Schüblers produktivste Zeit. Hat er doch in dieser Zeit die umfangreichen Manuskripte über die Agrikulturchemie und Meteorologie sowie über die Flora von Württemberg, auf die gleich näher eingegangen werden soll, zum Druck gebracht.

135 Siehe dazu ausführlich jetzt WÖRZ, Der Esslinger Botanische Reiseverein 1825–1845.
136 So im Wintersemester 1818/19 Agrikulturchemie 5 Stunden, 50 Hörer, siehe RANDECKER, Über 400 Semester S. 9, 520 ff.

Abb. 5 Johann Gottlieb Friedrich (von) Bohnenberger (1765–1831). – Vorlage und Aufnahme: Universitätsbibliothek Tübingen, Abt. Handschriften/Alte Drucke, Portraitsammlung, Digilisat abgerufen am 4.10.2018 unter der Adresse https://tobias-bild.uni-tuebingen.de/detail/83587.

8.
Der Topograph und Geologe

Seit seinem Studium beschäftigte sich Schübler mit Höhenmessungen, um sich einerseits von den Wirkungen der Höhe auf das Befinden der Menschen und andrerseits ein genaueres Bild von den Reliefverhältnissen Württembergs zu machen. Infolge der Landesvermessung, die 1818 unter der wissenschaftlichen Leitung von Professor Johann Gottlieb Friedrich (von) Bohnenberger (Abb. 5) begonnen worden war[137], sollten eigentlich immer exaktere Vorstellungen von der Fläche und topographischen Beschaffenheit des Landes gelingen. Die daraus konstruierten Flurkarten im Maßstab 1:2.500 ermöglichten zwar genaue Entfernungsmessungen und Flächenberechnungen, aber noch keine räumliche, dreidimensionale Anschauung des Geländes, des Reliefs von Bergen und Tälern sowie Höhen und Tiefen des Landes. Was ihnen fehlte, war die Orographie, also präzise Höhenangaben für Ortsmittel- und exponierte Geländepunkte wie Burgen, Kirchtürme, Berggipfel, Brücken, aber auch für Quellen, Gewässer oder Schluchten. Um die Reliefunterschiede hervortreten zu lassen, behalf man sich mit Schraffen, individuellen Symbolen und Signaturen für herausragende Punkte und Plätze.

Die Verfahren, die Höhenlage über dem Meer oder über dem nächsten Vorfluter oder nur Höhenunterschiede benachbarter Fixpunkte exakt zu bestimmen, gestalteten sich lange Zeit als ziemlich schwierig und vor allem aufwändig. Mit Nivellier- und Visiergerät, Sextant und Quadrant, Teleskop, Messstange und -kette kam man nur langsam voran. Schneller ging es mit trigonometrischen Berechnungen (einschließlich Pulversignal und Chronometer für Entfernungsmessungen), wobei Lücken im Netz trigonometrischer Punkte blieben. Eine größere Anzahl von Höhenpunkten und -lagen ließ sich damals nur mit dem Barometer und entsprechender mathematischer Formel schneller bestimmen.

Barometermessungen beruhen auf der Erkenntnis, dass der Luftdruck am Meeresspiegel mit ansteigender Höhe kontinuierlich abnimmt. Für Württemberg galt der Luftdruckstand des Mittelmeeres und davon abstrahiert jener von Karlsruhe als maß-

137 Vgl. dazu die Beiträge in BAUMANN, Johann Gottlieb Friedrich Bohnenberger. Pionier des Industriezeitalters. Stuttgart 2016.

gebliche Größe. Entscheidend blieb stets die genaue Eichung des Barometers am Ausgangspunkt, die abhängig von der jeweiligen Temperatur und Witterung ist. Und an solchen Eichungen haperte es oft! Bohnenberger wies in seinem methodisch bedeutsamen Aufsatz *Ueber das Höhenmessen mit dem Barometer*[138] auf diesen Missstand hin. Am Beispiel von Karlsruhe konnte er die Differenz verschiedener Messungen und Abweichungen (u. a. von Gustav Schübler) aufzeigen, die immerhin 12 (Württ.) Fuß (= 3,44 m) betrug[139]. Für Laien eigentlich ein zu vernachlässigender Unterschied, der sich aber doch mit zunehmender Höhe in einer erheblichen Fehlerquote bemerkbar machte. Das war alles andere als präzis gemessen oder berechnet. Nicht zuletzt deshalb tauschten Naturforscher ihre auf Reisen barometrisch gewonnenen Höhenmessungen mit Angaben über Zeitpunkt (frühmorgens, mittags oder abends) und Witterung aus, um den idealen Mittelwert des Luftdrucks und der Höhenangabe zu ermitteln. Für den genauen Beobachter Schübler war dies ein Thema, welches ihn bis zur Herstellung des ersten Geländemodells von Württemberg 1833 beschäftigen sollte. Deshalb bat er immer wieder Fachkollegen um ihre Beobachtungen, so 1825 brieflich Karl Friedrich Vollrath Hoffmann, den Redakteur der Zeitschrift für Erd-, Völker- und Staatenkunde „Hertha", er möge doch, wenn er wieder nach Gotha zurückreise und dabei Würzburg berühre, sein Reisebarometer mit jenem von Professor Schön genau abstimmen, damit weitere exakte Höhenmessungen hinzukämen[140].

Die Befürchtung, nicht genügend barometrische Höhenbestimmungen für die Konstruktion von Geländemodellen und Höhenkarten zu besitzen, hat ihn wohl auch bewogen, mit der Anfertigung des Reliefs von Württemberg zuzuwarten. Dies geht aus einem Brief an Unbekannt hervor – es handelt sich sehr wahrscheinlich aber um den Herausgeber der Zeitschrift „Archiv für die gesammte Naturlehre" Karl Wilhelm Gottlob Kastner in Erlangen – in dem er mitteilte, dass er noch die Höhenbestimmungen des Herrn von Oeynhausen abwarten wolle, um sie dann in eine neue, überarbeitete *Höhen-Charte* Württembergs einzuarbeiten, welche er ihm dann mit einem neuen Text zusenden werde[141]. Er rechnete fest mit einer Veröffentlichung in dessen „Archiv".

138 In: Tübinger Blätter für Naturwissenschaften und Arzneykunde, 1. Band, 2. Heft, Nr. 6 (1815), S. 217–224 und 2. Heft, Nr. 7 (1815), S. 225–237; für ein nicht-akademisch geschultes Publikum beschrieb Eduard SCHWARZ: Reine natürliche Geographie von Würtemberg. Stuttgart 1832, S. 17–23 die Methode der Höhenmessung mittels Barometer.

139 Siehe BOHNENBERGER, Barometrisch und trigonometrisch gemessene Höhen in Schwaben, S. 326–336 (in der Tabelle sind Schüblers Messwerte beigefügt).

140 UB Leipzig, Handschriftenabteilung, Autographensammlung Kestner, Brief Schübler an Vollrath Hoffmann datiert Tübingen, 22. August 1825.

141 WLB, Abt. Handschriften, Cod. hist. 4°. 474 (Brief Gustav Schüblers an Unbekannt, datiert Tübingen, 18. März 1825); gemeint ist Karl Freiherr von Oeynhausen (1795–1865), der 1824 Lothringen, Elsass, Baden und Württemberg bereist hatte, um sich über die Steinsalz führenden Muschelkalkbänke ein Bild zu machen, siehe OEYNHAUSEN/LAROCHE/DECHEN, Barometrisches Nivellement S. 1–62; KROKER, Werner: Oeynhausen, Karl Freiherr von, in: NDB 19, (Berlin 1999), S. 479/480.

Schübler reiht sich mit seinen barometrischen Höhenmessungen in die lange Reihe von Naturwissenschaftlern ein, die Höhenmessungen fleißig sammelten und austauschten. Ergebnisse hat er wiederholt in Aufsätzen mitgeteilt, aber das Ziel eine vollständige Erfassung sämtlicher Landeshöhenpunkte mithilfe barometrisch fundierter Höhenbestimmung für Württemberg lag noch in weiter Ferne.

8.1 Die „Charte“ und das Relief von Württemberg

Im Zuge der Landesvermessung hätten die Feldmesser die Höhenwerte liefern sollen, aber diese waren entweder im Gebrauch des Barometers zu unerfahren oder ihre Winkelmessungen und trigonometrischen Berechnungen blieben unpräzis, sodass diese wichtigen topographischen Angaben vorläufig nicht verfügbar waren[142]. Wollte Schübler nicht warten, bis verlässliche Daten vorlagen, musste er entweder selbst die unerforschten Gegenden des Königsreichs bereisen oder sich schrittweise mit Hilfe von Messungen befreundeter Wissenschaftler einem imaginären Ziel annähern, und zwar – so gut es ging – über verschiedene Profile (Durchschnitte wie er sie nannte), die in Verbindung mit der geognostischen (geologischen) Erforschung der Gebirgsarten (= Gesteinsarten und Gesteinsformationen) Württembergs standen. Beide Verfahrensweisen sind dokumentiert, so in einem Brief an den Verleger Cotta vom 5. Mai 1821, in dem er ihm von seinen Höhenmessungen im Raum Ebingen und Balingen (Großer Heuberg/Westalb) berichtete und dabei nicht vergaß zu erwähnen, dass die Cotta'schen Besitzungen (Herrschaft Dotternhausen/OA Balingen) am Lochen und Schafberg *unter die höchsten bis jetzt gemessenen Punkte Würtembergs gehören, der Schafberg erreicht selbst 3.000 Pariser Schuh Höhe* [ca. 975 m; lt. Top. Karte 1:25.000 zwischen 949,5 und 999,8 m NN], *der Plättenberg wird ihm an Höhe ähnlich seyn*[143]. Schübler hatte richtig gemessen. Erreichen doch hier auf dem Großen Heuberg zwischen Schlichem/Bära, Donau und Prim/Neckar, die Gipfel der westlichen Schwäbischen Alb mit über 1.000 Meter Meereshöhe (Plettenberg, höchster Punkt früher 1005 m NN, inzwischen durch den Kalksteinabbau abgetragen) die höchsten Werte, weshalb die Gegend heute gern mit dem Slogan „Reich der zehn Tausender“ um Wanderer und Besucher wirbt.

Bevor er einen ersten Versuch, in einer Art Synopse Höhenmessungen mit klimatischen, vegetationskundlichen und geognostischen Erkenntnissen zu verbinden und darzustellen, 1823 mitteilte[144], hat Schübler sich dem Problem einer zuverlässigen Kar-

142 Vgl. WJbb Jg. 1822, H. 1, S. 52 mit Fußnote*.

143 DLA, Cotta-Archiv, Briefsammlung, Schübler-Briefe an den Verleger. – Die Höhe des Plettenberg-Plateaus, das heute großenteils wegen der Zementmergelabbaus nicht mehr existiert, wird auf der Topographischen Karte 1:50.000 (Ausgabe Stuttgart 2014) an den vom Abbau verschont gebliebenen Rändern mit 988 bzw. 1002 m NN angegeben.

144 Vergleichende Zusammenstellung der bis jetzt in Ansehung ihrer Höhe bestimmten Gegenden Würtembergs mit Bemerkung ihrer Hauptgebirgsarten, Luftbeschaffenheit, und allgemeiner Ver-

tengrundlage gewidmet. Dass eine solche nicht nur für weitere Erkundungen wichtig, sondern Voraussetzung und ganz allgemein erforderlich war, war unbestritten und deshalb sollte schon 1819/20 Memmingers *Beschreibung oder Geographie des Königreichs Würtemberg* eine Karte beigegeben werden, was sich damals aber offensichtlich auf die Schnelle nicht realisieren ließ, wie aus einem Brief Schüblers an Johann Daniel Georg Memminger vom 10. September 1820 zu erfahren ist[145]. Die in Aussicht genommene Karte von *Hauch* (gemeint ist Gottlob Friedrich Haug) war fehlerhaft und genügte den Ansprüchen nicht mehr. Schübler schrieb deswegen auch an Cotta, dass *Hr.*[Herr] *Hauch vielleicht die Platte abtretten oder selbst auf ihr die nöthigen Verbesserungen (deren nicht sehr viele sind) und die für unseren Zwek nöthige Zusäze anbringen* (würde), *da sie doch in der Form, wie sie gegenwärtig ist, jährlich weniger Abnehmer finden kan*(n)[146]. Wollte man die Erwartungen der Leser nicht enttäuschen, blieb nur der Ausweg eine neue Karte entwerfen und stechen bzw. gravieren zu lassen, ein Vorhaben, zu dem auch Bohnenberger riet, der zu diesem Zweck sich der I(gnaz) A(mbros) Amman'schen Charte von Schwaben bedienen wollte. Doch dazu war keine Zeit mehr, denn Cotta hatte eine fast fertige „Charte" bereits vorliegen, die der Veröffentlichung Memmingers beigelegt werden sollte. Schübler befürchtete nun, dass, falls sein Name und jener von Bergrat Hehl[147], den er um Mitteilung seiner geologischen Erkenntnisse gebeten hatte, auf dieser Karte stünden, ihr Ruf Schaden nehmen könnte, und verlangte in die Legende nur Memmingers Name einzuschreiben[148]. Für die erste Auflage war es indes bereits zu spät, sodass die Karte erst mit der sogenannten Kleinen Beschreibung von Württemberg von 1820 ausgeliefert werden konnte[149].

Der kartographische Auftrag, den Cotta Schübler und Memminger erteilt hatte, war damit nicht erledigt. Cotta wünschte weiterhin eine neue topographische Übersichtskarte von Württemberg auf der vorgeschlagenen Grundlage der Amman'schen Karte von Schwaben, welche freilich zu verbessern sei. Ende Dezember 1820 berichtete Schübler dem Verleger, dass er inzwischen einen tüchtigen Zeichner unter seinen Tübinger Zuhörern gefunden habe, der im Planzeichnen geübt und seit kurzem auch bei der Landesvermessung beschäftigt sei. Joseph Anton von Gasser (1795–1867)[150],

hältnisse der Vegetation als Erklärung der beyliegenden Höhencharte, in: WJbb Jg. 1823, H. 1 (Stuttgart/Tübingen 1823), S. 148–169.

145 DLA, Cotta-Archiv, Briefsammlung, Brief Schüblers an H(er)rn Praeceptor Memminger in Cannstatt, datiert Tübingen, 10. September 1820.

146 DLA, Cotta-Archiv, Briefsammlung, Brief Schüblers an Geheimen Hofrat Cotta v. Cottendorf in Stuttgart, datiert Tübingen, 24. Oktober 1820.

147 Gemeint ist Johann Karl Ludwig Hehl (1774–1853).

148 Siehe Anm. 145.

149 Nachweis bei FISCHER, Johann Friedrich Cotta S. 206/207, Nr. 1246.

150 Gasser studierte 1819/20 in Tübingen Kameralwissenschaften und Mathematik und wurde von Prof. Bohnenberger empfohlen; über seine Tätigkeit als Obergeometer der Landesvermessung siehe METZLER, Georg: Der Ablauf der württembergischen Landesvermessung unter besonderer Berücksichtigung Oberschwabens, in: BAUMANN, Bohnenberger S. 270–291, bes. S. 274 ff.

so der Name des Schübler'schen Hörers, war früher beim Militär gewesen und wollte diese Arbeit übernehmen, jedoch nur, wenn er zugleich seine *Collegien* (d.h. die universitären Vorlesungen und Übungen) absolvieren dürfe. Wenn Cotta zustimme, könne er ihn beauftragen. Und das tat er! Denn am 5. Mai 1821 teilte Schübler mit, dass er seine neuen Höhenmessungen noch in den Entwurf eintragen lassen wolle und anschließend alle Korrekturen an einen gewissen Herrn Walt(t)er[151] übersenden werde, sodass dieser dann mit dem Stechen der Kupferplatte beginnen könne, was er aber ganz in das Belieben des Verlegers stelle[152]. Anfang Juli 1821 hat er dann den fertigen Entwurf nach Stuttgart übersandt und zugleich gebeten, dass Cotta Herrn von Gasser eine Belohnung zukommen lasse, deren Höhe er ganz ihm überlasse, da nichts vereinbart worden sei[153]. Dieser verbesserte topographische Kartenentwurf von Württemberg ging tatsächlich in Druck bei Steinkopf in Stuttgart und ist 1822 erschienen. Schüblers Mitwirkung ist aber auf der gedruckten Karte nicht vermerkt.

Jahre später, als die Land- und Höhen-Charte von Württemberg längst vergriffen war, erschien 1839 die vom Statistisch-topographischen Bureau bearbeitete *Charte des Königreichs Württemberg*, gezeichnet von Eduard Paulus, im Cotta-Verlag. In einer Anzeige[154] machte der Verlag darauf aufmerksam, dass diese Karte im Maßstab 1:450.000 auf der Höhen-Charte von Professor Schübler beruhe, aber natürlich ergänzt und verbessert worden sei. Die Erkenntnisse über die Landesnatur, die Schübler sich auf seinen Exkursionen kreuz und quer durch Württemberg angeeignet hatte, waren also noch Jahre nach seinem Tod gut genug für eine Neuauflage der topographischen Übersichtskarte, die vorgab, alle Ergebnisse der Landesvermessung berücksichtigt haben zu wollen.

Das Verhältnis des Verlegers Cotta zu Schübler scheint sich nicht gut entwickelt zu haben. Aus Briefen zu einer anderen Publikationsangelegenheit bezüglich der geognostischen Topographie Württembergs, ist zu erfahren, dass Cotta sich den Autoren Friedrich von Alberti und Schübler[155] gegenüber nicht allzu großzügig erwiesen hatte. Schübler hatte nämlich den Wunsch nach zwei zusätzlichen, kostenlosen Abdrucken der Karten und Profile geäußert, ein Wunsch, der angesichts des bescheidenen Honorars wohl nicht übertrieben sei, wie Schübler meinte, zumal *das von uns verlangte*

151 Der Kupferstecher Walt(t)er ist vorerst nicht mit Vornamen genauer zu identifizieren; er ist bei MEMMINGER, Stuttgart und Ludwigsburg (S. 492) unter die Kupferstecher, wohnhaft in Stuttgart, eingereiht.

152 DLA, Cotta-Archiv, Briefsammlung, Brief Schüblers an Cotta, datiert Tübingen, 5. Mai 1821.

153 DLA, Cotta-Archiv, Briefsammlung, Brief Schüblers an Cotta, ohne Datum, jedoch mit Eingangsvermerk: 7. Juli 1821.

154 Anzeiger zum WLH 6 (1839) Nr. 14 vom 3. August 1839, S. 55.

155 Es handelt sich um die Schrift *Die Gebirge des Königreichs Würtemberg in besonderer Beziehung auf Halurgie (mit Anmerkungen und Beilage von G. Schübler)*. Stuttgart/Tübingen (Cotta) 1826; Friedrich von Alberti, Geologe, Salinenverwalter in Rottweil, Friedrichshall und Wilhelmsglück bei Schwäbisch Hall, später Bergrat (1795–1878), siehe KRENKEL, NDB 1 (1953), S. 140 f. und BERCKHEMER, Alberti S. 1 ff.

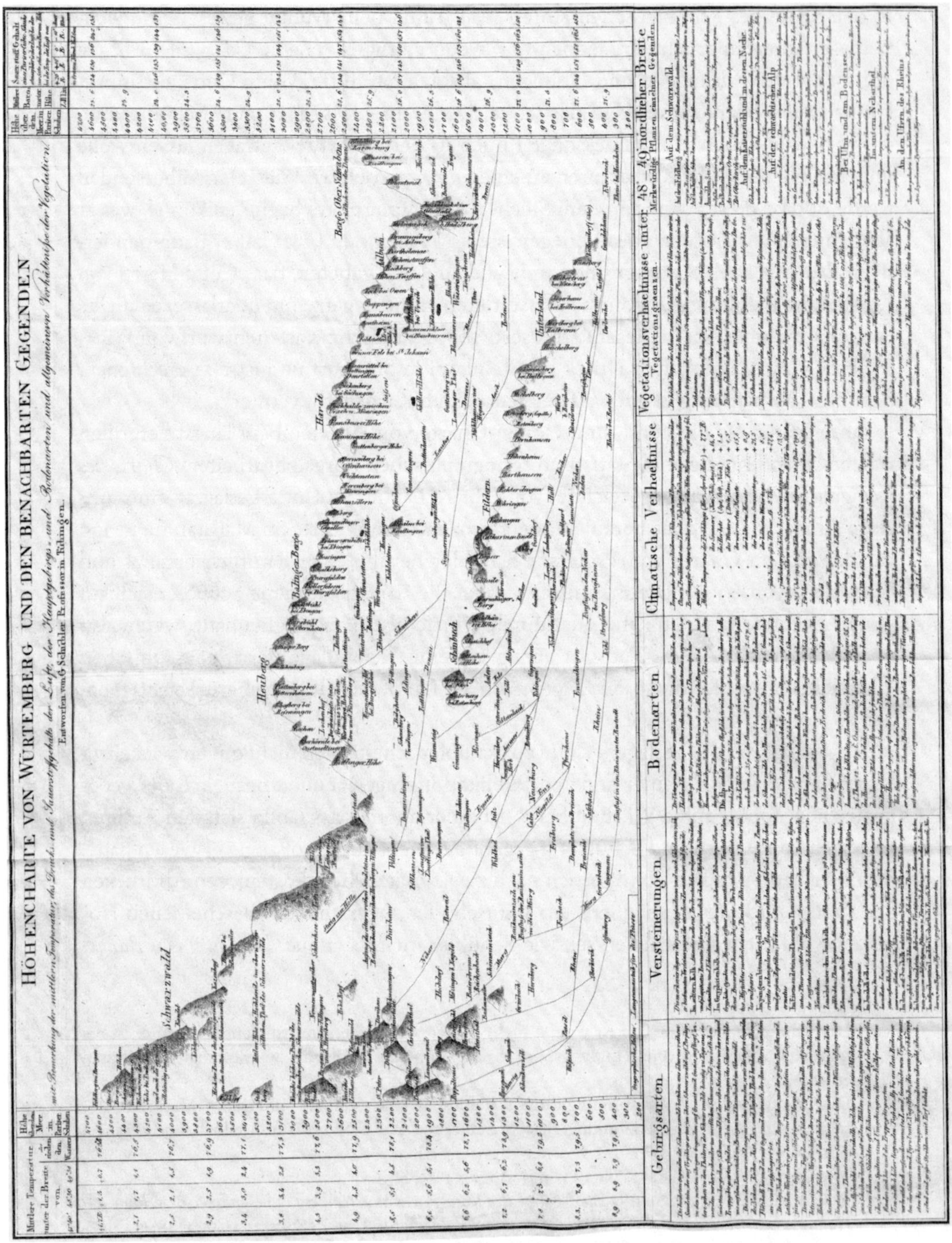

Abb. 6 Höhencharte von Württemberg 1823 (Beilage in WJbb 1823). – Vorlage und Aufnahme: UB Tübingen.

Honorar für die Schrift weit geringer ist, als ich wenigstens für naturhistorische Abhandlungen sonst von andern Buchhandlungen honorirt werde. Falls dies nicht möglich sei, bitte er um eine gesonderte Rechnung[156]. Es scheint, dass Cotta diesem Wunsch keine Beachtung schenkte.

Die Darstellung der Gebirge Württembergs von Friedrich von Alberti basierte teilweise auf einer Studie Schüblers über *die Höhen bestimmter Gegenden mit Bezug auf die Hauptgebirgsarten,* die er 1823 in den Württembergischen Jahrbüchern veröffentlicht hatte. In der beigefügten Grafik (er nennt sie „Höhencharte") war er bemüht mit verschiedenen Querschnittsprofilen vom Schwarzwald nach Ostwürttemberg, durch die Schwäbische Alb und Oberschwaben und ins Unterland die Orographie, d. h. die geomorphologischen und geologischen Zusammenhänge in Profilen stichwortartig und anschaulich wiederzugeben. (Abb. 6)

Befriedigt haben dürfte ihn indes die Höhenkarte von Württemberg nicht[157], beruhte sie doch bloß auf einer kleinen Anzahl von präzisen Höhenmessungen und – wie die Zuschriften an den Herausgeber Memminger zeigen – ebenfalls ergänzungs- und korrekturbedürftig war[158]. Um eine wesentlich zuverlässigere Vorstellung von den Reliefverhältnissen und vom Gesteinsuntergrund Württembergs zu erhalten, bedurfte es zusätzlicher Messwerte und weiterer Erkundungen der Gesteinsverteilung und Geomorphologie, die er auf Reisen quer durchs Land zu gewinnen suchte, um den Mangel einer guten topographischen Übersichtkarte des Königreichs Württemberg wettzumachen[159].

Knapp zehn Jahre nach den ersten Studien und Arbeiten zur Reliefgestalt des Königreichs (1832) hielt er die Zahl der Höhenmessungen im Königreich Württemberg für ausreichend, um eine geologische Übersichtskarte von Schwaben durch Carl Rath, Konservator am Tübinger Naturalien-Kabinett, zeichnen zu lassen[160]. Die Höhenwerte und geologischen Daten dazu veröffentlichte Schübler in den Württembergischen Jahrbüchern 1832[161]. (Abb. 7)

156 DLA, Cotta-Archiv, Briefsammlung, Brief Schüblers an Cotta, datiert Tübingen, 25. April 1826.

157 Wie bedeutsam die Höhenangaben waren, zeigen die Profile in der Abhandlung *Die Gebirge des Königsreichs Württemberg in besonderer Beziehung auf Halurgie,* von Friedrich von ALBERTI (mit Anmerkungen und Beilagen von Gustav SCHÜBLER). Stuttgart/Tübingen 1826; in den Beilagen 8 und 9 teilt Schübler die entsprechenden Höhenbestimmungen für die Hauptgebirgsarten mit.

158 Siehe WJbb 1823, H. 2, S. 465/466.

159 In diesem Zusammenhang mag der Hinweis nicht uninteressant sein, dass Hauptmann von Dürrich nach Abschluss der Landesvermessung 1847 die Idee Schüblers aufgegriffen hat und sechs geognostische Durchschnittsprofile in Farbe mit Erläuterungen von Pfarrer Eduard Schwarz in den Jahreshaften des Vereins für vaterländische Naturkunde in Württemberg 8. Jg. (1852), S. 69–78 veröffentlichte.

160 *Charte von Schwaben, von J. A. Amman, erweitert und geognostisch begränzt nach den Beobachtungen und Mitteilungen von Professor Schübler und anderer vaterländischer Naturforscher, von Carl Rath, Conservateur am Naturalien-Cabinet zu Tübingen. Tübingen 1832.*

161 Höhenbestimmungen in Würtemberg und angrenzenden Gegenden von Bayern, Baden, Sigmaringen und Hechingen, mit Bemerkungen über die geognostischen Verhältnisse, in: WJbb Jg. 1832, H. 2 (Stuttgart/Tübingen 1833), S. 221–400.

In dieser breit angelegten Darstellung der Reliefverhältnisse, von Höhen und Tiefen sowie der Gesteinsverteilung in Württemberg und angrenzenden Regionen zog Schübler Bilanz über 25 Jahre laufende Beobachtungen zur Landesnatur des Königreichs. Größtenteils basiert die Studie auf seinen eigenen Aufzeichnungen, die er im Lauf der Jahre bei vielen Reisen im Land machen konnte. Er verschwieg nicht, dass er reichliche Unterstützung von seinen Tübinger Kollegen Prof. Bohnenberger, Universitätsmechanikus Gottlob Buzengeiger (1778–1836), Prof. Ignaz Rogg (1795–1886) und Prof. Johann Gottlieb Christian Nörrenberg (1787–1862, Nachfolger Bohnenbergers in Tübingen) sowie von befreundeten Naturforschern erfuhr, darunter Prof. Theodor Plieninger (1795–1879), Prof. Hofmann[162] und Oberfinanzrat Julius Simon (von) Nördlinger (1771–1860), Bergrat Valentin Schübler (d. i. sein Bruder, der 1834 zum ordentlichen Mitglied des Statistisch-Topographischen Bureaus berufen wurde[163]), Oberst Karl August Friedrich (von) Duttenhofer, Oberwasserbau-Inspektor (1758–1836) und dessen Sohn, dem Hauptmann August Friedrich D. (alle in Stuttgart) sowie Hauptmann v. Gasser, der inzwischen zum Ober-Landesvermessungskommissär befördert worden war und trigonometrisch bestimmte Höhenpunkte beisteuerte. Insgesamt werden über 20 Gewährsleute in der Liste aufgeführt, von denen er barometrische Höhenmessungen, trigonometrische Berechnungen und Angaben zur Geologie erhielt und deren Mitteilungen an der entsprechenden Stelle mit einem Namenskürzel festgehalten wurden. Wichtig war ihm darauf hinzuweisen, dass das Ziel, endlich präzise und verlässliche Höhengaben zu erhalten, nur mit einheitlichen Messgeräten und vergleichbaren Methoden zu erhalten sei. Daher war er bestrebt, sämtliche Höhenmessungen mit einem genormten Barometer, einem Heberbarometer, d. i. ein Quecksilberbarometer mit einer Nonius-Skala (Angaben in „Zehntel-Linien"), vorzunehmen. In Frage kamen daher für ihn nur solche, welche Instrumentenbauer wie Buzengeiger aus Tübingen und Hofmechanikus Wilhelm Gottlob Benjamin Baumann (1772–1849)[164] aus Stuttgart angefertigt hatten, wohlwissend, dass die oft unterschiedlichen Messergebnisse auf Geräte minderer Qualität und schlechter Fertigung zurückzuführen waren. Diesen Mangel galt es von vorneherein auszuschalten. Im Praxistest wies er dann nach, dass die Höhe von Freudenstadt, die Prof. Bohnenberger 1810/11 erstmals trigonometrisch bestimmt hatte, diese von ihm 1831 mithilfe des Barometers ermittelte Höhe um 100 Pariser Schuh (ca. 32,5 m) differierte. Der Unterschied erschien ihm zu hoch, sodass er seine eigenen Messungen anzweifelte. Er bat zugleich seine Korrespondenten, Oberförster Graf von Mandelslohe in Freudenstadt und Bergmeister Zobel in Christophstal und Hüttenverwalter in Ludwigstal, 1832 um mehrmalige barometrische Nachmessungen, die er zu seinen und anderen bekann-

162 Vermutlich handelt es sich um Karl Friedrich Vollrath Hoffmann (1796–1842); vgl. RATZEL, Friedrich in: ADB 12 (1880), S. 606–607.

163 Reg.Blatt 1834, S. 360.

164 Vgl. TRIERENBERG, Hof- und Universitätsmechaniker S. 85 ff.

ten Höhenberechnungen in Beziehung setzte, wobei er herausfand, dass die ältere von Bohnenberger stammende Angabe wohl auf einem Druck- oder Schreibfehler beruhte. Man kann diese Bemerkung als verklausulierte Kritik an seinem 1831 verstorbenen Kollegen verstehen. Hatte doch Bohnenberger ihm 1815 auch einen Berechnungsfehler nachgewiesen. Schübler hatte aber wohl nicht im Sinn, Bohnenbergers Höhenbestimmung für Freudenstadt als groben Fehler bloßzustellen, sondern ihm lag eher daran, dass die vielen Ungereimtheiten bei den Höhenbestimmungen, welche ohne nachzuprüfen kritiklos weitergegeben wurden, endlich ausgemerzt würden. Dass die Forderung an die Naturwissenschaftler nicht aus der Luft gegriffen war, zeigte er noch an zwei weiteren Fällen auf. In einem Fall ging es um die Höhe des Bodensees, im anderen um die Höhe des Neckars bei Cannstatt.

Im Fall „Bodensee“ existierten *so viele, selbst nach den neuesten Schriften abweichende Angaben,* die teils mehrere Hundert Schuh betrugen, sodass er es geradezu als seine Pflicht ansah, hier Klarheit zu schaffen. Herausgegriffen seien recht unterschiedliche Höhenbestimmungen: 1. das Nivellement über die weite Strecke vom Neckar bei Cannstatt nach Friedrichshafen im Zuge der Landesvermessung durch Oberst Karl August Friedrich (von) Duttenhofer, welches für Friedrichshafen 1213 Pariser Schuh ergab; 2. Messungen französischer Ingenieure, die 1246 Pariser Schuh ermittelt hatten, 3. die Angabe von Hofrat Wild aus Mülheim für Konstanz mit 1322 Pariser Schuh; 4. der Höhenwert von Weiß für Lindau mit 1175 Pariser Schuh und schließlich 5. die Angabe von Miltenberg mit 1089 Pariser Schuh. Diese auf unterschiedlichen Wegen zustande gekommenen Höhenbestimmungen des Bodensees waren ihm aufgefallen, als er sich mit der Naturgeschichte des Schwäbischen Meeres beschäftigt hatte. Erklären konnte er sie sich nur damit, dass jeder Autor eine andere Ausgangsbasis und eine andere Jahreszeit für seine Messungen gewählt hatte. Schübler vertraute auf barometrische Höhenbestimmungen, die über einen längeren Zeitraum vorgenommen bisher zu passablen Ergebnissen geführt hatten. Er bat daher seinen Korrespondenten in Friedrichshafen Dr. Dihlmann[165] um Unterstützung, der in seiner Wohnung 31 Pariser Schuh über dem mittleren Seespiegel tägliche Beobachtungen jeweils um 7 Uhr morgens und 2 Uhr nachmittags machen sollte. Damit auch wirklich nichts schiefgehen konnte, reiste Schübler mit seinem eigenen Heberbarometer nach Friedrichshafen zum Abgleich der Instrumente und zur Bestimmung des Luftdruckbasiswertes. Dr. Dihlmann stellte nun von April bis September 1832 insgesamt 260 Beobachtungen an, die einen mittleren Beobachtungswert von 156,2 Pariser Schuh ergaben. Mit diesem Wert berechnete er von Tübingen aus neu den Höhenwert von Friedrichshafen und die Höhe des Seespiegels. Das Ergebnis lautete: 1255 Pariser Schuh, ein Resultat, das

165 Es handelt sich um Christian Friedrich Dihlmann aus Tuttlingen (1798–1861), 1822 Unteramtsarzt, 1836 Oberamtsarzt in Friedrichshafen; studierte in Tübingen Medizin und wurde 1820 von Prof. Christian Gottlob Gmelin mit der Dissertation „Experimenta, electricitatem, quae contactu evolvitur, spectantia: adnexis thesibus“ (gedruckt von Schramm in Tübingen 1820), promoviert.

sich jenem der französischen Ingenieure annäherte. Auch der Wert, welcher bei der Landesvermessung ermittelt wurde und im Gegensatz zu seinem eigenen Messwert rd. 40 Schuh differierte, war für ihn ein entschuldbarer Fehler, weil *bei einem so ausgedehnten Nivellement sehr leicht durch einen Additions- oder Subtraktionsfehler, oder durch eine Verwechslung der Zeichen + und – herbeigeführt werden kann*[166].

Während Schübler die von Monat zu Monat kontinuierlichen, aber veränderlichen Luftdruckwerte analysierte, stellte er als Nebeneffekt der barometrischen Beobachtungen in Friedrichshafen ein Auf und Ab der Pegelstände des Sees fest und deutete sie als Seespiegelschwankungen infolge stark alternierender Zuflüsse, hauptsächlich des Alpen-Rheins. Bekannt war dieses Phänomen, vor allem, dass im Jahresverlauf der höchste Wasserstand im Juli zur Zeit der Schneeschmelze in den Alpen erreicht wird. Doch war das ganze Ausmaß, ein Anstieg um mehrere Schuh, bislang nicht beschrieben worden.

Nicht nur die Korrektur der Höhenwerte blieb Schüblers Verdienst. Wichtiger war die Erkenntnis, die sich aus der Beziehung von Höhenangaben und geologischen Strukturen für den Bau der Landschaft Südwestdeutschlands ergab. Ausgehend vom Mittelpunkt des Königreichs, d.i. das Oberamt Stuttgart, stellte er tabellenförmig für etliche Hundert herausragende topographische Punkte die Höhenwerte, die Gesteinsart und die geologische Formation Oberamt für Oberamt dar. Auf diese Weise erkannte er, dass die Formationsgrenze im Oberamt Tübingen zwischen Keuper und Lias gegen die Alb nach Südosten und die Jurakalk-Schichten der Schwäbischen Alb nach Süden und Südosten einfallen[167]. Diese Erkenntnis wurde zur Grundlage der Schichtstufentheorie, die besagt, dass in Gebieten mit schwach geneigten Schichtpaketen und verschieden widerständiger Gesteine durch die Erosion und Denudation Schichtstufen herauspräpariert werden und der Schichtkopf gleichsam der Stufenbildner ist, da an seiner Stirn Schichtquellen austreten, welche die Erosion und Denudation (siehe Erdschlipfe, Hangrutschungen) als anhaltenden Abtragungsprozess begünstigen. Das Ausmaß der Abtragung ist von den an der Stirn entlangfließenden Flüssen, der Schichtneigung und von klimatischen Parametern, insbesondere vom Niederschlag, abhängig.

Schübler wies in der Einleitung zur Studie über Höhenbestimmungen darauf hin, dass es nur konsequent sei, eine sogenannte *Carte en relief* auf der Basis der Amman'schen Übersichtskarte von Württemberg abzuleiten und einem interessierten Publikum zum Kauf anzubieten. Über Anzeigen in der Schwäbischen Chronik und in den Annalen für Erd-, Völker- und Staatenkunde, einer Zeitschrift, die in ganz Deutschland verbreitet war und in der berühmte Leute wie Alexander von Humboldt Aufsätze publiziert hatten und die in Berlin von Professor Berghaus herausgegeben

166 Wie Anm. 161, S. 391.

167 Wie Anm. 161, S. 292 mit Fußnote * und Zusammenfassung im Kapitel „Formationsgrenzen und Fall der Schichten unserer wichtigern Gebirgsarten" S. 395–400, bes. S. 399.

wurde[168], warb Carl Rath[169] zusammen mit Schübler um Subskribenten, denen er zwei Ausführungen zu liefern versprach, eine mit Angabe der Gebirgsarten und eine andere mit den Kulturarten. Bei genügenden Bestellungen sollten die in Pappmaché angefertigten Modelle zusammen 44 fl, ein Exemplar allein aber 26 fl, kosten. Ein Heft mit Erläuterungen und den aus der Schübler'schen Veröffentlichung stammenden Höhenbestimmungen[170] für ca. 1.300 Orte fügte Rath bei. Offensichtlich gingen bei Carl Rath und der Osiander'schen Buchhandlung in Tübingen so viele Bestellungen ein, dass Carl Rath sich außerstande sah, die Modelle allein auszuführen. Im Juli 1833 suchte er deshalb per Anzeige einen geschickten *Pappe-Arbeiter, der mit Papiercaché oder Pappmaché umzugehen wußte*[171]. Rath versprach, die bestellten Exemplare ab September 1833 den Subskribenten zustellen zu wollen.

Bei diesem damals neuartigen „Kartentyp“ handelte es sich um ein dreidimensionales, erhabenes Landschaftsmodell, das die Reliefverhältnisse plastisch im verkleinerten Maßstab nahezu lagegetreu widerspiegelt. Die Karte 20 × 26 Pariser Zoll (ca. 54 × 70 cm) groß bildet Württemberg im Maßstab 1:350.000 ab, die Überhöhung beträgt 1:8,5. Die höchsten Profilhöhen im Württembergischen Schwarzwald erreichten demnach ca. 2,4 cm. Zur Orientierung enthält die geognostische Ausführung nicht nur flächenhaft und farbig abgestuft die einzelnen „Gebirgsarten“, sondern auch die Namen von großen Städten und Dörfern mit Symbolen und Landschaftsbezeichnungen wie „Schwarzwald, Die Alb, Gäu, Schönbuch, Herdtsfeld, Aalbuch“ u. a. m. Die Ausgabe mit den „Kulturarten“ hält flächenhaft farblich abgestuft mit Linien und Symbolen grob den Bodenbewuchs und die Kulturarten fest, also Wald und Weingärten sowie die offene Kulturlandschaft, und zusätzlich Straßen, Grenzen, Bergwerke und Mineralquellen. Die Namen von Siedlungen und Landschaftsräumen sind – wie auf der geognostischen Reliefkarte – ebenfalls eingetragen. (Abb. 8 + 9)

Was das Relief von Württemberg, von dem heute nur wenige Exemplare nachgewiesen werden können[172], so einzigartig macht, ist die Tatsache, dass es zu den frühen, wenn nicht gar zu den ersten plastischen Geländedarstellungen deutschlandweit, zählt. In einer französischen Veröffentlichung heißt es dazu, dass Karl Wilhelm Kummer in Berlin die erste kommerzielle Reliefkarte vom Mont Blanc nach einer Beschreibung von Carl Ritter 1824 hergestellt habe, zwei Jahre zuvor habe Kummer

168 Schwäbische Chronik vom 18. Juli 1833, S. 1247; Annalen der Erd-, Völker- und Staatenkunde Bd. 6 (Berlin 1832), S. 99–100.

169 Über Carl Rath (1802–1876) ist wenig bekannt, außer dass er 1836 seine Stelle als Konservator am Tübinger Naturalienkabinett verlor, danach verschiedene Beschäftigungen annahm, ehe er 1845 nach Brasilien auswanderte, vgl. RATHGEBER, Karl Rath und RATHGEBER, Jubiläum.

170 Wie Anm. 161.

171 Schwäbische Chronik vom 18. Juli 1833, S. 1247.

172 Bisher konnten drei Exemplare der geognostischen Ausgabe [u. a. im Institut für Bodenkunde und Standortlehre der Universität Hohenheim (Prof. Dr. Karl Stahr) aufbewahrt], und ein Exemplar der Kulturarten-Ausgabe nachgewiesen werden.

die Technik beschrieben[173]. Nachgewiesen ist eine Relieflandkarte von Deutschland, die Kummer in Berlin 1822 im Verlag Gädike veröffentlichte[174]. In Süddeutschland und damit in Württemberg war Carl Rath wohl der erste, der plastische Geländedarstellungen gefertigt und zum Kauf angeboten hatte, so 1833 die geologische *carte-en-relief* des Königreichs Württemberg[175].

Woher Schübler die Idee für diese Art der Landschaftsdarstellung hatte, ist bisher nicht bekannt, sodass nur Vermutungen bleiben. Kennengelernt haben dürfte er solche Reliefdarstellungen in der Schweiz, wo J. E. Müller ein Gipsrelief der Schweiz im Maßstab 1:60.000 hergestellt hatte; ein zweites Relief der Schweiz fertigte Müller 1802–05, das nach Berlin verkauft wurde[176]. Dort in Berlin dürfte Schübler in den Sammlungen Alexander von Humboldts oder der königlich preußischen Kabinette ein solches Geländemodell gesehen haben, als er 1828 die Berliner Versammlung deutscher Naturforscher und Ärzte besuchte und wo er mit Humboldt zusammentraf. Mit ihm stand Schübler im Schriftentausch. Jedenfalls findet sich in Humboldts Nachlass ein Separatabdruck des Witterungsberichts von Württemberg von 1826, welcher den handschriftlichen Vermerk „Schübler Würtemberg" trägt[177]. Ein anderer Sonderdruck eines Aufsatzes über die Temperatur der Vegetabilien, der auf einer Dissertation seines Schüler Franz Anton Halder beruht und in Poggendorffs Annalen 1827[178] erschien, ist in Humboldts Adressbuch unter Schüblers Namen vermerkt. Dort sind zwei weitere Schriften notiert, die wegen der diffizilen, kaum lesbaren Handschrift vorerst nicht identifiziert werden können[179].

173 Vgl. das Vorwort von Kummer bei RITTER, Geographisch-historisch-topographische Beschreibung.

174 Vgl. die Notiz in der Zeitschrift „Hertha" Bd. 2 (1825), Anhang Geographische Zeitung S. 65 Fußnote.

175 http://grosrich.free.fr/historique.php3/carte_en-relief_du_XIXsiecle.

176 Lexikon zur Geschichte der Kartographie, verfasst von zahlreichen Experten, bearb. von Ingrid Kretschmer. Bd. 2 (Wien 1986), S. 689–690 (s. v. Relief, von W.-D. Grün und I. Kretschmer).

177 Staatsbibliothek Berlin, Handschriftenabteilung, Nachlass Alexander v. Humboldt, Signatur: gr. Kasten 1, Mappe 8, Nr. 10. – Kalliope Verbund DE-611-BF-4430&fa.

178 Es handelt sich um die Abhandlung.Schüblers „Beobachtungen über die Temperatur der Vegetabilien und einige damit verwandte Gegenstände, in: Annalen der Physik, (hg. von J. C. Poggendorff) Bd. 68 (1827)(= Poggendorffs Annalen 10), S. 581–592 (mit 1 Tafel).

179 Staatsbibliothek Berlin, Handschriftenabteilung, Nachlass Alexander v. Humboldt, Signatur: gr. Kasten 1, Mappe 1, Blatt 10 (acc. Darmstadter 1832.30).

8.2 Merkwürdige Gebirgsbildungen: Der „Schwäbische Vulkan“

Unter den vielen Studien Schüblers zur Topographie und Geologie Württembergs seien jene zum Vulkanismus der Schwäbischen Alb in den Fokus gerückt[180]. Bei Reisen und Wanderungen durch sein Vaterland querte Schübler auf der Suche nach unbekannten Pflanzen wiederholt die mittlere Schwäbische Alb. Dabei entdeckte er im Gelände merkwürdige Gesteine, die sich von den umgebenden Gesteinsarten markant unterschieden. In zwei Aufsätzen hat er seine Beobachtungen hierzu in den Württembergischen Jahrbüchern 1824 interessierten Lesern mitgeteilt. Sie seien kurz referiert.

Anfang der 1820er Jahre fiel ihm ca. 1.000 m südlich von Dettingen (OA Urach) im Ermstal ein isoliert stehender kleiner Berg, der Karfenbühl, 470 Pariser Schuh (rd. 153 m) über der Erms und 1.577 Schuh[181] (= 512,2 m) über dem Meer, auf, der sich in der Gesteinszusammensetzung von seiner Umgebung abhob. *Die Gebirgsart* (= Gesteinsart) *dieses Berges besteht nicht aus reinem Basalt sondern aus Basalttuff oder Basaltkonglomerat, einem Gemenge von sehr verschiedenen Gebirgsarten, die zu einer festen Masse zusammengewachsen sind, man bemerkt theils eckige theils kleine kugelige Stückchen von Basalt, viele gelbe und gelblich grüne Olivinkörner, Glimmerplättchen, schwarzblaue Schieferstückchen, scharfkantige von weißem und blauem kohlensauren Kalk, grünlichem, oft bohnerzartige, in Form kleiner Kügelchen eingewachsenen erhärtetem Thon, hie und da mit Bruchstücken von Pechkohle*[182]. Das Merkwürdige an dieser Entdeckung war aber nicht die unterschiedliche Mineralogie des Gesteins, sondern die Tatsache, dass von abgeschlagenen Stücken die Magnetnadel seines Kompasses in unterschiedlich starken Ausschlägen angezogen wurde. Schübler wollte daraufhin genauer wissen, wo der von ihm so bezeichnete *polarisch magnetische Basalttuff* zutage tritt und die stärksten Ausschläge der Magnetnadel zu registrieren sind. Er fand eine Stelle am nach Süden gerichteten Abhang, wo sich die Magnetnadel völlig umkehrte. Demgegenüber zeigten die eingeschlossenen Kalkstücke keinerlei magnetische Reaktion. Womit dies letztlich zusammenhing, dafür hatte er keine Erklärung. Er verwies jedoch darauf, dass Alexander von Humboldt schon vor Jahren in der Oberpfalz ähnliche magnetische Basalttuffe, und zwar magnetische Serpentinfelsen, entdeckt hatte, was aber im konkreten Fall nicht weiterhalf. Einstweilen blieb die Herkunft des stark magnetisierten Basalttuffs ein Rätsel, doch hoffte er, dass durchreisende Naturforscher, denen die mitgebrachten Gesteinsproben jederzeit im Hörsaal der Naturgeschichte auf dem Schloss zu Tübingen gezeigt werden könnten, weitere Auskünfte geben werden. (Abb. 10a und 10b)

180 SCHÜBLER, Karfenbühl S. 163–170.

181 Die Höhenangaben variieren in Schüblers Veröffentlichungen, vielleicht ein Hinweis, dass die Luftelektrizität auf der Spitze des Karfenbühls die barometrische Messungen beeinflusst hatte. Gilt doch der Calverbühl als Gewitterpol des Ermstals.

182 SCHÜBLER, Karfenbühl S. 164.

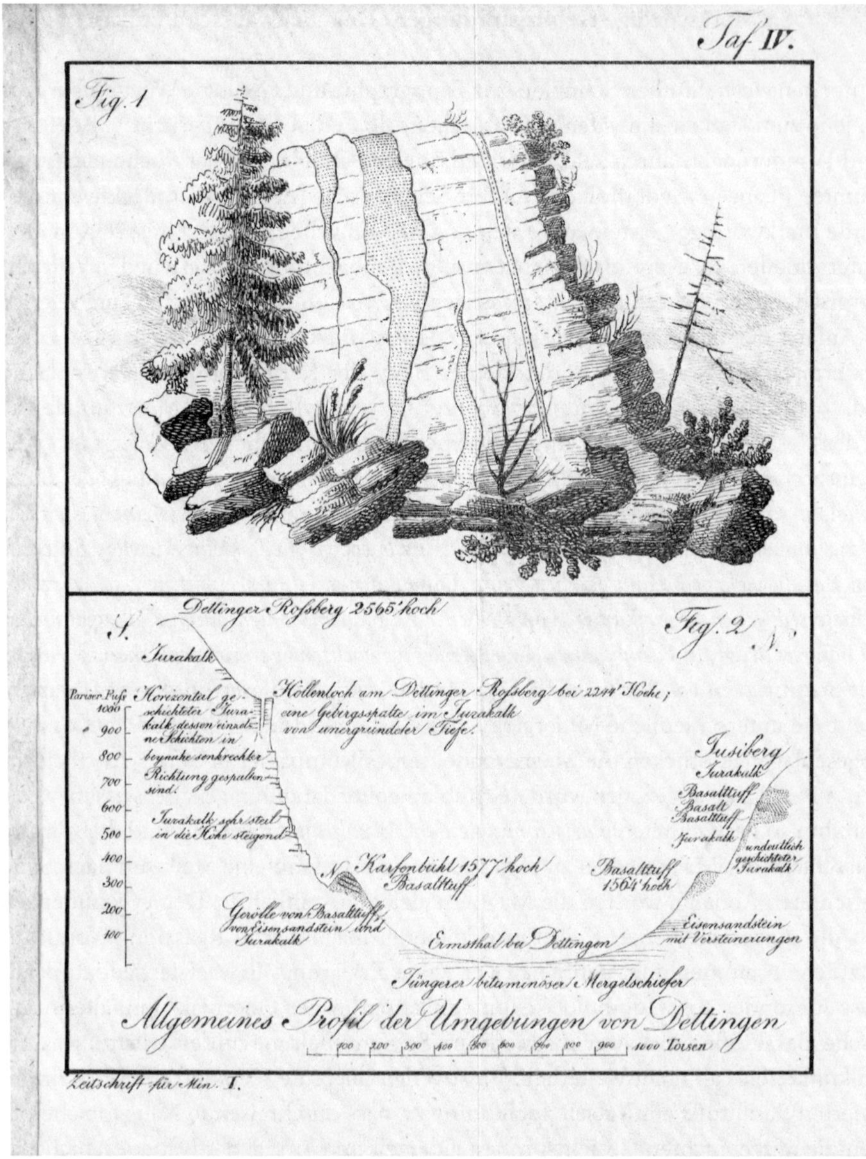

Abb. 10a Karfenbühl und Rossberg bei Dettingen/Erms, Schnitt der Basalttuffschlote (aus: Zeitschrift für Mineralogie Bd. 2 (Frankfurt/Main 1825), Tafel IV. – Vorlage und Aufnahme: UB Tübingen.

Abb. 10b Der Calverbühl ob Dettingen/Erms (früher Karfenbühl genannt). – Aufnahme: R. Loose.

Heute weiß man, dass der Karfenbühl, auf der aktuellen topographischen Karte als Calverbühl (505 m NN) eingetragen, ein ehemaliger Vulkanschlot des Kirchheimer-Uracher Vulkangebiets ist und als olivinmelilithischer Härtling aus den weicheren Schichten des obersten Weißjuras herausragt. Die Kompassnadel weicht auf der Spitze des Berges tatsächlich markant von der Nordrichtung ab[183]. Die äußerst starke Magnetisierung führte Otto Mäussnest auf Blitzschlag zurück. Der Calverbühl steht seit 2015 als Naturdenkmal unter besonderem Schutz.

Wenngleich Schübler die Ursache für den polarischen Magnetismus des Basalts und Basalttuffs nicht hinreichend erklären konnte – der starke Magnetismus rührt vom Mineral Eisenmagnetit her – so blieb ihm nicht verborgen, dass der Basalt und die

183 MÄUSSNEST, Magnetische Untersuchungen, hier bes. S. 515/516; MÄUSSNEST, Vulkanismus S. 177 ff.; Landesamt für Geologie, Rohstoffe und Bergbau Baden-Württemberg, Steckbrief Geotope, Calverbühl http://www4.lgrb.uni-freiburg.de/serverbase/umn/etc/resources/link/gtk/gtk_3410.pdf.

Basaltkonglomerate *sich in der Mitte der Alp vorzüglich am Abhang gegen Norden, in den Umgebungen von Urach und Hohenwittlingen, wo sich auf einem Flächenraum von wenigen Quadratmeilen die meisten der oben aufgeführten Basaltpunkte finden, während zugleich diese Gegenden sehr viel Höhlen besizen.*[184] Diese 22 auffälligen Basaltpunkte in der Nähe von Höhlen hat er mit dem Wirken des Wassers und des Feuers, *die bey den größern Umwälzungen unserer Erde oft beyde thätig waren,* in Verbindung gebracht. Er schrieb:

> *Erderschütterungen und vulkanische Emporhebungen aus der Tiefe scheinen hie und da gleichfalls zur Bildung von Spalten in dieser Gebirgskette mitgewirkt zu haben, welches durch die Basaltbildungen unserer Alp höchst wahrscheinlich wird. Es ist durch die Beobachtungen der neuern Geognosten beynahe außer Zweifel, daß Basalt und dessen verschiedene Abänderungen nicht auf reinem nassen Weg durch Niederschlagung aus dem Wasser sich bildeten, sondern in den frühern Perioden unserer Erde, den Laven und vulkanischen Auswürflingen ähnlich, vielleicht noch unter Wasser aus den Tiefen der Erde hervorgehoben wurden, wodurch mächtige Spalten in den schon abgesetzten Gebirgsarten entstanden, welche sich oft selbst mit Basalt, Basaltkonglomeraten und Basalttuff ausfüllen, während sich diese auch hier und da zu einzelnen kegelförmigen Bergen erhoben und auf die übrigen schon gebildeten Gebirgsschichten hinlegten, wodurch sich auch etwa schon früher auf anderem Weg gebildete Spalten ausfüllen konnten.*[185]

Mit dieser Erläuterung beschrieb Schübler ein einzigartiges geologisches Phänomen auf der mittleren Schwäbischen Alb, den Schwäbischen oder Urach-Kirchheimer Vulkan mit heute über 360 nachgewiesenen Vorkommen, damals erst in schwachen Umrissen bekannt. Es handelt sich um keinen feuerspeienden Vulkan, sondern um Vulkanschlote, die vor 17 bis 15 Millionen Jahre (im Miozän des Tertiärs) durch Wasserdampfexplosionen in tektonischen Schwächezonen des Gebirges unterschiedlich große und breite Spalten sprengten, in welche anschließend nicht nur flüssiges Magma wie am Eisenrüttel bei Dottingen aufstieg und welche die Hohlräume ausfüllte und verschloss, sondern vor allem sogenannte Schlotbreccien, bestehend hauptsächlich aus Gesteinen des Deckgebirges, gefördert wurden. Dort, wo die Vulkanschlote nicht die damalige Erdoberfläche erreichten, Magma und Schlotbreccien also im umgebenden Gestein stecken blieben, bildeten sich nach und nach durch die Kräfte der Abtragung (Erosion und Denudation) Maare, wie beispielsweise Randecker, Schopflocher, Hengener und Zaininger Maar[186]. Vergleichbar sind sie den jüngeren Eifel-Maaren, Seen, in denen heute noch vulkanische Gase (Kohlensäure) aufsteigen, sichtbare Zeugen eines

184 SCHÜBLER, Höhlen der württembergischen Alp S. 379 ff.; die Schübler'schen Erkenntnisse wurden auch in der Zeitschrift „Hesperus" bekannt gemacht (Die Basalte und Trapptuffbildungen der schwäbischen Alp, in: Hesperus Nr. 191 vom 11. August 1825, S. 762–763 und Nr. 192 vom 12. August 1825, S. 767–768).

185 SCHÜBLER, Höhlen der württembergischen Alp S. 363.

186 Vgl. dazu GEYER/GWINNER, Geologie S. 329–332; siehe auch HÖLDER (1977), S. 201, in: ENGELHARDT/HÖLDER, Mineralogie.

nicht allzu lang erloschenen Vulkans. Für die Besiedlungsgeschichte der Alb sind die Vulkanschlote insofern bedeutsam geworden, weil sie wegen ihrer wasserspeichernden Eigenschaften auf der sonst wasserarmen Hochfläche zur Anlage von Siedlungen einluden. Hengen auf der Uracher Alb ist hierfür ein besonders schönes Beispiel, da mitten im Ort ein solcher Vulkanschlot ansteht und in der Vergangenheit Wasser für Mensch und Tier lieferte.

Der Basalt vom Karfenbühl ist nicht das einzige vulkanische Gestein, das seine Aufmerksamkeit erregt hat. Seine Liste nennt ca. 30 Punkte mit basaltischen Gesteinen. Sie mineralogisch zu unterscheiden war nicht einfach. Doch mit Hilfe des spezifischen Gewichtes konnte Schübler verschiedene Basalte und Basalttuffe dokumentieren. Auf diese Weise hat er festgestellt, dass der Basalt vom Eisenrüttel bei Dottingen sehr hart ist und ein spezifisches Gewicht von 3,073 bis 3,103 hat, jener vom Karfenbühl aber nur ein spezifisches Gewicht von 2,4 bis 2,7 aufweist. Auch der Basalt vom Sternberg bei Offenhausen/Gomadingen ist kompakter, zeigt gewachsene Olivinkörner und hat ein spezifisches Gewicht von 2,892 bis 2,969. Auf diese Unterschiede macht auch die Oberamtsbeschreibung Münsingen 1825 aufmerksam und erwähnt, dass Schübler die Basalte vom Eisenrüttel bei Dottingen und vom Sternberg bei Gomadingen analysiert hat, ohne aber detailliertere Ergebnisse mitzuteilen[187].

8.3 Wassersuche – Aufschluss über den Tübinger Untergrund

Wenn heute ein Gebäude errichtet werden soll, dann muss ein Gutachter den Bauplatz nach geo-physikalischen und geo-ökologischen Kriterien untersuchen, um entweder die Unbedenklichkeit des Bauvorhabens zu bescheinigen oder unter Auflagen (wie Sanierung/Austausch des Untergrunds) zu erlauben. In der Vergangenheit konnte die Realisierung eines Bauvorhabens ebenfalls von Auflagen abhängig gemacht werden, so im Fall des seit 1817 immer wieder angeregten Neubaus der Anatomie der Tübinger Medizinischen Fakultät. Der alte Standort mitten in der dicht bebauten Unterstadt, umgeben von Wohnhäusern, war der Stadt schon lange ein Dorn im Auge, da ihr nicht nur ein übler Ruf wegen der Sezierung von menschlichen Leichen und Tierkadavern vorauseilte, sondern auch durch die stinkenden Abwässer, die in die Ammer geleitet wurden, eine Gefährdung der öffentlichen Gesundheit verbunden war. Der Neubau der Anatomie sollte daher an einer Stelle errichtet werden, der außerhalb der eigentlichen Stadt lag und über eine ausreichende Wasserversorgung verfügen sollte. Die Suche nach einem geeigneten Bauplatz gestaltete sich langwierig, weil etliche in Aussicht genommene Grundstücke zwar wohlfeil hätten erworben werden können, aber die Frage der Wasserversorgung ungeklärt blieb. In die Bausache kam Bewegung, als

187 WJbb 1824, H. 2, S. 168, 374–375; OAB Münsingen 1825, S. 48, 49.

der sogenannte Emmert'sche Garten am Österberg Ende Februar 1830 zum Verkauf stand[188]. Der akademische Verwaltungsausschuss wollte sich diese Chance nicht entgehen lassen und drängte die Finanzkammer des Schwarzwald-Kreises in Reutlingen zu handeln und zuzugreifen. Nach dem üblichen bürokratischen Gerangel über die Finanzierung zwischen Innen- und Finanzministerium gab die königliche Regierung die Genehmigung zum Ankauf des Emmert'schen Gartens unter Vorbehalt. Denn bevor der Neubau der Anatomie nach den Plänen des Kreisbaurats Roth startete, sollte erst gründlich geprüft werden, ob eine ausreichende Wasserversorgung am vorgesehenen Bauplatz gewährleistet sei. Damals wusste man nur so viel, dass am Österberg Quellen austraten, die zur Gartenbewässerung genutzt wurden, aber ihre Schüttung schwankte erheblich je nach Witterungsverlauf.

Da der vorgesehene Baugrund vor dem Lustnauer Tor am Fuß des Österbergs lag und unerschlossen war, d.h. ohne Zufahrt, Wasserleitung und Abwasserkanal, gab es nur zwei Möglichkeiten für eine sichere Wasserversorgung. Verworfen wurde die Idee, welche das Wasser der Ammer oder des Neckars über eine technisch aufwändige Förderanlage hätte zugeführt, was aber offensichtlich aus Kostengründen nicht in Frage kam. Also musste in unmittelbarer Nähe des Neubaus, am besten auf dem Baugrundstück selbst, eine starke Quelle gefunden oder eine artesisch gespannte Wasserader erbohrt werden. Zunächst favorisierte die Reutlinger Finanzkammer einen Pumpbrunnen, der als Schacht bis zu einem Quellhorizont abgeteuft werden sollte. Wo aber sollte man die Grabarbeiten beginnen? In einem solchen Fall half nur mittels Bohrversuch den Untergrund zu erkunden, wie er schon an verschiedenen Orten im Land unternommen worden war, oft mit dem erhofften Ergebnis, manchmal aber auch ergebnislos. Technisch betrachtet sollte es keine Probleme bereiten mehrere Hundert Fuß tief zu bohren. Erinnert sei an Tiefbohrungen, welche der württembergische Bergrat seit 1810 zur Erkundung von Steinsalz und Steinkohle durchgeführt hatte, dabei u. a. 1816 das Steinsalzlager im Muschelkalk bei Jagstfeld-Kochendorf (Friedrichshall) erbohrt, 1824 die Steinsalzlager im Muschelkalk bei Rottenmünster (OA Rottweil) entdeckt und wo seit 1828 die Sole in die neu erbaute Saline Wilhelmshall gepumpt und Siedesalz gewonnen wurde, das hauptsächlich in die Schweiz exportiert wurde[189]. Fast gleichzeitig setzten 1823 am Kocher südlich von Schwäbisch Hall die Erschließungsarbeiten für das Steinsalzbergwerk Wilhelmsglück ein[190]. Auch zum Aufsuchen von Steinkohlen bei Schramberg im Schwarzwald und von artesischem Wasser im ganzen Land wurde die Bohrtechnik eingesetzt. In Tübingen sollte nun eine Bohrung Klarheit über die Wasserversorgung der neuen Anatomie schaffen. Da die Kosten hierfür mit rund 500 fl eher niedrig veranschlagt worden waren, stimmte die Finanzverwaltung

188 HStAS E 221 I, Bü 1743 (Anbringen der Finanzkammer des Schwarzwald-Kreises an das Finanz-Ministerium, datiert Reutlingen, 19. Februar 1830).

189 KB Rottweil Bd. 2, S. 137 und CARLÉ, Salzsuche S. 132–135.

190 SIMON, Salz und Salzgewinnung S. 113 ff., 302 ff.

einer Bohrung zu, freilich ohne zu wissen, wer diesen Bohrversuch ausführen sollte. Der königliche Bergrat verfügte zwar über etliche Bohrgestänge, die aber allesamt im Einsatz waren. Nur ein an den Generalquartiermeister-Stab in Ludwigsburg ausgeliehenes Bohrgerät schien verfügbar zu sein. Das Kommando des Generalquartiermeisters wollte aber nicht so ohne Weiteres auf das Gerät verzichten und musste erst durch einen königlichen Erlass an das Kriegsministerium dazu gebracht werden, für einige Zeit Bohrapparat und Mannschaft nach Tübingen auszuleihen, wobei sich das Militär schriftlich bestätigen ließ, dass der akademische Verwaltungsausschuss die Kosten für den Hin- und Rücktransport voll übernehmen werde.

Nach dieser langen Vorgeschichte begannen Ende Februar 1831 am nordwestlichen Abhang des Österbergs endlich die Bohrarbeiten, die bis Anfang September 1831 andauern sollten. Für Schübler, der wohl von Anfang über seinen Bruder Valentin, damals Referent im königlichen Bergrat, über das Bohrvorhaben in Tübingen informiert war, bot sich eine wunderbare Gelegenheit, die Bohrung wissenschaftlich zu begleiten. Tatsächlich taucht sein Name in den Akten auf, nicht als Projektleiter, sondern als Gutachter und Berater, erstmals explizit am 9. August 1831 im Bericht der Finanzkammer des Schwarzwald-Kreises an das Finanzministerium, in dem es heißt, dass bisher die Bohrung noch keine *nachhaltige, zureichende Wasserproduktion* ergeben habe und man deshalb das Kameralamt Tübingen angewiesen habe, *mit Professor Schübler in Communication zu treten und dessen Äußerung unter Vorlegung jener Berechnung* (gemeint ist die ergänzende Kostenberechnung für die Fortsetzung des Bohrversuchs) *einzusenden*[191]. Schübler lieferte das gewünschte Gutachten und daraus zitierten die Beamten in ihrer Anzeige nach Stuttgart, *dass er* (d. i. Schübler) *die Hoffnung habe, in den Zwischenschichten des Muschelkalks noch ergiebigere Quellen anzutreffen, weil, obschon er zugiebt, daß bis zum 30. Juli das Wasser nicht gestiegen sey, oft unerwartet Wasser erbohrt werde.* Schübler plädierte für die Fortsetzung der Bohrung, und zwar solange, bis die Messingröhren, deren Einsetzung er für das Beste hielt, geliefert seien und *soweit Versuche mit dem Löffel möglich sind;* (es scheint auch) *kein Zweifel vorhanden zu seyn, daß sich das Wasser hinreichend schnell ersetze, um einen Pumpbrunnen auf die vorgeschlagene Art errichten zu können,* so Schübler. Dies bedeutete: Wenn schon kein Wasser über eine aus Messing gefertigte Röhre aus großer Tiefe gefördert werden kann, dann ist immer noch ein Pumpbrunnen möglich, der dann nicht so tief gegraben werden müsste wie die letztlich erreichte Bohrtiefe, weil das an den Quellhorizonten austretende Wasser im Schacht sich auffangen ließ und nach Bedarf abgepumpt werden könnte. Er stützte seine Argumentation auch mit dem Kostenaufwand, denn eine Röhrenleitung mit Pumpe verursache nur Kosten in Höhe von 448 fl 30 xr, ein abzuteufender Pumpbrunnen hingegen 660 fl 56 xr, somit ergebe sich eine Ersparnis von 212 fl 26 xr, ein auch die Finanzverwaltung überzeugendes Argument, das für die Fortsetzung der Bohrung

191 HStAS E 221 I, Bü 1743, n. 79.

sprach. Doch Ende August 1831 teilte Schübler der Reutlinger Finanzkammer mit, dass der Bohrversuch inzwischen eine Tiefe von 257 bis 258 Fuß (ca. 74 m) erreicht habe und nun im harten Gestein in 10 Stunden nur 3 bis 4 Zoll (ca. 10 cm) vorangekommen sei, womit ein Weiterbohren nicht mehr sinnvoll erscheine[192]. Damit war ein Punkt erreicht, an dem die Aufsicht führende Finanzkammer zu entscheiden hatte, wie es überhaupt weitergehen sollte. Einmal mehr forderte sie Berichte an, je einen des verantwortlichen Kreisbaurates Roth und von Professor Schübler, die zu einem unterschiedliche Angaben über die erreichte Bohrtiefe und Wasserstandhöhe aufdeckte und zum andern einen Dissens über das Ergebnis offenbarte. Während Schübler den Bohrversuch nicht als ergebnislos ansah, vertraten das Kameralamt Tübingen und das Bau-Inspektorat Reutlingen die Meinung, dass er misslungen war[193]. Wer hatte also Recht und wer war für das Misslingen verantwortlich? Ein neutraler Sachverständiger, *ein im Fach des Bergwesens erfahrener Techniker,* musste beigezogen werden, um eine unabhängige Auskunft und ein Urteil zu erhalten. Dieser namenlose Techniker gab nach einem Lokalaugenschein in Tübingen gegenüber dem Innenministerium zu Protokoll, dass *das einzige Mittel sich über die Frage, ob auf einer Baustelle Wasser zu erhalten sey, Aufschluß zu verschaffen und der Ungewißheiten, welche jeder Augenschein übrig läßt, ein Ende zu machen, nämlich die Anstellung eines Bohrversuchs, auf der bezeichneten Stelle in Tübingen in Anwendung gebracht worden ist.* Der Techniker fügte bei, dass *an der gewählten Baustelle am Oesterberg in der Nähe des tief eingeschnittenen Mühlgrabens u.*(nd) *des Neckarthals überfließendes Wasser oder ein artesischer Brunnen nicht zu erhalten* (sei), *und es bleibt nichts übrig, als einen Schöpf- oder Pumpbrunnen anzulegen*[194]. Und so geschah es! Um den Bau der neuen Anatomie zu retten, wurde nun tatsächlich ein Schacht für einen Pumpbrunnen abgeteuft und eine unterirdische Dole für die stinkenden Abwässer gegraben.

Vermuten darf man, dass Schübler den Bohrversuch auch deshalb nicht als misslungen betrachtete, sondern ganz im Gegenteil als großen Gewinn für die Naturwissenschaft und insbesondere für die Geologie sah, weil dadurch zum ersten Mal die Stratigraphie des Tübinger Untergrundes dokumentiert worden ist. Naheliegend war, einem tüchtigen Schüler die erbohrten Gesteine zur Auswertung zu übergeben und die Ergebnisse in einer Dissertation zusammenzufassen und bekannt zu machen. In Hermann Vogel aus dem oberschwäbischen Saulgau hatte er einen fähigen Schüler für diese Aufgabe gefunden. Dieser wertete die Bohrregister aus und bestimmte die Gesteine. Auf dieser Basis rekonstruierte er die geologische Schichtenfolge des mittleren und unteren Keupers bis zum Muschelkalk hinab[195].(Abb. 11) Das Ziel der Tief-

192 HStAS E 221 I, Bü 1743, 83 (Bericht der Finanzkammer des Schwarzwald-Kreises an das Finanzministerium, datiert Reutlingen, 27. August 1831).

193 UAT 117/723, Unterfasz.: Brunnen für die neue Anatomie 1830/32, hier: Schreiben der Finanzkammer des Schwarzwald-Kreises an das Kameralamt Tübingen, datiert Reutlingen, 12. September 1831.

194 UAT 117/723, Unterfasz.: Brunnen für die neue Anatomie 1830/32, hier: Schreiben des Innenministeriums an den akademischen Senat in Tübingen, datiert Stuttgart, 21. November 1831.

195 Ueber die geognostischen Verhältnisse der Umgebungen von Tübingen. Tübingen 1832.

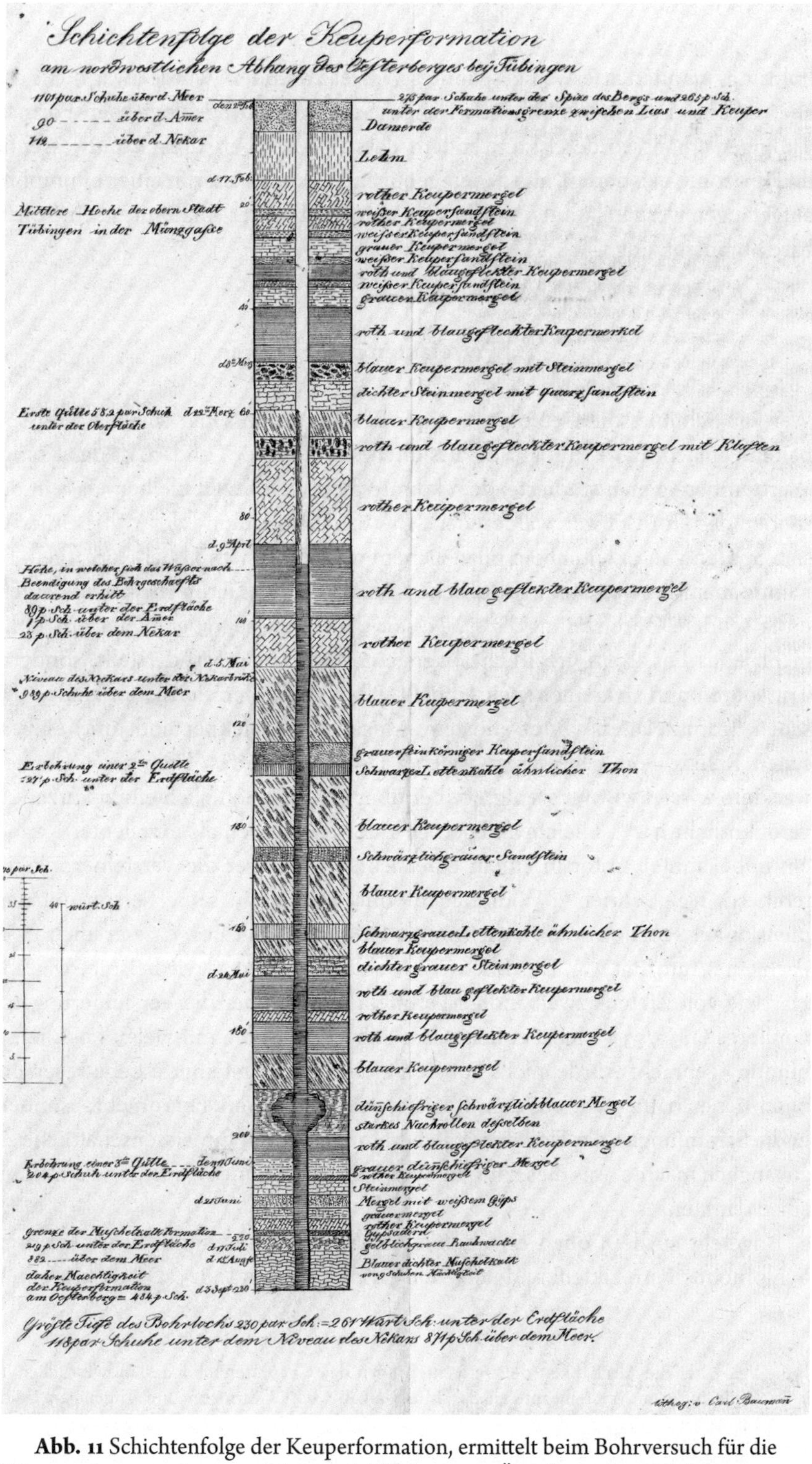

Abb. 11 Schichtenfolge der Keuperformation, ermittelt beim Bohrversuch für die Wasserversorgung der neuen Anatomie Tübingen am Österberg 1831. – Vorlage: VOGEL, Hermann: Über die geognostischen Verhältnisse der Umgebungen von Tübingen. Tübingen 1832; UB Tübingen, Signatur: Bi 1139; Aufnahme: Fotostelle UB Tübingen.

bohrung, nämlich artesisch gespanntes Wasser zu finden, wurde zwar nicht erreicht, aber dafür wusste man nun, auf welchen Gesteinen und geologischen Formationen Tübingen erbaut worden ist und zudem, dass am Österberg drei Grundwasser führende Horizonte existierten, aus denen genügend Grundwasser in einem Pumpbrunnen aufgefangen werden konnte, welches für den Neubau der Anatomie ja eine unabdingbare Voraussetzung war.

8.4 Petrefakten und Fossilien

Wer wie Schübler die Geologie zu einer Kerndisziplin seiner wissenschaftlichen Arbeiten gemacht hatte und auf Exkursionen den Bau der Landschaft des Königreichs Württemberg genau studierte, dem konnte nicht verborgen bleiben, dass in den Gesteinen des Nordschwarzwaldes, der Schwäbischen Alb und des Welzheimer Waldes sich Spuren von urzeitlichem pflanzlichem und tierischem Leben verbargen. Damals nannte man diese zu Stein gewordenen Pflanzen und Tiere *Petrefakten,* heute ist die umfassendere Bezeichnung *Fossil, Fossilien* (d.h. ausgegrabene Zeugen) üblich, da nicht jedes Fossil ein urzeitliches, versteinertes Lebewesen darstellt, sondern auch Trittspuren und Exkremente einschließt. Über die in den Formationen des süddeutschen Erdmittelalters (Buntsandstein, Muschelkalk, Keuper und Jura) eingeschlossenen Relikte von Lebewesen, welche das Interesse des Tübinger Naturforschers weckten, wissen wir nur wenig, weil er über Fossilien lediglich einen kurzen Aufsatz veröffentlicht hat[196]. Gleichwohl galt er unter Fachleuten als exzellenter Kenner, wie ein unbekannter Autor in einem Übersichtsartikel über die Versteinerungen Württembergs 1824 schrieb[197]. Widmungen von Fossilien an seine Person mit dem Namenskürzel SCHÜBL. oder SCHÜBLERI bezeugen überdies, dass er auch in diesem Fach eine Autorität war. Der Blick in einschlägige Werke – wie beispielsweise in Carl Hartwig von Zietens zweibändige Veröffentlichung über die Versteinerungen Württembergs (1830/33) – lehrt zudem, dass Schüblers Name mit vielen Fossilien in Verbindung gebracht wurde, nicht nur weil er einzelne versteinerte Lebewesen erstmals beschrieben hatte – wie aus dem Register zu Zietens Werk hervorgeht – sondern weil er die Sammlungen der Universität jedem Interessenten für wissenschaftliche Zwecke zugänglich machte, was diese ihm mit der Beifügung seines Namens zu einzelnen Fossilien dankten.

Angeregt zu dem oben erwähnten Aufsatz wurde er durch Ernst Friedrich von Schlotheims Petrefaktenkunde aus den Jahren 1820 und 1823. Die Lektüre muss ihn

196 Vgl. Über die Ähnlichkeit der Versteinerungen des Gryphitenkalks des südwestlichen Teutschlands mit den Versteinerungen des Muschelkalks von Göttingen und Thüringen (1824, siehe Lit Verz.)

197 CWLV) 6 (1824), S. 3–91.

wohl ob der vorgenommenen, seiner Meinung nach ungenügenden, Differenzierung und der daraus resultierenden, weitreichenden Schlussfolgerungen für die gesamte Stratigraphie des Mesozoikums irritiert haben und zwar so sehr, dass er sich genötigt sah, Korrekturen und Ergänzungen aus süddeutscher Sicht zu liefern. In einer Art Kommentar stellte er seine Funde und Befunde aus Württemberg jenen aus Thüringen und Göttingen gegenüber. Fossilien vom oberen Neckar und der Heilbronner Gegend veranlassten Schübler festzustellen, dass die bisher aufgefundenen Versteinerungen von Schnecken, Muscheln und anderen Weichtieren doch besser zu den Ablagerungen des Gryphiten- oder Grypheenkalks (benannt nach der Muschel *Gryphaea arcuata*) gehörten, welchen er der physikalisch-chemischen Struktur wegen den unteren Schichten des Juras, also dem Lias, zuordnete, nicht wie Schlotheim der Muschelkalkformation, die ja sehr viel ältere Sedimentgesteine enthält. Schübler begründete seine Ansicht damit, dass einige Fossilien, die Schlotheim dem Muschelkalk zuwies, im Muschelkalk von Friedrichshall bei Heilbronn, wo das Steinsalzlager 1816 entdeckt und erschlossen worden war, überhaupt nicht vorkommen. Gab es also eine besondere süddeutsche und davon getrennt eine thüringische oder mitteldeutsche Muschelkalkfacies? Wohl nicht, sondern es lagen wohl Verwechslungen und ungenaue Zuordnungen von ähnlich aussehenden Fossilien vor!

Mit diesen Thesen erntete Schübler sofort Widerspruch und der Herausgeber der Zeitschrift „Teutschland, geognostisch-geologisch dargestellt“, in der er seine Studie veröffentlicht hatte, d.i. der preußische Hofrat Christian Keferstein, hielt sich für befugt einige Bemerkungen zu Schüblers Aufsatz beizufügen, allein um den wissenschaftlichen Disput in dieser Frage anzuregen und fortzusetzen, wie er schrieb. Ob es dazu kam, ist ungewiss.

Sein Wissen über die Petrefakten Württembergs hat er bereitwillig anderen Naturforschern mitgeteilt, wie wir aus verschiedenen Quellen erfahren, so 1825 als der Astronom und Mediziner Franz von Paula Gruithuisen aus München ihn und Bohnenberger in Tübingen besuchte[198]. Schübler zeigte ihm die universitäre Petrefaktensammlung, darunter ein krokodilartiges Skelett aus den untersten Schichten der bunten Mergel im Neckartal (d.i. mittlerer Keuper), das er zwischen einem Plesiosaurus und Ichthyosaurus einordnete. Ein anderer Besucher, Professor Karl Friedrich Burdach, aus dem fernen Königsberg, lobte 1826 ebenfalls Schüblers Petrefaktensammlung und meinte, *er werde viel für die Petrefaktenkunde leisten*[199]. Außerdem gab er in einem Brief an seinen Freund Carl Friedrich Philipp von Martius in München aus dem Jahr 1828 Auskunft über eine gerade aufgefundene Versteinerung, die aus dem Keupersand-

198 Gruithuisen's naturwissenschaftlicher Reisebericht, in: Archiv für die gesammte Naturlehre Bd. 8. H. 1 (1826), S. 1 ff.

199 UB Giessen, Abt. Handschriften, Nachlass Karl Ernst von Baer, Signatur: Nachl. Baer, Briefe 4, Bl. 105–106; Brief Karl Friedrich Burdach an Karl Ernst von Baer, datiert Strasburg, 08.06.1826; http://kalliope-Verbund.info/DE-611-HS-36101172.

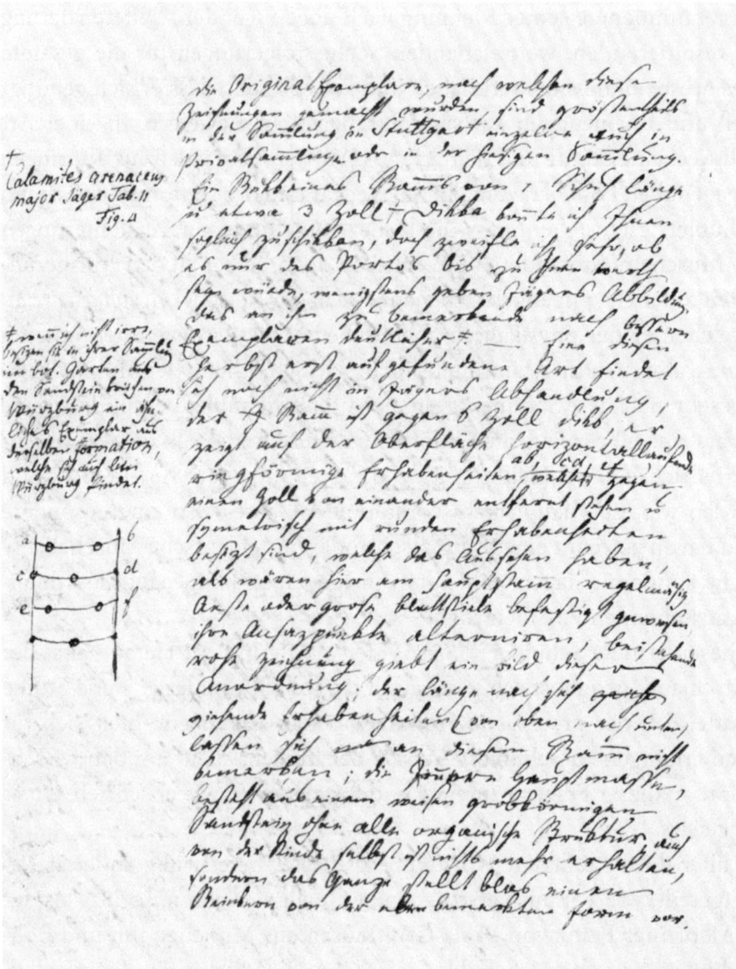

Abb. 12 *Calamites arenaceus major*, Randzeichnung und Abbildung des Briefes von Schübler an C. F. Ph. von Martius 1828. – Vorlage und Aufnahme: Bayerische Staatsbibliothek, München.

stein von Stuttgart stammte. Er beschrieb sie kurz und versuchte zeichnerisch, Teile zu veranschaulichen. Er versicherte, sobald als möglich auch ein echtes Stück für die Martius'sche Sammlung zu übersenden. Wir erfahren zudem, dass Schübler deswegen mit Georg Friedrich (von) Jäger (1785–1866), Kustos des königlichen Naturalienkabinetts in Stuttgart und letztlich der Fachmann in Württemberg, in Verbindung stand. Dieser Brief sei wegen der von ihm stammenden Skizze von Bruchstücken einer *Calamites arenaceus major* (ein baumgroßer Schachtelhalm wie man ihn aus Steinkohlenlagern kennt) als Facsimile wiedergegeben und transkribiert mitgeteilt. (Abb. 12)

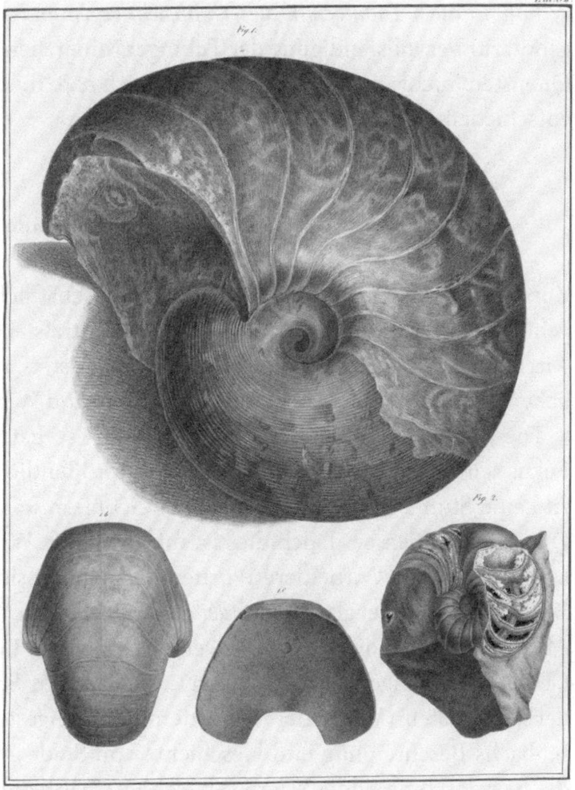

Abb. 13 *Nautilus giganteus Schübler*. – Vorlage: ZIETEN, C. H. von: Die Versteinerungen Württembergs. Stuttgart 1830/33, Taf. XVII. – Vorlage und Aufnahme: UB Tübingen, Fotostelle.

Zeichnung und Beschreibung des fossilen Schachtelhalms erinnern an tropische Baumfarne, sodass eine evolutionäre Beziehung zurück ins Karbonzeitalter möglich erscheint. Doch welche Absicht verfolgte Schübler mit dieser Mitteilung über eine auffällige Versteinerung? Wollte er auf eine scheinbare parallele Entwicklung bei den Palmen aufmerksam machen, über welche Martius gerade eine Naturgeschichte in Arbeit hatte, oder wollte er eher von ihm eine Bestätigung seiner Erkenntnisse und paläoontologischen Einordnung? Wir müssen die Antwort mangels Quellen schuldig bleiben!

Seltsam ist, dass nach seinem Tod sich Friedrich von Alberti – mit ihm hatte Schübler 1826 die Gebirge Württembergs im Cotta-Verlag publiziert – in einem Brief vom 12. März 1838 an Prof. Quenstedt[200], der 1837 auf den neu geschaffenen Lehrstuhl für Mineralogie und Geognosie in Tübingen berufen worden war, abschätzig über Schüblers Mineralien- und Petrefaktensammlung äußerte. Er schrieb: *Schübler war ein gewaltiger Sammler, aber er sammelte nicht mit Umsicht, und ohne hinreichende Kenntnisse,*

200 Zitiert nach ENGELHARDT/HÖLDER, Mineralogie, Geologie und Paläontologie S. 96.

deshalb ist auch Tübingen in dieser Hinsicht gegen andere Universitäten zurück. Sein Angebot, zur Vervollständigung der Tübinger Mineraliensammlung beizutragen, hat aber Quenstedt nicht angenommen, sondern sich 1840 für die Sammlung von Bergrat Hehl entschieden. (Abb. 13)

8.5 Der Bodensee und seine Fische

Zur topographischen oder gar einer landwirtschaftlichen Beschreibung einer Region gehörte – wie wir aus einer Anleitung der Centralstelle des Württembergischen landwirtschaftlichen Vereins von 1818 erfahren[201] – stets auch die Schilderung der natürlichen Verhältnisse, d.h. neben Böden, Klima und Witterung auch Flora und Fauna.

Die Tierwelt Württembergs hat Schübler – so hat es den Anschein – nicht in den Fokus seiner Forschungen gerückt. Seine Veröffentlichungen nennen jedenfalls explizit keine Studie dazu. Auch von seinen Schülern wählten lediglich zwei zoologische Dissertationsthemen. Doch dies ist nur die halbe Wahrheit. Versteckt in einem Verzeichnis über die Wirbeltiere Württembergs findet sich der Hinweis von F(riedrich). Berge, dass Schübler als *der Gründer der vaterländischen Fauna betrachtet werden* kann[202]. Als Beleg führt er die erste und zweite Ausgabe der Beschreibung Württembergs von J.D.G. Memminger (1820 und 1822) an, in denen Schübler jeweils das Verzeichnis der Vertebraten (Wirbeltiere) Württembergs beigesteuert hat. Ebenso hat er für Eisenbachs Beschreibung und Geschichte von Stadt und Universität Tübingen (1822) die hier vorkommenden Tiere verzeichnet. Das wären eigentlich Beweise genug für Schüblers zoologische Kompetenz. Ein Brief an den Erziehungsrat, d.i. Mitglied des Rates für Bildungs- und kulturelle Aufgaben des Kantons St. Gallen, Georg Leonhard Hartmann (1764–1828), vom 21. Oktober 1821[203] lenkt nun den Blick auf Bemühungen Schüblers, sein Wissen um die Wasserfauna des Bodensees zu ergänzen, vor allem die universitären Sammlungen mit Präparaten von Fischen aus dem Bodensee und Vögeln aus dem See-Umland zu bereichern. Vorauszuschicken ist, dass der Sohn Hartmanns, in Tübingen Schübler aufgesucht hatte und ihn im Auftrag seines Vaters um Überlassung von Exemplaren aus der Conchyliensammlung (Schnecken und Muscheln) des universitären Naturalienkabinetts bat. Schübler erfüllte gern diesen Wunsch und

201 Siehe Organische Bestimmungen des landwirthschaftlichen Vereins in Würtemberg 1818 (abgedruckt in: CWLV 1 (1822), H. 3, Beilage III, S. 4, § 5 *Zur Erreichung dieses Zwecks* (gemeint ist die Verbesserung und Veredelung der vaterländischen Landwirtschaft) *gehört die vollkommene Kenntnis des natürlichen Zustandes von Würtemberg in jeder Hinsicht, wozu der Verein die Materialien zu sammeln hat;* siehe dazu LOOSE, Centralstelle S. 456ff.

202 BERGE, Vertebraten S. 54.

203 Kantonsbibliothek Vadiana St. Gallen, Abt. Historische Bestände und Sammlungen, Signatur: Vad Slg S 347: B: 168; über Hartmann vgl. SCHIESS (1924) und Historisches Lexikon der Schweiz, online http://www.hls-dhs-dss.ch/textes/d/D25972.php.

übersandte 87 Arten, deren wissenschaftliche Namen er gesondert auf einem Blatt verzeichnete. Ganz uneigennützig sollte diese Gabe aber nicht sein. Bot sich doch die Chance zu einem Gegengeschäft. Hartmann, der ihm als Autor einer Beschreibung des Bodensees und als hervorragender Ichthyologe[204] bekannt war, sollte ihm Exemplare von einer ganzen Reihe von Bodenseefischen senden. Auf welche Fische er sein besonderes Augenmerk gerichtet hatte, lässt das dem Brief beigefügte Verzeichnis erkennen. Fein säuberlich notierte er seine Wünsche, die mit dem größten, dem Waller *(Silurus glanis)*, beginnen und mit dem 12 bis 15 cm großen Ukelei enden, wobei das erbetene Waller-Exemplar – wie er anmerkte – schon zweieinhalb Schuh (rd. 76 cm) groß sein durfte. Zweieinhalb Schuh groß sollte auch der Bodenseelachs oder Rheinlanke *(Salmo salar)* sein, möglichst ein männliches Tier, damit er die Frage beantworten könne, ob der Bodenseelachs von dem zwischen Basel und Straßburg vorkommenden gewöhnlichen Rheinlachs verschieden sei. Es folgen sechs weitere Arten von Salmoniden und vier karpfenartige Fische *(Cyprinidae)*, die im Einzelnen hier nicht weiter interessieren sollen. Von den kleineren Arten wollte er zwei bis drei Stück haben. Mit Rücksicht auf die warme Jahreszeit und die große Entfernung sollte Hartmann ihm bereits ausgebalgte, präparierte Einzelstücke schicken, da *sie leicht leiden könnten.* Ansonsten könne er die Fische in Weingeist einlegen und in Kisten und Schächtelchen sowie in Moos verpackt nach Tübingen senden. Für sämtliche Unkosten komme er selbstverständlich auf. Hartmann wolle ihn aber über die Kosten vorab benachrichtigen.

Angesichts dieser Wunschliste muten die zwei Vogelexemplare, je eine Möve *(Larus fuscus)* und ein stockentengroßer Mittelsäger *(Mergus serrator)*, die Schübler am Ende noch anfügte, geradezu bescheiden an. Sie verraten aber, dass diese Vögel im Neckarland nicht heimisch waren und selten beobachtet wurden, deshalb wohl auch nicht gefangen oder geschossen und ausgestopft in die Sammlungen der Universität gelangt waren. Wie übrigens zudem die Frage an Hartmann, ob es Sing- und Höckerschwäne am Bodensee gäbe, darauf hindeutet, dass Schwäne in Tübingen und Umgebung, wo es ja keine größeren natürlichen Seen gab, als sogenannte Strichvögel, welche ihr Brutgebiet im hohen Norden für die Wintermonate verlassen, eher eine Ausnahme bildeten. Immerhin hatte Schübler erfahren, dass bei Waldsee in Oberschwaben in den vergangenen kalten Wintern (1818/19 und 1819/20) Höckerschwäne *(Cygnus cygnus)* geschossen worden waren. Sie hatten wohl – so vermutete Schübler – auf der Suche nach Nahrung ihr Brutgebiet verlassen.

Was die Liste der Schnecken und Muscheln angeht, so notierte Schübler bei einigen den Herkunfts- oder Fundort, beispielsweise Augsburg, Venedig und Padua, Wien und Österreich sowie Stuttgart und die Schwäbische Alb. Die Ortsnamen legen die Frage nahe: Wer hat sie dort gefunden und dem Naturalienkabinett der Universität vermacht? Oder wurden sie gar von Sammlern und Agenten auf Tauschbörsen erworben?

204 Versuch einer Beschreibung des Bodensees (1808); Helvetische Ichthyologie (1827).

Bei Venedig und Padua darf man vermuten, dass sie Georg von Martens, Freund Schüblers, Kustos am Stuttgarter Naturalienkabinett und in Venedig geboren, von einer seiner Reisen[205] dorthin mitgebracht hat. Bemerkenswert ist auch die Angabe des ersten wissenschaftlichen Autors und Beschreibers der jeweiligen Art mit Kürzeln wie „Dp.", „Stud." u. a. m., von denen mit Bestimmtheit lediglich das Kürzel „Dp." aufgelöst und einem Forscher zugeordnet werden kann, nämlich dem französischen Naturforscher, Botaniker und Malakalogen Jacques Philippe Raymond Draparnaud aus Montpellier (1772–1804), dessen posthum erschienenes Werk *Histoire naturelle des mollusques terrestres et fluviatiles de la France* (= Naturgeschichte der Land- und Wasserweichtiere Frankreichs, d. s. Schnecken und Muscheln) wohl von Schübler benutzt worden war[206].

Für uns heutige Leser ist der Briefinhalt insofern von Belang, weil er einmal verrät, dass wissenschaftliche Mitteilungen und Austausch von Schriften und Sammlungsstücken oft auf einer ganz persönlichen Beziehung aufbauten. Hartmann und Schübler wussten voneinander. Waren doch beide Mitglieder der *Allgemeinen Schweizerischen Gesellschaft für die gesamten Naturwissenschaften*[207], aber 1816 bei der Jahresversammlung in Bern, bei der Schübler seinen Vortrag über die Bestandteile der Milch hielt, wohl nicht zusammengetroffen. Zum andern wird deutlich, dass damals wegen der kargen finanziellen Ausstattung wissenschaftliche Sammlungen oft nur aufgrund von Tauschgeschäften wuchsen und vielfältiger wurden. Zum dritten ist die Erwähnung der Fische, die zu Anfang des 19. Jahrhunderts noch im Bodensee lebten und zum Ablaichen dorthin kamen und eine artenreichere Wassertierwelt widerspiegeln, ein historisches Zeugnis, das uns eindringlich die eingetretenen Umweltveränderungen in Erinnerung ruft. Besonders die Gewässerverschmutzung im Zuge der Industrialisierung und die wasserbaulichen Maßnahmen an den Flüssen, vor allem die Begradigung des Rheins und der Bau von Staustufen für die Elektrizitätsgewinnung am Ober- und Hochrhein hat dem Lachs den Weg auf seiner Wanderschaft zu den Laichplätzen im See und Alpenrhein oberhalb Bregenz bzw. Basel abgeschnitten. Er gilt seitdem als ausgestorben. Ob die eingeleiteten Rückbauten an den Wehren (z. B. in Rheinfelden) und Fischtreppen für die Wiederansiedlung des Lachses relevant werden, wird die Zukunft erweisen. (Abb. 14)

Sein Wissen über den Bodensee und die dortige Tierwelt hat Schübler später an seinen Freund Gustav Schwab, dem er schon bei der Erarbeitung des Reiseführers *Die Neckarseite der Schwäbischen Alb* behilflich war, mitgeteilt. In seinem Bodensee-Reiseführer übernahm Schwab naturwissenschaftliche Angaben Schüblers zum Klima und zur Flora der Bodensee-Region. Auch die erste Tiefenmessung des Sees, die im Rahmen der württembergischen Landesvermessung 1825 von Hauptmann von Gasser und von dem Topographen Paulus zwischen Friedrichshafen und Rorschach durchge-

205 Siehe seinen Reisebericht *Reise nach Venedig.* 2 Teile. Ulm 1824.
206 In der UB Tübingen ist dieser Titel mit der Signatur Bh 296.4 nachgewiesen.
207 Verzeichnis sämtlicher Mitglieder, in: Eröffnungsrede der Jahresversammlung 2 (1816), Anhang.

führt worden war und die Tiefe von 849 württ. Fuß (= 243,23 m) ergab, stammt wohl von Schübler[208]. Unklar allerdings ist, wie die Seetiefe ermittelt wurde. Abgesehen davon ist die damals mit einfachen Mitteln erkundete Bodenseetiefe kein schlechter Wert. Weicht sie doch nur um acht Meter von der zuletzt 2015 mit modernen elektronischen Methoden (Echolot und Laser-Scanner) vom Institut für Gewässerkunde des Bodensees gemessenen Tiefe ab[209].

8.6 Autor und „Korrespondent“ des Statistisch-topographischen Bureaus

Schüblers topographische und geologische Forschungen gingen vielfach in Darstellungen zur „Vaterlandskunde“ Württembergs ein. Er darf als einer der bedeutenderen externen Mitarbeiter des Königlich Statistisch-topographischen Bureaus in Stuttgart gelten. Im Aufsatz über neue Einrichtungen der Vaterlandskunde, den Memminger in den „Württembergischen Jahrbüchern“ von 1822 veröffentlichte, hat er Schübler neben Dekan Ströbele aus Riedlingen und Pfarrer Magenau aus Hermaringen bereits als wichtigen Beiträger – er nennt sie schlicht *Freunde der Vaterlandskunde* – für die begonnene Beschreibung des Königreichs Württemberg nach Oberämtern gewürdigt[210]. Ohne dass der Umfang seiner Artikel für dieses große Beschreibungswerk dann klar ersichtlich ist, finden sich Ergebnisse von Schüblers naturwissenschaftlichen Forschungen in nahezu allen Oberamtsbeschreibungen[211], die bis 1834 herausgegeben wurden.

Trotz der lobenden Erwähnung kommen Zweifel auf, ob Schüblers Forschungsergebnisse bei den Oberamtsbeschreibungen tatsächlich gebührend berücksichtigt wurden und nicht andere Ideen und finanzielle Zwänge Abstriche am Konzept einer wissenschaftlich fundierten Landeskunde erforderlich machten. Denn betrachtet man die topographischen Übersichtskarten im Maßstab 1:100.000, die als Beilagen den Oberamtsbeschreibungen beigegeben wurden, dann fällt auf, dass von den Schübler'schen Höhenmessungen keine einzige berücksichtigt worden ist. Diese finden sich

208 UB Tübingen, Handschriften/Alte Drucke, Sign. Md 755–587 (Brief Schüblers an Gustav Schwab in Stuttgart, datiert Tübingen, 5. Juli 1826); darin nimmt Schübler Stellung zu einer ein Jahr zuvor brieflich geäußerten Bitte Schwabs, ihm naturhistorische Beiträge über den Bodensee und Umgebung zukommen zu lassen, vor allem wünschte er Angaben über die Tiefe des Bodensees; diesen Wunsch kam Schübler nach und sandte Blätter mit Notizen, die er nach dem Druck zurückhaben wollte, weil er sich keine Abschrift gemacht habe; siehe auch die Veröffentlichung von SCHWAB, Bodensee, Kap. III: Topographisches, Tiefenmessung S. 293.

209 Siehe https://www.igkb.org/der-bodensee/seedaten.

210 MEMMINGER, Neuere Anstalten und Mittel S. 20–21; dazu auch BURKHARDT, Statistisch-topographische Bureau S. 227 ff., der allerdings Schübler nicht zu den externen Autoren des Bureaus zählt.

211 Vgl. OAB Reutlingen 1824, S. 28,30, 36 und Rückverweis auf die entsprechenden Kapitel in Memmingers Beschreibung von Würtemberg; OAB Münsingen 1825, S. 45–49; OAB Riedlingen 1827, S. 52–54; OAB Rottenburg 1828, S. 221.

eher in den Texten zur physischen Geographie und Topographie. Dies lässt vermuten, dass Memminger sich von vorneherein eines anderen kartographischen, vor allem kostengünstigeren Ansatzes bediente.

Tatsächlich hat das Statistisch-topographische Bureau, um dem hohen Anspruch einer wissenschaftlichen Darstellung gerecht zu werden, sich der Landesvermessung in der Kataster-Kommission angeschlossen, überzeugt, dass sich nur so eine exakte Vorstellung von der Fläche und der Topographie des Landes und seiner Oberämter aneignen lasse. Deshalb lag es nahe, dass die bei der Messung der Hauptbasis zwischen Schloss Solitude und Ludwigsburg durch Bohnenberger beteiligten Geometer, wie Schieber und Hauptmann von Dürrich, in die Herstellung der topographischen Übersichtskarte des Oberamtes Reutlingen einzubinden. Zum beispielgebenden, ersten Projekt der künftigen Landesbeschreibung das Oberamt Reutlingen zu bestimmen, hat dann damit zu tun, dass die Landesvermessung nach der exakten Messung der Hauptstrecke Solitude–Ludwigsburg mit den Winkelmessungen Bohnenbergers vom Observatorium auf dem Tübinger Schloss im Lauf des Jahres 1819 sich ostwärts Tübingen zu den wichtigen trigonometrischen Hauptpunkten Rossberg, Achalm, Hohenneuffen, Grasberg (bei Eningen u. A.), Guckenberg (östl. Gächingen/OA Urach), Ulm, Bussen und Waldburg in Oberschwaben zuwandte. Für die genaue Berechnung der Distanzen – und daraus folgend der Fläche – waren diese unerlässlich. Außerdem existierten mit den Blättern Tübingen und Urach erste kartographische Übersichten (1800 und 1810) des zu beschreibenden Raumes, jedoch waren der Maßstab mit 1: 86.400 und die Darstellung des Reliefs noch verbesserungswürdig. Jede Karte sollte im Maßstab 1:100.000 und das Relief in der sogenannten Lehmann'schen Schraffenmanier gestaltet werden. Entsprechend den Vorgaben musste die Hangneigung mit Handhöhenmessern in 5°-Schritten erfasst und grafisch wiedergegeben werden, eine Methode, die am Albtrauf an Grenzen stieß. Die Bestimmung eines Höhenpunktes in Fuß oder Meter war zeitaufwändig und praktisch unausführbar. Es fehlte auch der Platz, der im immer dichter werdenden Schwärzungsbereich der Schraffen für die Zahlenwerte erforderlich gewesen wäre, um sie einschreiben zu können. Dies dürfte der Grund gewesen sein, warum die topographischen Übersichtskarten der Oberämter generell keine Zahlenangaben aufweisen. *Zur allgemeinen Belehrung* der Leserschaft mochte dies ausreichend sein, nicht jedoch für einen Wissenschaftler, dessen Name gleichsam als Co-Autor der naturhistorischen Kapitel für die Beschreibung des Oberamtes Reutlingen genannt wurde. Schübler dürfte diese Art der Darstellung als ungenügend empfunden haben. Hatte er doch bereits 1822 Höhenbestimmungen aus dieser Gegend publiziert, die in der zweiten Beschreibung des Königreichs von Memminger Eingang fanden und folglich verwendet hätten werden können. Dass es anders ging, bewies Schübler mit der Herausgabe der topographischen Karte, der Charte von Tübingen und Umgebungen, die Hauptmann von Gasser nach Angaben von Schübler entworfen und gezeichnet hat und welche 1834 als Beilage zur „Flora von Württemberg" erschien. (Abb. 15) Höhenangaben und topographisch-geologische Eigenheiten steuerte aber Schübler bei.

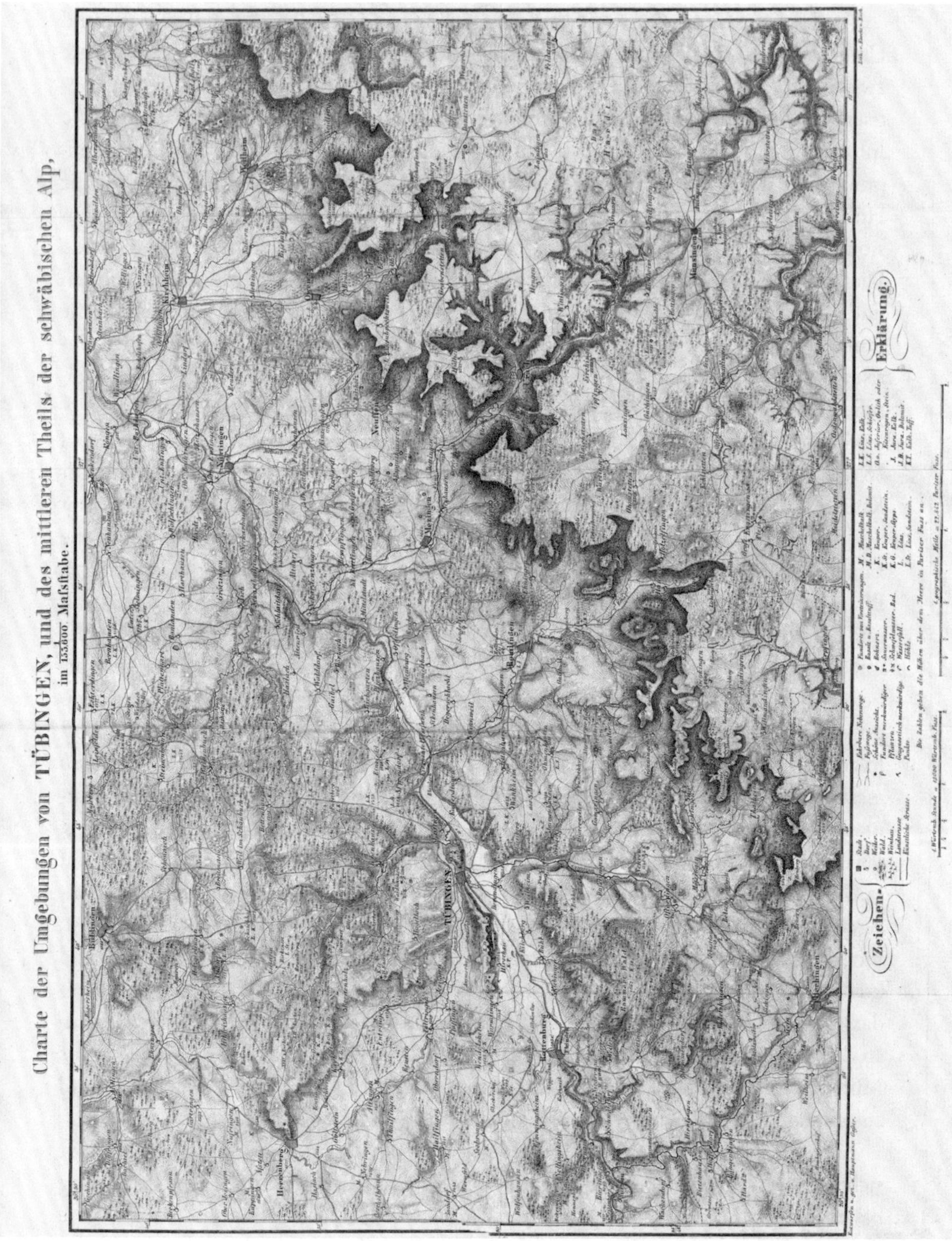

Abb. 15 Topographische Karte von Tübingen und Umgebungen, gezeichnet von Hauptmann v. Gasser, nach Entwurf von Prof. Schübler. Tübingen 1834 (Beilage zur Veröffentlichung „Flora von Württemberg“). – Vorlage und Aufnahme: UB Tübingen.

Vergleicht man die Oberamtskarte Reutlingen und die Charte von Tübingen und Umgebung, dann fallen die Unterschiede sofort ins Auge. Obwohl nur wenige Jahre zwischen beiden Karten liegen, wirkt die Charte von Tübingen und Umgebung optisch gefälliger. Sie enthält auch wesentlich mehr topographische und geologische Informationen, die in der Legende festgehalten sind. Zuvorderst sind es die Höhenpunkte, die den Unterschied augenfällig machen. Die eingetragenen Zahlen geben die Höhe der Messpunkte über dem Meer in Pariser Fuß an; damit ist die dritte Dimension und das Geländerelief, analog der *Carte en relief* von Württemberg, darstellbar. Die Entfernungen können mithilfe des Zirkels auf der Maßstabsleiste abgegriffen und berechnet werden, wobei zwei Maßstäbe angegeben sind: die Württembergische Stunde = 13.000 Württembergische Fuss, und die Geographische Meile = 22.842 Pariser Fuss. Mit Symbolen, Buchstaben, flächenhaften Signaturen werden topographische Elemente und Besonderheiten erfasst, natürlich in durchaus subjektiver Auswahl. Siedlungen sind hierarchisch geordnet gekennzeichnet, also Stadt (Quadrat), Dorf (Kreis mit aufgesetztem Kreuz, eine Kirche bezeichnend), Weiler (einfacher, kleiner Kreis), und Linien für Verkehrswege, wobei die Karte Landstraße, Künstliche Straße (doppelte, parallele Linienführung), fahrbare Nebenwege und Fußwege (einfache Linienstriche) ausweist. Besondere Symbole gelten Fundorten von *merkwürdigen* Pflanzen und Versteinerungen, geognostischen Punkten und Vorkommen, u. a. Basalt und Basalttuff, Bohnerz, Sauerwasser, Schwefelwasser, Bad, Wasserfall und Höhle; mit Großbuchstaben hält er die Geologie und die Verbreitung der Gesteine fest, arbeitete mit Symbolen und Buchstabenkürzel zur Erfassung und Erklärung topographischer Eigenheiten und der Gebirgsformationen, d. h. der Gesteins- und Schichtfolgen, z. B. Symbole für *Schöne Aussicht, Fundort merkwürdiger Pflanzen, Geognostisch merkwürdige Punkte, Fundort von Versteinerungen;* Buchstaben stehen für Gesteinsformationen: *M. = Muschelkalk, K. = Keuper, K.St. = Keuper.Sandstein, K. G. = Keuper.Gips, L. = Lias, L.St. = Lias.Sandstein, L. K. = Lias.Kalk, L. S. = Lias.Schiefer* usw., insgesamt 13 Groß-Buchstaben und Buchstabenkombinationen für die Geologie, dazu Flächensignaturen für Wald (stilisierte Bäume) und Weinbau (Rebstöcke). Das Gelände ist, um eine plastische Wirkung zu erzielen, durch senkrechte Beleuchtung mit feinen und kräftigeren (Böschungs-)Strichen je nach Steigungswinkel und Gefälle dargestellt, sodass der Albtrauf und die ihn zerschneidenden Stirntäler kräftig hervortreten, ebenso die Verebnungen und die weite Talaue des Neckars von Rottenburg abwärts bis Mittelstadt. Als Lithographie für den Schwarzweiß-Druck wurde sie vervielfältigt und zusammen mit der „Flora von Württemberg" in den Verkauf gebracht.

Als korrespondierendes Mitglied des Vereins für Vaterlandskunde konnte Schübler sich nicht der Mitarbeit bei den Oberamtsbeschreibungen entziehen. Diese Erwartung hat er auch als Autor und Gutachter von Texten erfüllt. Eigene naturwissenschaftliche Beiträge, insbesondere über die geologischen Verhältnisse, die Vegetation und das Klima des jeweiligen Oberamtsbezirks, hat er – wie erwähnt – zu den Beschreibungen der Oberämter Reutlingen (1824), Münsingen (1825), Riedlingen (1827), Rottenburg (1828), Blaubeuren (1830) und Urach (1831) beigesteuert, wie Memminger in den Schlussworten festgehalten hat. Freilich ist der genaue Umfang meist nicht ermittelbar, ebenso wenig die Begutachtung von Texten anderer Autoren der Oberamtsbeschreibungen.

Exaktere Angaben lassen sich hingegen für die von Memminger redigierten und vom Statistisch-topographischen Bureau herausgegebenen Württembergischen Jahrbücher für vaterländische Geschichte, Statistik und Topographie beibringen. In diesem landeskundlichen Mitteilungsblatt hat er etliche Aufsätze publiziert, die im Abschnitt über die Veröffentlichungen Schüblers dokumentiert sind.

9.
Der Botaniker

Wie König und Regierung die neu geschaffene Professur als im öffentlichen Interesse stehend betrachteten, zeigte sich, als Schübler am 24. August 1818 von Wilhelm I. zum ordentlichen Mitglied der *Centralstelle des königlichen Württembergischen landwirthschaftlichen Vereins* berufen wurde[212]. Er gehörte damit zu den ersten Fachleuten der Centralstelle, einer staatlichen Oberbehörde, der die Erneuerung der Landwirtschaft und landwirtschaftlichen Ausbildung in Württemberg übertragen war. Diese Ernennung bedeutete vordergründig die Anerkennung seiner bisherigen wissenschaftlichen Leistungen im Bereich der Botanik und der Landwirtschaft, zum andern aber die Notwendigkeit wissenschaftliche Erkenntnisse in die praktische Politik zur Erneuerung des Landes einzubringen und als Gutachter bei Preisfragen und Wettbewerben um die königlichen Preise tätig zu werden. In den Sitzungen der Centralstelle in Stuttgart wurde ja nicht nur gelehrt diskutiert, sondern es wurden auch konkrete Beschlüsse gefasst, die anschließend in amtliche Weisungen und Aufträge an nachgeordnete Verwaltungsinstanzen weitergereicht wurden. Rasch brauchbare Anweisungen für so genannte rationelle Landwirte waren das Ziel. Wenngleich Schübler den Sitzungen der Centralstelle in Stuttgart nicht immer Folge leisten konnte, so hat er doch von Anfang an die Tätigkeit der königlichen Staatsanstalt zur Verbesserung der Landwirtschaft mit Rat und Tat unterstützt.

Ein frühes Experiment betraf Aussaatversuche mit heimischen und fremden Getreidesorten im Tübinger Botanischen Garten, die sein Schüler Johann Ludwig Rode aus Beilstein 1818 durchgeführt und deren Ergebnisse er in seiner Dissertation veröffentlicht hatte[213]. Die Sämereien hatten Königin Katharina und Oberfinanzrat Gatterer[214] über die Centralstelle ihm zukommen lassen[215]. Mit diesen Versuchen sollte

212 Angabe in der Personalakte UAT 126/619 (Dr. Schübler 1817–1834).

213 Dissertatio inauguralis botanica sistens characteristicen et descriptiones cerealium in horto academico Tubingense et Würtembergia cultorum. Tübingen 1818.

214 Es dürfte sich um den Heidelberger Oberforstrat Christoph Wilhelm Jakob Gatterer (1759–1838), Professor der Kameralistik und Technologie handeln.

215 CWLV 1 (1822), S. 22/23.

festgestellt werden, welche Getreidesorten unter württembergischen Bedingungen höhere Erträge brächten. Nach den Hungersnöten und Missernten vergangener Jahre suchte die königliche Regierung nach Mitteln und Wegen, dass sich eine solche Notlage nicht wiederhole. Neues und höhere Ernten versprechendes Saatgut war eine Option, musste aber seine Eignung für Württemberg in Anbauversuchen erweisen. Die Resultate dieser vergleichenden Experimente im Botanischen Garten und auf dem Schaichhof im Schönbuch bei Holzgerlingen veröffentlichte er 1819 in den Annalen der Württembergischen Landwirtschaft des Freiherrn von Varnbüler unter dem Titel *Über die Weizen- und Gersten-Arten, welche in Würtemberg theils im Großen, theils im Kleinen gebaut werden*[216]. In diesem Zusammenhang verwies Schübler besonders auf die Getreideart Emmer *(Triticum dicoccum),* die er wegen ihrer geringen Ansprüche an Boden und Klima und auch wegen der kürzeren Vegetationsperiode, als äußerst wertvoll für den Anbau und den Fruchtwechsel hielt. Weil sie immer wieder wegen ihrer Ähnlichkeit mit anderen Getreidearten verwechselt wurde, gab er eine genaue Beschreibung des Emmers und fügte eine Abbildung bei. (Abb. 16). Da er die erste wissenschaftliche Beschreibung hierzu verfasste, schlug er die Bezeichnung für den in Württemberg angebauten Emmer *Triticum dicoccum Schübleri* vor, wissend, dass schon ein paar Jahre früher Franz de Paula von Schrank auf den Emmer aufmerksam gemacht hatte[217]. In Württemberg – so Schübler – besäßen aber zwei Varietäten, die vorwiegend als Sommergetreide gebaut wurden, nämlich *Triticum dicoccum album,* der weiße Emmer, und *Triticum dicoccum rufum,* der rote Emmer (eine Unterscheidung, die offenbar v. Schrank nicht kannte), den Vorzug, da sie verglichen mit ähnlichen Spelz-Getreidearten (u. a. Dinkel) reichhaltigere Erträge – sogar auf mageren Böden – und dazu feineres Mehl lieferten, insbesondere der Weiße Emmer, der in Württemberg vorwiegend als Sommerfrucht angebaut werde, liefere weißeres Mehl als der Rote Emmer, dessen Erträge aber größer seien. Heute, in Zeiten intensiver, industrieller Landwirtschaft und einer enormen Verarmung der Artenvielfalt, gewinnt der Emmer im ökologischen Landbau wieder an Bedeutung, vor allem weil er gegenüber Pilzen, bakteriellen und virosen Erregern gering anfällig ist[218].

Der Botanische Garten diente Schübler und seinen Schülern immer wieder als Experimentierfeld. So hat sein Schüler Gustav Majer beispielsweise vergleichende Düngungsversuche mit Kochsalz auf acht Beeten und mit verschiedenen Erden unternommen und dabei festgestellt, dass Kochsalz, hier in Form des aus der Saline Wilhelmshall bei Rottweil bezogenen und fein gemahlenen Pfannensteins, den Ertrag

216 Siehe Verzeichnis der Schübler'schen Veröffentlichungen.

217 Beschreibung und systematische Bestimmung der in Württemberg unter dem Namen Ehmaer (Emmer) gebauten Getreideart. (siehe unter Veröffentlichungen Schüblers); SCHÜBLER/MARTENS, Flora von Württemberg S. 46/47).

218 MIELKE/RODEMANN, Anbau und Pflanzenschutz S. 138–140.

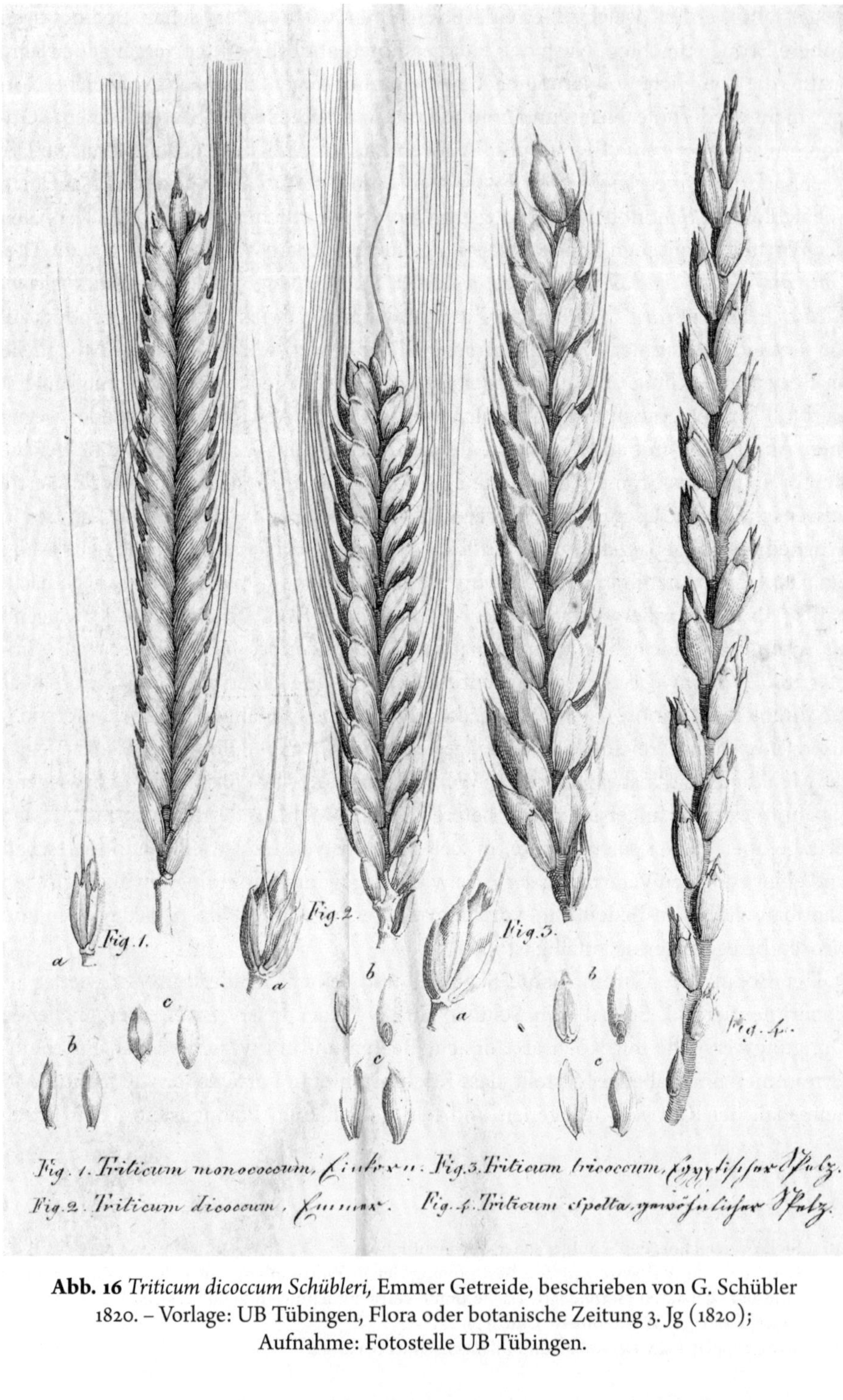

Abb. 16 *Triticum dicoccum Schübleri,* Emmer Getreide, beschrieben von G. Schübler 1820. – Vorlage: UB Tübingen, Flora oder botanische Zeitung 3. Jg (1820); Aufnahme: Fotostelle UB Tübingen.

steigert. Freilich dürfe die Dosierung der Düngergabe nicht zu hoch sein, da sonst die Gefahr besteht, dass der Boden unfruchtbar wird[219].

Bedeutsam wurde die Mitgliedschaft Schüblers in der Centralstelle auf vielfältige Weise. Nicht nur hat er Gutachten für die Centralstelle (siehe unten die optischen Instrumente von Carl Oechsle) erstellt, sondern auch die landwirtschaftliche Oberbehörde und ihre Zweigvereine mit Samen und Pflanzen unterstützt, so 1821/22 den Esslinger Arzt und Botaniker Ernst Gottlieb Steudel, der mit Tabaksamen der Sorte *Nicotina macrophylla* (großblättriger Maryland-Tabak) experimentierte und dessen Versuche so erfolgversprechend waren, dass daraus 1826 der Esslinger Tabakbauverein hervorging[220].

Abgesehen davon, hatte die königliche Behörde in ihrem Aufgabenkatalog auch die Förderung der Vaterlandskunde aufgenommen. Sie wollte damit Grundlagenwissen schaffen, das der Modernisierung der Landwirtschaft und Viehzucht dienen könnte. Im Aufruf von 1817 zur Gründung eines landwirtschaftlichen Vereins für das Königreich Württemberg, in dem die Centralstelle um tätige (d. h. aktive) Mitglieder warb, nannte sie auch Themen, die sie zu bearbeiten wünschte. Neben topographischen und landwirtschaftlichen Beschreibungen, in denen die Autoren die natürlichen und sozialen Verhältnisse einer Gemeinde oder einer Landschaft beschreiben sollten, vor allem unter dem Aspekt wie die Landbevölkerung Anbau und Viehzucht betrieb, waren auch umfassendere Studien und Darstellungen der natürlichen Lebensgrundlagen willkommen. Sie selbst hoffte auf diese Weise Kenntnisse über die Ressourcen des Landes zu erhalten und strebte in diesem Zusammenhang auch den Aufbau eines Naturalienkabinetts an, in dem nicht nur Mineralien und Petrefakten[221], sondern auch ein Muster-Herbarium der wildwachsenden Pflanzen des Königreichs gehören sollte. Das Vorhaben lief auf eine systematische Erfassung der Flora von ganz Württemberg hinaus. Bisher wurde die Botanik ja eher vom Schreibtisch aus und als prestigeträchtiges Hobby in Form schön gestalteter Herbarien (für die es Pflanzenbörsen gab) betrieben, aber kaum draußen in der freien Natur mit dem Sammeln von Pflanzen und dem Registrieren der Wuchsbedingungen, dazu oft nur lokal, kaum regional und schon gar nicht landesweit. Diesen Mangel wollte die Centralstelle für Württemberg beheben.

219 Schübler teilt diese Versuche in den Aufsätzen mit: (zusammen mit G. MAJER): Ueber die Einwirkung verschiedener Salze auf die Vegetation und die düngende Wirkung des Kochsalzes insbesondere, in: Journal für technische und ökonomische Chemie (hg. von Otto Linné Erdmann), Bd. 10 (Leipzig 1831), S. 70–78 und Ueber die Anwendung des Kochsalzes als Düngungsmittel nach Erfahrungen in den Umgebungen der Saline Wilhelmshall bei Rottweil, in: Journal für technische und ökonomische Chemie (hg. von Otto Linné Erdmann), 18 (1833), S. 366–375.

220 LOOSE, Passion und Profession S. 120.

221 Offenbar glaubte die Centralstelle, dass sich ein Überblick über die Flora Württembergs ähnlich rasch erarbeiten ließe wie die Übersicht über die Versteinerungen Württembergs nach dem gegenwärtigen Stande der Petrefaktenkunde [erschienen in CWLV 6 (1824), S. 3–91], an der auch Schübler maßgeblich mitgewirkt hat (S. 6); siehe auch ZIETEN, Versteinerungen, Vorwort.

Offenbar glaubten die Initiatoren, dass sich ein solches Pflanzenverzeichnis rasch zusammenstellen ließe, aber in diesem Punkt irrten sie gründlich.

Die Anregung zur Beschreibung der Flora Württembergs gab 1818 in einer Sitzung der Centralstelle Hofrat Johann Simon (von) Kerner (1755–1830)[222], der zusammen mit dem Sekretär des königlichen Naturalienkabinetts in Stuttgart Dr. Georg von Martens (1788–1872)[223] die Sammlungen des Ellwanger Arztes und Naturforschers Joseph Aloys (von) Frölich zu vervollständigen empfahl. Diese Initiative aufgreifend, begann die Centralstelle noch 1819 mit dem Anlegen einer Pflanzensammlung und bat Botaniker des Königreichs um Zusendung getrockneter Pflanzen, die sie dem Mitglied des landwirtschaftlichen Vereins, Georg von Martens, zur weiteren Bearbeitung übergab. Die Einsendungen brachten nicht das erhoffte Ergebnis. Im Oktober 1822 appellierte die Centralstelle daher erneut an sämtliche Botaniker des Königreichs und Mitglieder des landwirtschaftlichen Vereins, das Vorhaben einer „Flora von Württemberg" durch Einsendung von getrockneten Pflanzen und mit Notizen zur Blütezeit und zum Standort zu unterstützen[224]. Als Ergebnis und Zwischenbilanz der ersten Bemühungen veröffentlichte sie ein *Verzeichniß der bis zum Schluße des Jahres 1822 im Königreich Würtemberg beobachteten wild wachsenden Gewächse,* in dem Schübler insgesamt 1652 Arten [1173 Phan(er)ogamen und 479 Kryptogamen] auflistete[225]. Noch verlief das Sammeln der Belege und schriftlichen Unterlagen schleppend. Bis alle Materialien zusammen waren vergingen weitere Jahre und immer wieder musste die Centralstelle Bitten der Bearbeiter, Schübler und von Martens, deren Namen als verantwortliche Bearbeiter erstmals 1822 erwähnt wurden, in ihr Correspondenzblatt einrücken, in denen um Unterstützung beim Suchen und Auffinden unbekannter Pflanzen und Samen aufgerufen wurde. Am Ende bereisten die Autoren selbst die Gegenden, aus denen bisher nichts Verlässliches vorlag[226]. Auf einer solchen Exkursion fand Schübler 1821 in der Blau bei Blaubeuren eine bisher unbekannte Algenart *(Hydrurus crystollophorus Schuebleri),* die Kalkkristalle zu bilden imstande war[227]. Ein Belegexemplar dieser von ihm gefun-

222 Vgl. SMETTAN, Die handschriftlichen Aufzeichnungen S. 115–190; Kerner hatte ein achtbändiges Werk aller ökonomischen Pflanzen mit Abbildungen veröffentlicht (Stuttgart 1786–1796 veröffentlicht.

223 Vgl. die Biographie von BAUR, Georg von Martens S. 174–194.

224 CWLV 1 (1822), S. 321–332 und CWLV 3 (1823), S. 227–231 mit Beilage B.

225 CWLV 3 (1823), Beilage B, S. 229–254; die Autorschaft ergibt sich aus der brieflichen Mitteilung Schüblers an Unbekannt (d. i. mit Sicherheit Leibmedicus Frölich in Ellwangen, datiert Tübingen, 19. November 1821).

226 Siehe die Hinweise von BAUR, Georg von Martens S. 185.

227 Entdeckung einer neuen Wasserpflanze in Württemberg, in: CWLV 14 (1828), S. 188–191; Flora oder Allgemeine botanische Zeitung 10 (1827), S. 606 und 11 (1828), S. 143–144; Isis, encyclopädische Zeitung, vorzüglich für Naturgeschichte 1828, H. 5/6, Sp. 520–522; 1821 als Jahr der Entdeckung hält auch Franz FLEISCHER in seinem Vortrag bei der Jahresversammlung der Schweizerischen Gesellschaft in Aarau 1835 fest, vgl. Bemerkungen und Mittheilungen über den Hydrurus crystallophorus, in: Verhandlungen der Allgemeinen Schweizerischen Gesellschaft für die Gesammten Naturwissenschaften = Actes de la Société Helvétique des Sciences Naturelles = Atti del-

denen Algenart ist im Herbarium Tubingense der Universität Tübingen archiviert. In der zugehörigen Legende, die wohl von Schübler selbst stammt, heißt es: *Hydrurus crystallophorus. Aus der Blau bei Blaubeuren auf Geröllen des Jurakalks am Fuß der schwäbischen Alp. Juni 1828. Prof. Schübler*[228]. Aus einer anderen Notiz geht hervor, dass die Süßwasseralge auch in der Wippinger Lauter bei Blaustein gefunden wurde. (Abb. 17)

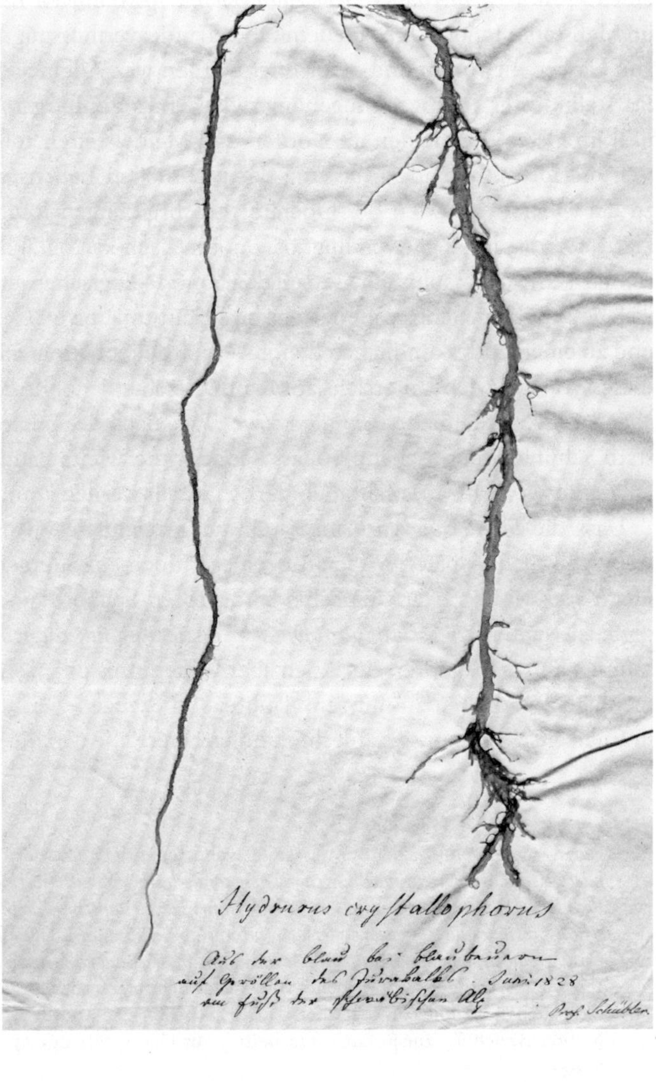

Abb. 17 *Hydrurus crystallophorus Schuebleri*, kalkbildende Süßwasseralge aus der Blau bei Blaubeuren, von Schübler im Juni 1828 dem Naturalienkabinett der Universität Tübingen übergeben, mit Unterschrift des Prof. Schübler. – Vorlage und Aufnahme: Universität Tübingen, Herbarium Tubingense.

la Società Elvetica di Scienze Naturali, 20 (1835), S. 184–174 (abgerufen am 05.03.2016 unter http://dx.doi.org/10.5169/seals-89694.

228 Universität Tübingen, Herbarium Tubingense; ein anderer Zettel von unbekannter Hand geschrieben (vielleicht Universitätsgärtner Wilhelm Hochstetter?), der wohl zu einem verloren-

Im September 1834 erschien endlich der erste Band über die Blütenpflanzen (Phanerogamen) Württembergs[229], in dem auch die Kulturpflanzen Württembergs – hier dargestellt nicht nach dem natürlichen System Jussieus, sondern nach der Systematik Linnés – verzeichnet worden sind. Jussieus System spielte lediglich in der einleitenden statistisch-topographischen Beschreibung „Geographische Verhältnisse der Flora Würtembergs" (S. VII–XXV) eine Rolle. Als Beilage erschien – wie erinnerlich – noch eine *Charte der Umgebungen von Tübingen und der mittleren Theils der schwäbischen Alp* im Maßstab 1: 153.600, die von dem Ober-Landesvermessungskommissär Hauptmann von Gasser entworfen und gezeichnet worden war. Allein an dieser topographischen Darstellung der Tübinger Umgebung zwischen Rottenburg im Westen und Kirchheim u. T. im Osten, Leinfelden im Norden und Meidelstetten auf der Alb im Süden lässt sich die fortschreitende Erfassung der natürlichen Lebensgrundlagen im Vergleich zu der Übersichtskarten der Oberamtsbeschreibungen Reutlingen und Münsingen (1824, 1826) ablesen. Sie vereinigt trigonometrisch-kartographische Exaktheit und barometrische, orographische Genauigkeit mit geologischen und botanischen Details, welche Schübler, Georg von Martens und Hauptmann von Gasser zusammengetragen und zu einer landeskundlichen Synopse verarbeitet hatten. Die Centralstelle empfahl dieses Werk für den Unterricht am Landwirtschaftlichen Institut Hohenheim und in allen landwirtschaftlichen Schulen. Zwei Tage nach der Buchvorstellung in Tübingen starb Schübler überraschend, sodass der geplante zweite Band über die Kryptogamen (blütenlosen Pflanzen) nicht mehr fertig gestellt werden konnte. (Abb. 18)

Dass die *Flora von Württemberg* ein ausgezeichnetes Grundlagenwerk war, auch wenn zehn Jahre später Willibald Lechler[230] noch ein Supplementum herausgab und Hugo von Mohl[231] zwar einerseits den Autoren Schübler und von Martens bescheinigte, sie hätten *sehr schätzbare Data in Beziehung auf die württembergische Flora* zusammengetragen, andrerseits ihnen aber Unkenntnis pflanzengeographischer Zusammenhänge vorhalten zu müssen glaubte, so bezeugen Zeitzeugen und Rezensionen in Fachzeitschriften insgesamt ihren hohen Wert[232]. Auch die Tatsache, dass 1865 eine

gegangenen Exemplar der Süßwasseralge gehörte, notiert: *Hydrurus crystallophorus lapidibus adhaerens in Blavio rivo prope Blabyram. Diese sonderbare Alge enthält eckige Crystalle von kohlensaurem Kalk im Hauptstam(m); frisch hat sie olivbraune Farbe, und einen ekelhaften Geruch; sie hat cylindrische Stäm(m)e und Aeste von gallertartiger Substanz. Zu Ende Mai 1827 fand ich sie zuerst in der Lauter bei Wippingen sparsam, nachher aber sehr häufig in der Blau zunächst bei dem Kloster zu Blaubeuren.*

229 Flora von Württemberg, bearbeitet von Gustav Schübler und Georg von Martens. Tübingen 1834; dazu auch die Studie von LEHMANN, Ernst: Schwäbische Apotheker und Apothekengeschlechter in ihrer Beziehung zur Botanik. Ein Beitrag zur Geschichte des Apothekerberufs. Stuttgart 1951, S. 29–32.

230 Supplement zur Flora von Württemberg. Stuttgart 1844 (E. Schweizerbart'sche Verlagsbuchhandlung).

231 MOHL, Hugo von: Die Flora von Württemberg, in: Jh.VVNW 1. Jg. (1845), S. 69–109.

232 Stellvertretend sei auf die Besprechung in der Flora oder allgemeinen botanische Zeitung 18. Jg. (1835), Bd. 5, H. 1, Literaturberichte S. 1–10 und auf PLIENINGER in: Jh.VVNW 1. Jg. (1845), S. 56–63

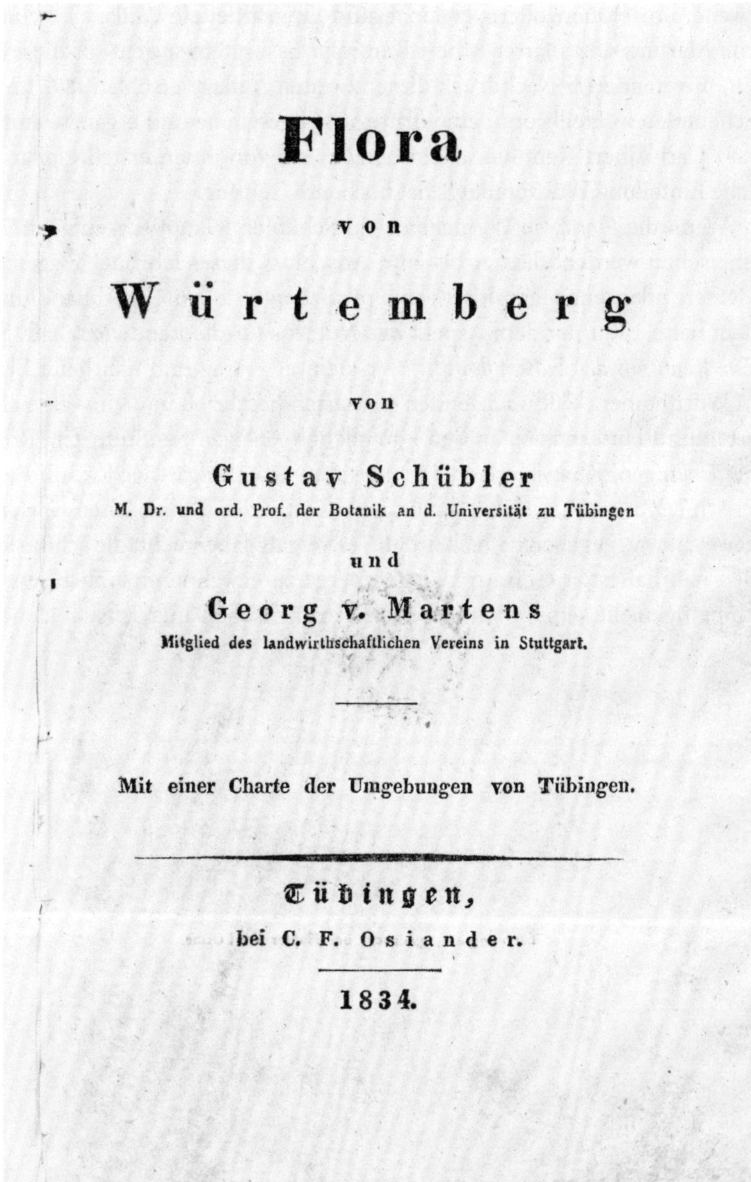

Flora

von

Würtemberg

von

Gustav Schübler

M. Dr. und ord. Prof. der Botanik an d. Universität zu Tübingen

und

Georg v. Martens

Mitglied des landwirthschaftlichen Vereins in Stuttgart.

Mit einer Charte der Umgebungen von Tübingen.

Tübingen,

bei C. F. Osiander.

1834.

Abb. 18 Titelseite der „Flora von Württemberg" von SCHÜBLER/V. MARTENS, Tübingen 1834 – (Vorlage und Aufnahme: UB Tübingen).

verwiesen; die Bedeutung Schüblers für die botanische Forschung heute unterstreicht auch der International Plant Names Index IPNI), einer internationalen Datenbank botanischer Namen für Samenpflanzen von 1998, in der sich 72 Nachweise und Berichte finden, siehe URL: http://www.ipni.org/ipni/advPlantNameSearch.do?find_includePublicationsAuthors=on&find abgerufen 19.09.2018.

zweite, um Hohenzollern ergänzte und umgearbeitete Auflage erschien, die Georg von Martens und Pfarrer Albert Kemmler besorgten, spricht für diese Einschätzung. Ein unveränderter Nachdruck dieser zweiten Auflage erschien 1872 im Verlag Albert Scheuerlen in Heilbronn; eine dritte, durchgesehene und ergänzte Auflage gab dann 1882 Carl Albert Kemmler allein heraus. Die von ihnen erstellte pflanzengeographische Einteilung Württembergs hat bis heute Geltung.

Wenn die *Flora von Württemberg* zu Schüblers Hauptwerken zählt, so sollte nicht übersehen werden, dass er bis zum Abschluss dieses lehrbuchartigen Abrisses viele kleinere pflanzengeographische und pflanzenphysiologische Abhandlungen veröffentlicht hatte, oft unter dem Aspekt des Nutzens für die Landwirtschaft. So der Aufsatz *Zur Kenntniß der Futterpflanzen*[233], in dem er Ertrag und nahrhafte Bestandteile der in Württemberg wildwachsenden Grasarten beschrieb und ein Verzeichnis der Grasarten und Futterkräuter in den königlichen Anlagen bei Stuttgart (Rosenstein, Weil bei Esslingen, Klein-Hohenheim), das ihm Oberhofgärtner Johann Baptist Wilhelm Bosch (1782–1861), welcher zuvor auch Gärtner im Botanischen Garten in Tübingen gewesen war, gegeben hatte, beifügte; er vergaß dabei nicht, die schönsten Wiesen mit den nahrhaftesten Gräsern Württembergs zu erwähnen, nämlich jene von Boll bei Göppingen, die seiner Meinung nach den englischen am nächsten kämen.

233 CWLV 6 (1824), S. 131–141.

10.
Der Meteorologe

Die Meteorologie, d.i. die Lehre von der Physik der Atmosphäre, beschäftigte Schübler seit dem Studium in Tübingen. Damals zu Anfang des 19. Jahrhunderts hatte man noch recht rudimentäre Kenntnisse von der Zusammensetzung der die Erde umgebenden Lufthülle – in der damaligen Terminologie dem Luftkreis oder Luftmeer – deren Eigenschaften und dem Zusammenwirken der einzelnen physikalischen Elemente. Auch gab es noch kein genaues Wissen über die Dichte und Reichweite der Atmosphäre, d.h., wo endet die für das Leben wichtige, mit Sauerstoff gesättigte Luft und wo beginnt der Weltraum, die Stratosphäre. Im Mittelpunkt des damaligen wissenschaftlichen Interesses standen mathematisch-theoretische Überlegungen und Modelle, etwa die Verteilung von Wärme und des Luftdrucks auf der Erde.

Alexander von Humboldt, der als weit gereister Naturforscher vielen als Begründer der physischen Geographie gilt, hat in seinem Werk „Kosmos"[234] der Lufthülle sechs verschiedene Klassen von Naturerscheinungen oder Eigenschaften zugeordnet, denen die Naturforscher ihre ganze Aufmerksamkeit zuwenden sollten, nämlich 1. der chemischen Zusammensetzung der Atmosphäre, welche für die *Diaphanität* (Durchsichtigkeit, Transparenz), die Polarisation des Lichtes und der Färbung verantwortlich sei, 2. der Dichtigkeit und des Drucks der Luft, 3. der Temperatur, 4. der Feuchtigkeit, 5. der Elektrizität und 6. der Luft als Trägerin des Schalls. Als Grundzüge des atmosphärischen Geschehens benannte Humboldt die Veränderungen des Luftdrucks, der sich täglich zweimal ändere, die klimatische Wärmeverteilung, d.h. die jahreszeitliche Temperaturänderung in den geographischen Breiten beider Erdhälften, die tägliche am Äquator und jene nach der Gebirgs- oder Meereshöhe und geographischen Breite, die Luftfeuchtigkeit und Niederschlagsverteilung sowie die Luftelektrizität. Wie alles zusammenhing und welche Wirkungen auf die belebte Welt (Mensch, Tier, Vegetation) die meteorologischen Faktoren hatten, davon hatte Humboldt schon einigermaßen präzise Vorstellungen wie die Konstruktion der Isothermen und das Vegetationsstufenmodell für die Hochgebirgskette der Anden zeigen. Humboldt teilte seine

234 Hier im 1. Buch, S. 332 ff. (= Neuedition S. 162 ff.).

Ansichten in seinem „Naturgemälde" mit, aber er wusste, dass noch Vieles zusammenkommen musste, um die meteorologischen Prozesse, soweit sie mit den damaligen Messinstrumenten überhaupt erfassbar waren, im Witterungsgeschehen einzelner Regionen hinreichend korrekt erklären zu können.

Schübler, der sich seit dem Studium mit der Luftelektrizität befasst hatte, stand wohl den Humboldt'schen Ansichten ziemlich nahe und er hoffte, dass er grundlegende Beiträge zur Meteorologie liefern könnte. Nur so ist zu erklären, warum er 1811 an Humboldt in Paris schrieb und ihn um Messwerte über die Luftelektrizität und den Erdmagnetismus bat. Ob er diese erhalten hat, ist ungewiss.

Früh jedenfalls hat er sich auch mit dem Luftdruck und barometrischen Höhenmessungen beschäftigt und daraus ganz praktische Erkenntnisse über die Höhenverhältnisse des Königreichs Württemberg erlangt. Die Höhenmessungen, die er bei seinen Exkursionen machte, gingen mit Beobachtungen der Vegetation synchron. Stets beschäftigte ihn auch die Frage, wie die die Witterung konstituierenden physikalischen Elemente Niederschlag, Temperatur und Luftelektrizität auf die Pflanzenwelt einwirken. Botanik und Meteorologie, Vegetation und Witterung, standen für ihn in raum-zeitlichen Wechselwirkungen zueinander, welche sich ganz offensichtlich im Auf und Ab der Jahreszeiten äußerten. Darüber hinaus hatte die Beschäftigung mit der Luftelektrizität, welche für die Bildung von Gewittern mitverantwortlich ist, ganz fundamentale Bedeutung, und zwar in einer Weise, der letztlich Württemberg den Beginn der systematischen Wetterbeobachtung zu verdanken hat.

10.1 Gründer des Meteorologischen Vereins in Württemberg (1824)

Die engen Beziehungen Schüblers zur Centralstelle äußern sich des Weiteren bei der Gründung des Meteorologischen Beobachter-Vereins für Württemberg. Die Anregung dazu gaben 1820 eine Anfrage der Naturforschenden Gesellschaft in Halle a. d. Saale und der Wunsch des Würzburger Professors Johann Schön (1771–1839), die Centralstelle des landwirtschaftlichen Vereins und Schübler möchten Wetterbeobachtungen, besonders Angaben zur Gewittertätigkeit und -häufigkeit, aus Württemberg für naturhistorische Darstellungen Deutschlands zur Verfügung stellen. Vorausgegangen war ein meteorologischer Vortrag von Professor Schweigger[235] in Halle im März 1820, der dazu aufforderte, unter dem Schirm der dortigen naturforschenden Gesellschaft einen Verein zur Beobachtung der Gewitter zu gründen. Naturwissenschaftler und naturwissenschaftliche Gesellschaften sowie landwirtschaftliche Vereine Deutschlands sollten Beobachtungen über die Bildung und den Zug von Gewittern mitteilen, um

235 Johann Salomo Christoph Schweigger (1779–1857), Physiker und Chemiker [NDB 24 (2010), S. 46–47, Autor: Horst Kant].

eine Karte zeichnen zu können, aus der hervorgehen sollte, wo Gewitter überhaupt auftreten und wo sie besonders heftig wüten[236].

Allgemein bestand damals ein großes Interesse an verlässlichen Witterungsaufzeichnungen. Der Landmann vertraute auf seinen Kalender mit den hundertjährigen Wetterprophezeiungen, hatte seine Bauernregeln und Lostage, an denen er die Feld- und Erntearbeiten ausrichtete. Ähnlich wie bei der Berechnung des Ostertermins, welcher sich am ersten Sonntag nach dem Frühjahrsvollmond orientierte, glaubte man zudem an zyklisch wiederkehrende Wetterlagen. Ähnliche Abfolgen im Wettergeschehen schienen diese Ansicht zu bestätigen. Mal trafen sie zu, mal lagen sie falsch und machten oft im Vertrauen darauf alle Anstrengungen, eine gute, sichere Ernte einfahren zu können, zunichte. Ungebrochen blieb aber die Zuversicht, dass es gelingen werde, verlässliche Beobachtungen im Tier- und Pflanzenreich zu gewinnen, mit deren Hilfe hinreichend genaue Wettervorhersagen möglich würden. Gepriesen wurde die Spinne als die beste Wetterprophetin, auf die man sich *bei weitem mehr als auf ein Barometer, Thermometer oder anderes dergleichen Instrument verlassen*[237] zu können glaubte. Gegen Spinnen gab es aber in der ländlichen Bevölkerung (und nicht nur bei ihr) allerlei Vorbehalte. Auch fehlten umfassende Beobachtungen zum Verhalten von Spinnen, obendrein welche Spinnenart dafür die geeignetste wäre, sodass vorhersehbar war, dass ein derartiger biologischer Indikator nicht zum ersehnten Ziel verlässlicher Wettervorhersagen führen würde, denn insbesondere Warnungen vor heranziehenden Gewittern konnten Spinnen zum Beispiel nicht liefern. Abhilfe versprachen sich die Naturforscher von nach einheitlichen Kriterien erhobenen Daten und hinreichend langen Beobachtungsreihen einzelner Witterungselemente wie Luftdruck, Temperatur und Niederschlag.

Von der Nützlichkeit solcher Daten waren viele überzeugt. Es gab Überlegungen, ob auch universitär ausgebildete Beamte künftig in der Lage sein sollten, meteorologische Angaben zu verstehen und bei der Steuererhebung zu berücksichtigen. Der erste Tübinger Professor der Kameralwissenschaften, Friedrich Carl Fulda, griff diese Frage in seiner akademischen Antrittsrede 1798 auf und meinte, dass die Meteorologie für die Landwirtschaft und überhaupt für die Kameralwissenschaften insgesamt wichtig sei, weil Wohlstand und Nationaleinkommen ganz wesentlich vom Wettergeschehen abhängig sind[238]. Die Kenntnis meteorologischer Vorgänge könne auch die Preisentwicklung auf den Getreidemärkten und die Vorsorge des Staates sowie die Steuerberechnung beeinflussen.

236 SCHWEIGGER, Ueber Gewitter, Wolken und Stürme S. 353–363 (mit Aufruf der Naturforschenden Gesellschaft zu Halle a. d. S. vom 25. März 1820); weitere Nachrichten über diese Gesellschaft, in: Journal für Chemie und Physik Bd. 29 (1820), S. 261–274.

237 So im Titel der Schrift von Joseph SCHMIDT aus dem Jahr 1800, der sich auf Beobachtungen des Franzosen Quatremere Disjonval stützt.

238 UAT 126/186, n. 2 (Inaugural-Rede: De meteorologiae in agricoltura usu et abusu, gehalten am 19. April 1798).

Schübler, der bereits 1815 in der medizinischen Topographie von Stuttgart über das Klima und dessen Einfluss auf Mensch und Natur[239] geschrieben und in den Württembergischen Jahrbüchern Berichte über Witterung, Fruchtbarkeit und Lebensmittelpreise veröffentlicht hatte[240], schien der Centralstelle des landwirtschaftlichen Vereins der richtige Fachmann zu sein; sie bat ihn um eine Stellungnahme. Dieser musste aber bekennen, dass derlei Beobachtungen und vor allem Messwerte nur von Stuttgart und Tübingen[241] existierten, nicht aber aus anderen Landesteilen. Die Klimawerte Stuttgarts, veröffentlicht im Schwäbischen Merkur, waren zudem inhomogen, weil sie mit verschiedenen Messinstrumenten gewonnen worden waren. Ähnliches gilt auch für die von dem Tübinger Professor der Katholischen Theologie Johann Sebastian (von) Drey (1777–1853) gesammelten meteorologischen Beobachtungen von seinen jeweiligen Dienstorten Rottweil, Ellwangen und Stuttgart, die er 1806 begonnen und 1816 beendet hat[242]. Diesen Mangel galt es fortan zu beseitigen. Schübler regte an, Mitglieder des landwirtschaftlichen Vereins zu bitten, mit einheitlichen und genormten Messgeräten (Thermometer, Barometer, Hygrometer) Wetterdaten zu festgelegten Zeitpunkten erheben zu lassen.

Und so geschah es! Im Frühjahr 1823 veröffentlichte die Centralstelle erstmals Namen von Wetterbeobachtern, die Messwerte für 1822 geliefert hatten und welche von ihr an Schübler weitergeleitet wurden[243], der sie auswertete und die Resultate publizierte. Ein erster Schritt war getan, der zweite folgte im Dezember 1823, als die Centralstelle die Mitglieder des landwirtschaftlichen Vereins auch zu umfassenderen Wetter-

239 Versuch einer medizinischen Topographie der königlichen Haupt- und Residenzstadt Stuttgart, Vorwort.

240 Für 1819 siehe WJbb) Jg. 3/4 (1821), S. 3–9; für 1820 und 1821 in WJbb Jg. 5 (1822), S. 177–187; für 1822 in WJbb 6. Jg. (1823), S. 1–14 usw.

241 Für Tübingen hat Prof. Bohnenberger ab November 1814 meteorologische Beobachtungen in den Tübinger Blätter(n) für Naturwissenschaften und Arzneykunde, 1 (1815), 1. Heft, Nr. 5 und nachfolgende Hefte publiziert; die handschriftlichen Tabellen mit dem „Meteorologische Beobachtungen von Prof. Bohnenberger angestellt auf dem Schloß zu Tübingen" vom 1. Januar 1815 bis 26. Juli 1828 sind unter der Internet-Adresse: http://idb.ub.uni-tuebingen.de/diglit/Md22/0005 einsehbar; für Stuttgart sind im Schwäbischen Merkur ab 1785 Klimadaten veröffentlicht; einzelne Barometerstände und Thermometermessungen in Fahrenheit sind schon für Stuttgart 1755 vorhanden, allerdings inhomogene Erhebung [Physikalisch-ökonomische Wochenschrift Bd. 1 (Stuttgart 1756)], col. 471, 565, 621); dies gilt auch für die meteorologischen Beobachtungen von Pfarrer Bohnenberger, dem Vater von Prof. Bohnenberger, der von Mai 1770 bis 19. Februar 1807 für Simmozheim, nach der Versetzung aber für Altburg bei Calw schriftliche Witterungsnotizen anfangs nur mit Barometerstand, ab Januar 1779 mit Temperaturangaben überlieferte (UB Tübingen, Handschriften/Alte Drucke, Signatur Md 21. – Trotz des Titels verzeichnet KLEMM (1979), S. 11–12 keine historischen Wetterdaten vor 1800 oder gar 1700, sondern er stützt seine Abhandlung über die Entwicklung der meteorologischen Beobachtungen in Südwestdeutschland auf verschiedene Abhandlungen Schüblers, besonders auf den Aufsatz über historische Nachrichten zum Weinbau im CWLV 19 (1831).

242 Vgl. KUSTERMANN (Hg.), Revision, Anhang S. 333 (Meteorologische Schriften, zusammengestellt von Eugen Fesseler).

243 CWLV 2 (1822), S. 414 und CWLV 3 (1823), S. 166–170.

beobachtungen aufrief[244]. Tatsächlich erklärten sich 19 Personen bereit mitzuwirken, darunter 10 korrespondierende Mitglieder des landwirtschaftlichen Vereins (die übrigen neun wurden bald darauf ebenfalls zu Mitgliedern berufen). Allerdings wurde von ihnen erwartet, dass sie sich auf eigene Rechnung entsprechende Instrumente beschafften. (Abb. 19)

Die Namen und Wohnorte der Wetterbeobachter verraten, dass es gelungen war fast alle Naturräume und Abflussgebiete des Königreichs Württemberg mit einem Netz ständiger Beobachter zu erfassen, auch wenn noch Lücken in Oberschwaben bis hin zum Bodensee existierten und hin und wieder durch den Abgang eines Zeugen (z. B. Versetzung eines Pfarrers oder Beamten, Tod) Diskontinuitäten und Zäsuren eintraten. Auf Abgänge reagierte aber die Centralstelle umgehend und so konnte die eingetretene Lücke mit einem Beobachter in der Nähe meist rasch geschlossen werden. Doch ausgerechnet in Tübingen, in der Universitätsstadt, wo das gesamte Unternehmen seinen Ausgang genommen hatte und die Universität als informeller Mittelpunkt des Vereins galt, wollte nach dem Tod von Bohnenberger († 1831) und Schübler († 1834) niemand diese Aufgabe mehr übernehmen, wie Theodor Plieninger, damals wissenschaftlicher Sekretär der Centralstelle, 1847 beklagte. Es müsse doch im Vergleich zu anderen Universitäten wie München, Jena, Halle, Berlin und Leipzig einer Universitätsstadt unwürdig sein, dass von hier keine zuverlässigen Beobachtungen mehr vorlägen[245].

Um alle Beobachtungen miteinander vergleichen zu können, bedurfte es einer Anleitung, wann, wie, womit und welche Wetteraufzeichnungen vorzunehmen seien. Schübler folgte hier sehr wahrscheinlich den Vorgaben der 1786 gegründeten Pfälzischen meteorologischen Gesellschaft *(Societas Meteorologica Palatina)*[246], welche erstmals ein europaweites Mess- und Netzwerk zu knüpfen verstand und u. a. Beobachtungszeitpunkte, die *Mannheimer Stunden,* festlegte. Aufzuzeichnen waren Schübler zufolge Temperatur (in Grad Réaumur), Luftdruck (Barometerstand), Niederschlag (Pariser Kubikzoll pro Quadratschuh), Himmelsbedeckung, Windrichtung und -stärke sowie phänologische Zustände und Ereignisse aus dem Pflanzenreich wie knospen, blühen, Laub schieben, Reife und Ernte verschiedener Früchte sowie aus dem Tierreich Ankunft und Abzug bestimmter Zugvögel und ungewöhnliche Vermehrung „schädlicher“ Tiere [Mäuse, Hamster, Insekten (u. a. Maikäfer)]. Die täglichen Ablesetermine wurden im Sommer auf 6 Uhr morgens, im Winter zu Sonnenaufgang, mittags um 14 Uhr und abends auf 22 bzw. 21 Uhr festgesetzt. Alle Werte mussten in eine Monatstabelle (meteorologisches Journal) eingetragen und an die Centralstelle

244 CWLV 4 (1823), S. 366–370.

245 Einundzwanzigster Jahresbericht über die Witterungsverhältnisse in Württemberg. Jahrgang 1845, in: Jh.VVNW 2. Jg. (1847), S. 262.

246 In einem undatierten Brief von Ende 1827/Anfang 1828 erwähnt er ausdrücklich die Mannheimer Ephemeriden, aus denen er Beobachtungswerte für seine Zwecke entnahm.

eingesendet werden[247]. Die Bedeutung der Vorgaben liegt darin, dass erstmals mithilfe klar definierter Begriffe und einheitlich genormter Messinstrumente die Meteorologie als naturwissenschaftliche, physikalische Disziplin sich von der Naturgeschichte emanzipierte. Das Wettergeschehen als Physik der Atmosphäre zu verstehen war ja bisher nicht selbstverständlich, sondern viele sahen Blitz und Donner, Wind und Stürme, extreme Hitze und Kälte, Dürre und Überschwemmungen als himmlische Zeichen und Gottes Wirken auf Erden, dem sich die Menschen unterzuordnen hätten. Mithilfe genormter Messinstrumente konnten aber ganz andere Abhängigkeiten für jedermann wissenschaftlich nachvollziehbar erfasst und beschrieben werden, welche Zweifel am göttlichen Wirken weckten. Selbst für Wetterphänomene, für die es noch keine Instrumente und Regeln zur exakten Erfassung gab, wie für die Analyse der Transparenz der Atmosphäre (Dunst, Luftfeuchte, Wind, Bewölkung, Wolken, Strahlung und andere Himmelserscheinungen), wurden nun genaue Definitionen geliefert, die hilfreich für die Aufzeichnung meteorologischer Erscheinungen waren.

In diesen ersten systematischen Aufzeichnungen ist der Beginn der regelmäßigen und landesweiten Wetterbeobachtung nach einheitlichen Kriterien in Württemberg zu sehen, auch wenn es formal betrachtet noch keinen meteorologischen Verein mit Statuten für das Königreich gegeben hat. In der Rückschau wird aber von der Centralstelle das Jahr 1824 als Beginn der landesweiten Wetterbeobachtungen genannt und Schübler als deren Initiator[248], sodass 1824 als das Gründungsjahr dieses ganz speziellen Partikularvereins der Centralstelle gilt. Die Centralstelle anerkannte in einem mit „Dank und Anerkennung" überschriebenen Artikel vom 1. Dezember 1825 die Leistungen der 20 namentlich genannten Männer, die sich zu Witterungsbeobachtungen „vereinigt" hatten und deren Resultate Schübler in Tübingen – *der überhaupt in stets thätiger Mitwirkung sich vielfach um das Correspondenzblatt verdient macht* – jährlich zusammenstellte und welche zu den *stehenden Artikeln des Correspondenzblatts* gehörten[249].

Die veröffentlichten Witterungsberichte haben auch Mitglieder des landwirtschaftlichen Vereins in den Oberämtern angeregt, ihrerseits phänologische Beobachtungen anzustellen und zusätzliche Messwerte zur Verfügung zu stellen, die ab 1834 im

247 CWLV 5 (1824), S. 373–378 und CWLV 6 (1824), S. 95–96.

248 So Professor Theodor Plieninger, wissenschaftlicher Sekretär der Centralstelle, in der *Beschreibung von Stuttgart, hauptsächlich nach seinen naturwissenschaftlichen und medicinischen Verhältnissen: eine Festgabe der Stadt-Gemeinde Stuttgart zur Begrüßung der deutschen Naturforscher und Ärzte bei ihrer zwölften Versammlung im September 1834. Stuttgart 1834,* S. 22 und in *Ueber den gegenwärtigen Standpunkt der vaterländischen Naturkunde Württembergs, vorgetragen bei der 1. Zusammenkunft des Vereins zu wissenschaftlichen Vorträgen am 23.12.1844* in: Jh.VVNW 1. Jg. (1845), S. 56–63, hier besonders S. 63 und im 21. Jahresbericht über die Witterungsverhältnisse in Württemberg, in: Jh.VVNW 2. Jg. (1847), S. 259–266 (Vorbemerkung), dort auch das Jahr 1820, in dem die Centralstelle die Mitglieder des landwirtschaftlichen Vereins zur Gewinnung von Wetterbeobachtungen aufforderte; siehe auch GÜLL, Der meteorologische Dienst. S. 48–53.

249 CWLV 8 (1825), S. 356 mit Anm. **.

Landwirtschaftlichen Jahresbericht aus Württemberg als Hintergrundinformationen für die oft stark divergierenden Ernteergebnisse dienten. Im Hohenheimer landwirtschaftlichen Wochenblatt hat Prof. Riecke sie anhand von eingesendeten Mitteilungen jeweils in den Dezemberausgaben veröffentlicht und die Namen der Helfer genannt. Es handelt sich stets um „rationelle Landwirte", ausgebildet zumeist in Hohenheim, und Mitglieder/Vorsitzende von landwirtschaftlichen Vereinen, u. a. die Gutspächter Gustav Horn auf dem Möhnhof (OA Aalen) und Gustav Walz auf dem Schweizerhof (OA Aalen), Immanuel Friedrich Gottlieb Reinhardt auf dem Berkheimer Hof (OA Leonberg) und der königliche Domänenpächter Emil Stockmayer (1801–1891) aus Lichtenfeld (OA Saulgau)[250]. Aus diesen Notizen ist zu erfahren, dass während des Sommers 1834 außer im Schwarzwald und auf der Westalb kein Landregen fiel und eine ungewöhnliche Dürre herrschte; der Wassermangel führte zu Futterarmut und das Sommergetreide hatte nur kleine Körner, immerhin gab es guten Wein und reichlichen Obstsegen im Land.

Schübler war also der Meteorologe im Königreich Württemberg. Die eingesandten Listen dienten ihm zu weiteren wissenschaftlichen Analysen, vor allem weil er glaubte, durch Zusammenschau überregionaler Beobachtungen Gesetzmäßigkeiten des Wetterablaufs aufdecken zu können. Er sammelte darüber hinaus Wetterdaten aus ganz Europa, wie sie in Zeitschriften mitgeteilt wurden, und wertete die Literatur aus, berechnete Mittelwerte und machte sie zur Grundlage seiner jährlichen Witterungsberichte. Um Lücken in den Wetteraufzeichnungen zu schließen, nutzte er seine Kontakte zu auswärtigen Kollegen und äußerte entsprechende Bitten um Wetter- und Klimaaufzeichnungen, so in Briefen an die Professoren Schrön in Jena, Pfeil in Eberswalde/Berlin, Schön in Würzburg, Herrenschneider in Straßburg/Elsass und v. Martius in München. In seinen Witterungsberichten und sonstigen meteorologischen Abhandlungen schilderte er ausführlich Anzahl und Verlauf von Extrem-, Niedrigst-, Höchst- und Mittelwerten einzelner Klimaparameter und hielt so regional und überregional das Wettergeschehen fest, blickte auch über die Grenzen des Königreichs, um Besonderheiten des Witterungsverlaufs festzuhalten, fügte Tabellen und Thermometerskalen (Réaumur/Celsius/Fahrenheit) bei, aus denen sich jeder schnell und präzise über die Witterung einzelner Orte und Landschaften informieren konnte. Besonders wichtig war ihm die mittlere Temperatur während der Vegetationsperiode (1. März bis 31. Oktober), weil daraus auf die Qualität der Inhaltsstoffe von Früchten wie z. B. auf den Zuckergehalt in den Weintrauben geschlossen werden konnte. Er folgte damit dem Beispiel des Würzburger Professors Schön, der mithilfe von Referenzjahren und Temperaturmittelwerten auf den Zusammenhang von Wärme und Ertrag (Menge und Zuckergehalt) sowie Preisgestaltung im Weinbau aufmerksam ge-

250 Wochenblatt für Land- und Hauswirthschaft, Gewerbe und Handel 1. Jg. (1834), Nr. 43, S. 169–170 und Beilage zu Nr. 43, S. 24; LOOSE, Emil Stockmayer S. 60–61.

macht hatte. Für Würzburg und den mainfränkischen Weinbau war das Jahr 1811 ein solches Referenzjahr mit einer Mitteltemperatur während der Vegetationsperiode von 14,86° Ré (= 18,57 °C) und mit einer guten Weinmostqualität, hingegen war 1816 mit 11,14° Ré (= 13,92 °C) und Null Güte des Mostes ein absolutes Misswachsjahr.

Neben diesem Aspekt für Ernteabschätzungen können die Klimaaufzeichnungen selbstverständlich auch zur heute sehr aktuellen Frage des Klimawandels einen Beitrag leisten, vor allem wie die Klimaentwicklung seit der ersten Hälfte des 19. Jahrhunderts bis heute in Württemberg ablief. Wann gab es heiße Sommer mit extremer Trockenheit und Dürre und daraus resultierend Futtermangel, Missernten und Versorgungsengpässe mit Brotgetreide? Und wann traten nasse, feucht-kühle Sommer auf, die nicht nur ebensolche Folgen für die Bevölkerung hatten, sondern auch die Ausbreitung von Seuchen wie Typhus, Frieselfieber und Cholera begünstigten und damit an die staatliche Gesundheitsfürsorge und öffentliche Infrastruktur hohe Anforderungen stellten?

Ein extremes Witterungsereignis, das damals auch in den Zeitungen große Beachtung fand, sei beispielhaft geschildert.

10.2 Die Unwetterkatastrophe Ende Oktober/Anfang November 1824

Der erste umfassende Witterungsbericht stammt also aus dem Jahr 1824[251]. Klimatologisch gesehen war es in Württemberg ein eher kühles und niederschlagsreiches Jahr, auch mit vielen Gewittern. Die den Sommer ankündigende Traubenblüte verspätete sich; im unteren Neckartal (Heilbronner Raum) ging sie erst am 25. Juli zu Ende; die Blüte in vorgerückter Jahreszeit verhieß keine guten Ernteaussichten, schrieb Schübler. Tatsächlich wurde in den meisten Weinbaugegenden erst am 25. Oktober mit der Weinlese begonnen und nach Menge und Güte fiel sie gering aus, wozu auch sicherlich die ungewöhnlich starken Niederschläge Ende Oktober/Anfang November beigetragen haben, welche ganz Südwestdeutschland teilweise extremes Hochwasser mit großflächigen Überschwemmungen sowie immensen Zerstörungen bescherten.

Dieses außergewöhnliche Witterungsjahr zeitigte schon im Sommer heftige Gewitter am oberen Neckar und im Schwarzwald. Die Regierung des Schwarzwald-Kreises forderte entsprechende Berichte aus den Oberämtern an und unterrichtete das Innenministerium. Am 30. Juli starben zwei Personen vom Blitz getroffen, die Oberämter Urach, Tübingen, Rottenburg, Herrenberg und Sulz beklagten den teilweisen oder gänzlichen Verlust der Ernte; am 12. August und 3. September vernichteten weitere Gewitter in der schon bedrängten Gegend das, *was durch das Gewitter vom 30. Juli verschont geblieben war.* Der Beamte hielt noch fest, dass die Gewitter *vielen guten Boden aus den Aekern und Weinbergen fortgeschwemmt* haben; *zu wünschen ist, dass die Leute*

251 Allgemeine Resultate über die Witterung des Jahres 1824, in: CWLV 8 (1825), S. 3–39.

einen Blitzschutz nach dem System des Franzosen Lapostolle errichteten[252]. Diese Empfehlung zeigt, dass der Beamte etwas aus den öffentlichen Blättern aufgeschnappt hatte und sein Ratschlag gut gemeint war, aber keine wirkliche Hilfe darstellte, denn Lapostolle wollte Blitze und Hagel mit Strohseilen ableiten[253]. Besser wäre gewesen, die Regierung in Stuttgart zur Errichtung einer solidarischen Unwetter- und Hagelversicherung aufzufordern.

Die Gewittertätigkeit hielt bis in den Herbst an. Auch das Unwetter Ende Oktober/Anfang November kündigte sich mit schweren Gewittern am 26. Oktober an und brach von Südwesten kommend am 29. Oktober los. 36 Stunden schüttete es ununterbrochen, die Bäche und Flüsse traten über die Ufer und rissen alles mit, was sich der Flut in den Weg stellte.

Dieses außergewöhnliche Witterungsereignis animierte Schübler zu einer gesonderten Untersuchung, in der er anhand der eingegangenen Wetterbeobachtungen und der Schadensmeldungen die Gebiete mit den meisten Gewittern, höchsten Regenmengen und Schäden festzustellen versuchte[254]. Bei diesem Unwetter war dies zweifellos der Nordschwarzwald, wo vom 29. bis 30. Oktober 1824 allein in Freudenstadt 1.044 Kubikzoll/Quadratschuh (ca. 207,08 Liter auf ca. 0,82 m^2 oder 252,5 Liter/m^2) Regen fiel, während Tübingen lediglich 480 Kubikzoll (95,2 Liter) registrierte, im Mittel waren es 664 Kubikzoll (ca. 131,7 Liter) innerhalb von 36 Stunden. Die heftigsten Verwüstungen richteten die Starkregenfälle im Enz- und mittleren Neckartal an (OÄ Freudenstadt, Oberndorf, Nagold, Neuenbürg, Besigheim, Vaihingen, Ludwigsburg, Maulbronn, Neckarsulm); sie verursachten Erdrutsche und hinterließen tiefe Spülrinnen in Äckern und Weinbergen, die Wassermassen rissen Holzstämme mit sich und brachten Brücken zum Einsturz. Die auf die Quadratmeile gefallene Regenmenge berechnete Schübler mit 219.590 Kubikklafter (ca. 0,15 km^3). Entsprechend hoch waren die Abflussmengen, u. a. in Plochingen 1.010 m^3/s am 29.10.1824, in Lauffen 1.800 m^3/s am 30.10.1824[255].

Betroffen von den Starkregenfällen und Überschwemmungen waren auch angrenzende Regionen beiderseits des Rheins, also das Elsass mit Vogesen[256] und vor allem der mittlere und nördliche Schwarzwald im Großherzogtum Baden, wo am Zusam-

252 HStAS E 141, Bd. 120 (Gewitterschäden 1807–30).

253 Alexandre Ferdinand Léonce Lapostolle, *Über Blitz- und Hagelableiter aus Strohseilen* 1821; vgl. dazudie Ansicht der Centralstelle des landwirthschaftlichen Vereins über die Lapostolle'schen Hagelableiter, in: CWLV 7 (1825), S. 267–276 (mit Abdruck des Gutachtens von Professor Kielmeyer); nebenbei bemerkt hat sich die Centralstelle später der wohlfeilen Anfertigung von Blitzableitern in einer eigenen Schrift gewidmet; PLIENINGER: Blitzableiter.

254 Über die ungewöhnlichen Ueberschwemmungen zu Ende Oktobers des vorigen Jahres (i. e. 1824) und die dabei in verschiedenen Gegenden Württembergs gefallene Regenmenge, in: CWLV 7 (1825), S. 191–198; dazu auch WEBER (1825), S. 34–59.

255 SCHÖNNAMSGRUBER, Weitere Beobachtungen S. 23; BEHRENDT, Historische Hochwassermarken S. 14–22.

256 Neckar-Zeitung Nr. 305 von Sonnabend, 6. November 1824, S. 1233.

menfluss von Enz, Nagold und Würm in Pforzheim die höchsten Hochwasserstände von 1783 überschritten wurden[257], nämlich 12 bis 13 Fuß (ca. 3,50 m) über dem Mittelwasser, aber auch Kinzig und Schiltach sowie die Murg setzten meterhoch Felder, Gebäude und ganze Siedlungen unter Wasser[258]. Die Wassermassen flossen einerseits über die Donau und andrerseits über die Feldberg-Flüsse Wutach, Wehra und Wiese in den Hochrhein sowie über den Neckar in den Oberrhein ab. Die Hochwasserwelle erreichte Mannheim schon am 1. November, vernichtete in den dortigen Lagerhäusern Güter wie Kaffee, Zucker und Baumwolle, die den Rhein heraufgekommen waren. Die finanziellen Verluste waren in den Schwarzwaldtälern groß, hielten sich aber an der Mündung des Neckars in den Rhein insgesamt in überschaubaren Grenzen, weil der Rhein zu dieser Zeit noch nicht begradigt war und das Hochwasser sich in der weiten Flussaue verteilen konnte. (Abb. 20)

An der Donau, darauf soll noch besonders aufmerksam gemacht werden, verringerte sich die Abflussmenge im Abschnitt Riedlingen – Ulm auffällig; sie blieb in Riedlingen, Obermarchtal, Munderkingen und Rottenacker unter den Hochwasserständen von 1778 und 1784, ein Phänomen, das die Beobachter auf die kaum veränderten Abflüsse der von der Schwäbischen Alb kommenden Donauzuflüsse zurückführten[259]. Das verkarstete Mittelgebirge fungierte während der Unwetterkatastrophe gleichsam als Regenrückhaltespeicher, der nach und nach den Regenüberschuss an die Vorfluter abgab.

Das Hochwasser forderte Menschenleben und richtete große Verwüstungen und Schäden an, die in die Millionen Gulden gingen (die Rede ist von 2,5 Mio. fl allein für Württemberg)[260]. Die Lektüre der Schwäbischen Chronik[261] gewährt Einblick in die Not der vom Unglück betroffenen Bevölkerung. Von individuellen Schicksalen abgesehen ist besonders die tagelange Unterbrechung der Verkehrswege und Kommunikation der einzelnen Landesteile mit der Haupt- und Residenzstadt Stuttgart zu nennen. Da keine Boten ankamen und auch keine Postkurse mehr verkehrten oder nur auf Umwegen mit großer Verspätung nach Stuttgart gelangten, – Brücken und Stege waren von den reißenden Fluten weggespült worden –, konnte sich die Regierung kein Bild von der Lage machen. Das Pioniercorps aus Ludwigsburg rückte zwar aus und

257 WUCHERER, Überschwemmung S. 472 ff.

258 Vgl. Hans HARTER: „Dass auch die Brunnen der Tiefe sich aufgetan …". Das Hochwasser im Oktober 1824. (Vortrag im Historischen Verein für Mittelbaden e.V.; Mitgliedergruppe Schiltach/Schenkenzell am 22. Oktober 2015 (www.geschichte-schiltach.de/files2015-10-22-Hans_harter-Hochwasser_1824.pdf).

259 WEBER, Die große Überschwemmung S. 42–43.

260 Die Summe von 1 Mio. Gulden nannte der Präsident der Centralstelle des landwirtschaftlichen Vereins v. Hartmann im Aufsatz: Ueber Hagel-Versicherungs-Anstalten, in: CWLV 16 (1829), S. 47; tatsächlich beliefen sich amtlichen Quellen nach die Schäden auf 2.551. 689 Gulden (WJbb Jg 1825, H. 1, S. 54.

261 Schwäbische Chronik vom 31. Oktober 1824, S. 773; in jeder weiteren Ausgabe veröffentlichte die Redaktion meist eingesandte, namentlich nicht gezeichnete Berichte aus dem ganzen Land.

die Soldaten konnten nach und nach Brücken und Straßen notdürftig instandsetzen und für leichte Fahrzeuge wieder passierbar machen, aber die Bevölkerung blieb sich selbst überlassen. Zwar wurde in den Zeitungen um mildtätige Beiträge und Spenden gebeten[262] und es wurde auch ein Benefiz-Konzert der königlichen Hofkapelle im Redouten-Saal zugunsten der Hochwassergeschädigten gegeben und dabei das Oratorium „Die Schöpfung" von Joseph Haydn aufgeführt[263], aber das reichte bei Weitem nicht, um Häuser und Wohnungen bis zum Winter wieder aufzubauen und bewohnbar zu machen.

Die Berichterstattung über diese Unwetterkatastrophe ließ niemand kalt. In Karlsruhe gab der Großherzog 25.000 fl frei, um die augenblickliche Not zu lindern[264]. Die *evangelische und katholische Kirchen-Ministerial-Section* des Großherzogtums rief zu einer allgemeinen Kollekte (Geld und Lebensmitteln) in den Gottesdiensten für die durch Wasserschaden Verunglückten auf[265]. In Württemberg wurde – wie gesagt – zu Spendensammlungen aufgefordert und innerhalb eines Monats kamen über 23.000 fl zusammen[266]. In Stuttgart zeigte König Wilhelm I. persönliches Mitgefühl. Er machte sich im Frühjahr 1825 in die Unwetterregion auf, um sich selbst eine genaue Anschauung von den Zerstörungen im Enz- und Murgtal zu machen. Sein Reiseweg führte zunächst ins Oberamt Maulbronn nach Dürrmenz/Mühlacker und Lomersheim, dann weiter in den Württembergischen Schwarzwald, wo er in Neuenbürg eine Delegation der Amtsversammlung *des durch die Überschwemmung am 30. Oktober 1824 so hart getroffenen Oberamtsbezirk* empfing[267]. Die Bevölkerung sandte ihm Dankadressen, verfasst von den zuständigen Oberamtmännern, und diese lobten darin Wilhelms landesväterliche Fürsorge und Anteilnahme.

Nachzutragen ist, dass Schübler noch einmal zum Unwetter von 1824 Stellung bezog und zwar, als er den Aufsatz von Hofrat Wucherer aus Karlsruhe in Kastners Archiv für die gesamte Naturlehre gelesen hatte[268]. Er glaubte, dass Wucherers Erklärung für das Ausmaß der Katastrophe in einem Punkt ganz falsch sei, nämlich dass *der gefallene Re-*

262 Schwäbische Chronik vom 4. November 1824, S. 786 f. (Aufruf zur Unterstützung der Unwettergeschädigten, unterzeichnet von Hof-Kaplan Cleß, Kaufmann Carl Neef, Dr. Ludwig Uhland und der Redaktion des Schwäbischen Merkur.; auch in der „Neckar-Zeitung" (Nr. 306 von Sonntag, 7. Nov. 1824, S. 1238) wurde der Aufruf von Cleß, Neef und Uhland veröffentlicht und dort auch die Namen und Spenden mitgeteilt.

263 Anzeige in der Neckar-Zeitung (Nr. 314 von Montag, 15. November 1824, S. 1270).

264 Schwäbische Chronik vom 7. November 1824, S. 802.

265 Neckar-Zeitung Nr. 309 von Mittwoch, 10. November 1824, S. 1250.

266 Vgl. die Spendenlisten in der Neckar-Zeitung S. 1338, Stand 27. Nov.1824: 23.219 fl).

267 Schwäbische Chronik vom 24. Mai 1825, S. 267 und vom 31. Mai 1825, S. 281.

268 Siehe WUCHERER, Überschwemmungen S. 465–478; SCHÜBLER, Nachtrag Ueberschwemmung S. 444–447; diese Auffassung wurde schon in einem Schreiben aus Baden an die Redaktion der „Neckar-Zeitung" (Nr. 308 von Dienstag, 9. November 1824, S. 1246 geäußert *[Die Ursache der (Überschwemmung) ist nicht starker Regen oder Wolkenbrüche, sondern eine plötzliche Entladung aller Quellen auf den uns umgebenden Gebirgen].*

gen nicht die einzige Ursache der stattgehabten Inundation (sei), *sondern es hat das überall hervorgetretene Innenwasser der Erde wohl einen eben so großen Antheil an diesem Phänomen*[269]. Die von Wucherer angeführten Erdbeben hat es aber zu diesem Zeitpunkt im Schwarzwald nicht gegeben.

Wucherer war mit seiner Theorie nicht allein. Der Verfasser des Aufsatzes über die große Überschwemmung des Jahres 1824, C. H. Weber, den dieser größtenteils nach amtlichen Berichten schrieb, scheute sich nicht seinen Lesern mitzuteilen, dass es „allgemeine Ansicht" sei, die ungewöhnlich großen Wassermengen seien Erschütterungen im Inneren der Erde geschuldet. Diese „allgemeine Ansicht" untermauerte er mit einer Reihe von Beobachtungen wie Erdschlipfe und Bergstürze. Bewusst oder unbewusst, jedenfalls vorsätzlich konstruierte er einen Gegensatz zur Auffassung Schüblers im Correspondenzblatt des landwirtschaftlichen Vereins, indem er eine Notiz aus dem Zusammenhang löste und schrieb, Schübler habe die Niederschlagssumme mit 4 $^{6}/_{10}$ Zoll je Quadratfuß (rd. 1.240 l/m^2) berechnet, welche als zu gering für das Ausmaß der Überschwemmungskatastrophe anzusehen sei. Schübler fühlte sich falsch verstanden. Er widersprach energisch und machte darauf aufmerksam, dass die höchsten Regenmengen in den Höhenlagen des Schwarzwaldes und der Schwäbischen Alb wie überhaupt in den Hochlagen der Gebirge zu verzeichnen waren, dort aber auf Grund der Reliefgegebenheiten der Boden durch die vorangegangenen Regenfälle bereits gut durchnässt war und daher kein zusätzliches Regenwasser mehr speichern konnte[270]. Unterirdische Fluten seien bei trockener Witterung infolge von Erdbeben möglich, nicht aber bei langanhaltender nasser[271]. Bei dieser Deutung lag er richtig, was aber nicht verwundert. Hatte er sich doch früher intensiv mit den Böden und deren Eigenschaften bezüglich Wärme- und Wasserspeicherung beschäftigt. Mit Blick auf die Geschichte der Naturkatastrophen bemerkte er später (1831) noch, dass solche Starkregenfälle wie 1824 immer wieder aufträten und keine singulären Ereignisse darstellten. Zuletzt hatten Regenfälle am 27. und 28. Mai 1817 in Südwestdeutschland eine ähnliche Katastrophe herbeigeführt. Damals hatte der Neckar in Esslingen und Cannstatt einen fast gleichhohen Wasserstand erreicht und die tiefer gelegenen Stadtteile verwüstet. Überdies hat er in seinem Handbuch für Meteorologie gleichsam zum Vergleich festgehalten, dass die Ende Oktober 1824 in Südwestdeutschland gefallene Regenmenge zwar beträchtlich war, aber in Joyeuse und Viviers (Dep. Ardèche/Frankreich) waren 1801, 1807 und 1827 noch erheblich höhere Niederschläge registriert worden[272]. Diese Angaben hatte Schübler der in Genf verlegten Zeitschrift „Biblio-

269 WUCHERER, Überschwemmungen S. 474.
270 Ueber die herbstlichen ungewöhnlichen Ueberschwemmungen (1826), S. 335–357.
271 Siehe SCHÜBLER, Nachtrag Ueberschwemmung S. 444–447; die Berichte über die Unwetterkatastrophe und die Debatte über die Ursachen erreichten auch Goethe in Weimar; er stimmte Schüblers Ursachendeutung zu (GOETHE, Schriften zur Meteorologie S. 184/185).
272 SCHÜBLER, Grundsätze der Meteorologie S. 137.

thèque universelle“ vom November 1827 entnommen. Extreme Wetterereignisse und Witterungsanomalien kehrten immer wieder und die ungewöhnlichen, verheerenden Hagelunwetter stellten keine Vorboten einer endzeitlichen Entwicklung dar, wie man in pietistischen Kreisen Württembergs mit Bezug auf die Offenbarung des Johannes annahm[273].

Eine wichtige Erkenntnis aus dem Witterungsverlauf von 1824 zeichnete sich schließlich ab: Unwetter, Gewitter und Hagelschläge trafen einige Gebiete besonders hart und oft, so speziell die offenen Gäulandschaften beiderseits des mittleren Neckars, während die Waldlandschaften des Schwarzwalds und Oberschwabens sowie das Oberamt Gaildorf im Schwäbisch-Fränkischen Wald (Limpurger Berge) zwar weniger unter Hagelschlag litten[274], dafür mehr mit hohen Niederschlägen rechnen mussten. Das Risiko vom Hagelwetter heimgesucht zu werden war also im Land ungleich verteilt. War dies ein singuläres und gar temporäres Ereignis oder zeichnete sich darin eine belastbare, längerfristige Regelhaftigkeit ab, welche die Regierung zu umfassenderen Katastrophenhilfen mahnte, auch um künftig den massenweisen Ruin von Familien wie 1824 zu verhindern?

10.3 Meteorologie und Phänologie

Dieses Elementarereignis hatte allen bewusst gemacht, dass es mehr und zuverlässigere Wetterdaten bräuchte, nicht um Vorhersagen zu erstellen, sondern um das Ausmaß der Schäden genauer abschätzen und gerechter regulieren zu können. Zu ergründen galt es vor allem, welchen Einfluss Bodenbedeckung, Vegetation und Relief auf die Luftelektrizität hatten. Ein Verein von Wetterbeobachtern könnte hierzu vorzügliche Dienste leisten, hieß es von Seiten der Regierung, beispielsweise wenn anhand von mittel- bis langfristigen Beobachtungsreihen die Gebiete mit hohem Gefährdungspotential bei Dauer- und Starkregen sowie Gewittern bestimmt werden könnten. Auch stellte sich die Frage, ob eine solidarische Hagelversicherung die schlimmsten Verluste und den Ruin von Familien hätte mildern können. Hierzu bedurfte es zuverlässiger Erhebungen über die Gewittertätigkeit im Land.

Abgesehen davon konnten Wetterdaten auch bei den Feld- und Erntearbeiten hilfreich sein, deren Beginn oft noch an die Heiligenfest- und Lostage gekoppelt war. Aufgeklärten Personen galt dies eher als religiöses Brauchtum denn als gesichertes Wissen.

273 Genannt sei hier Johann Martin Stanger, Basler Missionsschüler, Aufseher in Korntal und Hausvater in Wilhelmsdorf, der ein solches Unwetter am 2. August 1824 in der Gegend von Dettingen/Erms erlebte, wobei die gesamte Ernte vernichtet wurde und dieses Witterungsereignis als Vorbote der bevorstehenden Endzeit interpretierte, auf die sich jeder Christ demütig im Gebet vorbereiten müsse (KANNENBERG, Verschleierte Uhrtafeln S. 153).

274 Ueber die Gewitter und Schloßen des Jahres 1824 in Würtemberg und den angrenzende Gegenden, in: Jahrbuch der Chemie und Physik Bd. 14 (Halle a. d. Saale 1825), S. 216–244, hier bes. S. 222 ff.

Vielmehr war man überzeugt, dass es Regeln für Wettervorhersagen geben müsse, die es herauszufinden galt. Schübler selbst maß anfangs dem Mond den größten Einfluss auf Veränderungen der Atmosphäre zu und glaubte, dass das Wettergeschehen allein wegen der schwankenden Luftfeuchtigkeit und Niederschläge wie Ebbe und Flut nach bisher unbekannten Gesetzmäßigkeiten ablaufe. Er stützte sich auf *Erscheinungen in der belebten Natur, welche mit den periodischen Veränderungen des Mondes in Beziehung zu stehen scheinen*[275] und verwies auf Beobachtungen zum „richtigen Zeitpunkt" des Holzeinschlagens, um gutes Nutzholz zu erhalten, aber auch dass manche Landwirte glaubten, *daß es besser sei, gewiße Pflanzen bei zunehmenden Mond auszusäen, weil sie dann besser gedeihen*[276].

Diesen Ansichten nachzugehen, zu überprüfen, ob daran etwas Wahres sei, war für ihn Antrieb genug. Er ließ eine Dissertation über monatliche Perioden in den Veränderungen der Atmosphäre durch Friedrich Baumann schreiben, in der dieser anhand von zehnjährigen Beobachtungen und Mittelwerten jeweils bei Neumond ein Luftdruckminimum, dann zu Beginn eines Mondmonats ein leichtes Ansteigen, das bis zum Vollmond anhält, feststellte, mit dem Vollmond aber ein regelmäßiges, fast gleichmäßiges Fallen des Luftdrucks annahm. In Korrelation zum mondmonatlichen Auf und Ab des Luftdrucks und zum Niederschlagsregime glaubte er nachweisen zu können, dass mit dem Fallen des Luftdrucks ab dem Vollmond eine zunehmende Niederschlagstätigkeit, mit dem Neumond und steigendem Barometer aber eine abnehmende Niederschlagsneigung verbunden sei, eine scheinbare Kongruenz aufgrund zu geringer Datenmengen und die sich realiter so nicht bestätigen ließ.

Schübler selbst nahm die Ergebnisse der Baumann'schen Dissertation zum Anlass, sich intensiver mit dem Mond und den durch ihn verursachten Veränderungen der Atmosphäre zu beschäftigen[277]. Er versuchte mittels umfangreicher mathematischer Berechnungen nachzuweisen, dass dies nicht unwahrscheinlich sei. Freilich musste er sich heftige Kritik gefallen lassen. Einer seiner schärfsten Kritiker war der Würzburger Professor Schön, der dies alles als Spekulation abtat[278], sodass Schübler später vorsichtiger formulierte[279]. Wenn er trotzdem Erscheinungen wie dem Elmsfeuer, Höhenrauch, den Sternschnuppen, dem Nordlicht sowie der Morgen- und Abendröte und dem Regenbogen, seine Aufmerksamkeit widmete, dann nur um diese in den jährlichen Witterungsberichten festzuhalten und sie zum Anlass für weitere Untersuchungen zu nehmen. Keinesfalls wollte er aber dem mit diesen Phänomenen ver-

275 Grundsätze der Meteorologie § 168, S. 187 ff.

276 Grundsätze der Meteorologie S. 187.

277 Untersuchungen über den Einfluss des Monds auf die Veränderungen unserer Atmosphäre mit Nachweisung der Gesetze, nach welchen dieser Einfluss erfolgt. Leipzig 1830.

278 Vgl.: Nach welchen Regeln läßt sich die Witterung aus den verschiedenen Stellungen des Mondes vorhersagen? Nach Toaldo und Schübler kurz beantwortet von Prof. Schön zu Würzburg, in: CWLV 21/NF 1 (1832), S. 128–142, hier bes. S. 142.

279 Siehe Grundsätze der Meteorologie S. 177.

bundenen Aberglauben Vorschub leisten. Explizit wies er, als 1827 in Süddeutschland des Öfteren Nordlichter beobachtet worden waren und angenommen wurde, dass diese strenge Winter ankündigen und der Weinbau dadurch Schaden erleiden könnte, diese Behauptung zurück, konnte aber nicht plausibel begründen, dass dem so wäre. Er hielt fest: *In den neuesten Zeiten scheinen daher mit dem häufiger Wiederkehren strenger Winter seit dem Jahr 1827 auch in unseren geographischen Breiten Nordlichter wieder weniger selten zu werden*[280]. Er hatte schon einmal ausführlich ein Nordlicht beschrieben, das sein Kollege Franz Eduard Desberger (1786–1843) in Hofwyl am 8. Februar 1817 beobachtet hatte[281]. Schübler selbst nahm an jenem Abend in Bern an einem Versuch mit Steinkohlengas zu Beleuchtungszwecken teil und konnte deshalb seine meteorologischen Instrumente nicht überwachen und Auffälligkeiten registrieren. Aufmerksam verfolgte er aber während der folgenden Tage die Witterung und hatte seine Instrumente im Auge, um Veränderungen in der Atmosphäre festzuhalten. Nichts Auffälliges stellte sich jedoch ein. Zu gern hätte er gewusst, *ob die oberen Schichten unserer Atmosphäre durch dieses Nordlicht Electricität mitgetheilt erhielten, welche sich in den nächsten Tagen tiefer senkte und auf die Erdfläche zurückkehrte, oder ob dies ein bloß zufälliges Zusammentreffen aus andern uns unbekannten Ursachen war*[282]. Rätsel gab ihm auch der sogenannte Höhenrauch auf, eine auffällige Trübung in höheren Luftschichten der Atmosphäre, die vielfach beobachtet wurde, aber eine Erklärung fand er nicht. Heute nimmt man an, dass der damals beobachtete Höhenrauch mit der Asche, den Gasen und Aerosolen aus Eruptionen wie der des 1815 explodierten Vulkans Tambora im heutigen Indonesien zusammenhängt, dessen Feinstäube und Gase noch lange Zeit mit Höhenwinden in der Atmosphäre rund um den Erdball transportiert wurden[283]. Als aufmerksamer Beobachter hat er solche Nachrichten gesammelt und in die Witterungsberichte für die Centralstelle als für die Wissenschaft und das Publikum interessante Mitteilung aufgenommen, auch weil er sich Zuschriften erhoffte, aus denen sich mögliche Erklärungszusammenhänge ergaben. Bis 1830 hat er diese Berichte selbst verfasst, dann hat Theodor Plieninger in Stuttgart diese Aufgabe übernommen und, nachdem die Centralstelle 1844 das Desinteresse an diesen Witterungsberichten bekundet hatte, in den Jahresheften des neu gegründeten Vereins für vaterländische Naturkunde in Württemberg übernommen und veröffentlicht.

280 Nachrichten über die Verhältnisse des Weinbaus in Württemberg vom Jahre 1226 bis 1830 und wichtigere sich hierauf beziehende Witterungs-Erscheinungen, in: CWLV 19 (1831), S. 3–80, hier S. 76, Zitat auf S. 80.

281 SCHÜBLER, Beschreibung des Nordlichts.

282 SCHÜBLER, Beschreibung des Nordlichts S. 9/10.

283 Vgl. HAESELER, Susanne: Der Ausbruch des Vulkans Tambora in Indonesien im Jahr 1815 und seine weltweiten Folgen, insbesondere das „Jahr ohne Sommer" 1816, abgerufen am 30.05.2020 unter https://www.dwd.de/DE/leistungen/besondereereignisse/verschiedenes/20170727_tambora_1816_global.pdf?__blob=publicationFile&v=5.

Die intensive Beschäftigung mit der Meteorologie Württembergs[284] und benachbarter Räume brachten Schübler auch Kontakte zu anderen bedeutenden Meteorologen seiner Zeit, so zu dem Erlanger Naturforscher Carl Wilhelm Gottlob Kastner (1783–1857), dem er brieflich viele meteorologische Beobachtungen aus Württemberg und besonders aus Tübingen zukommen ließ, welche dieser in seiner Zeitschrift „Archiv für die gesamte Naturlehre“ und im zweibändigen Handbuch der Meteorologie dankbar registrierte[285]. Aus Kastners Archiv hat er auch viele meteorologische Daten exzerpiert und für seine eigenen Studien verwertet. Fehlten für Orte solche Wetterbeobachtungen, dann erbat er sie sich brieflich bei sich bietender Gelegenheit, so vom Straßburger Meteorologen und Mathematiker Johann Ludwig Alexander Herrenschneider (1760–1843), wie aus seinem Dankschreiben für die Ernennung zum korrespondierenden Mitglied der Gesellschaft zur Beförderung der Naturwissenschaften vom 1. Mai 1833 zu erfahren ist. Der Straßburger naturwissenschaftlichen Gesellschaft übersandte er für diese Ehrung sechs wissenschaftliche Arbeiten, die nicht im Buchhandel erhältlich waren, erbat sich aber zugleich von Herrenschneider neuere meteorologische Daten von Straßburg zu Vergleichszwecken[286]. Ob er diese neuen Straßburger Wetterbeobachtungen in seinem Lehrbuch der Meteorologie berücksichtigte, ist unwahrscheinlich, eher hat er sie für eine Neubearbeitung gesammelt.

Sein meteorologisches Wissen hat er jedenfalls zusammengefasst einer interessierten Leserschaft mitgeteilt. Erschienen ist dieses „Lehrbuch“ unter dem Titel *Grundsätze der Meteorologie in näherer Beziehung auf Deutschland's Clima* in der Reihe der *Allgemeinen Encyclopädie der gesammten Land- und Hauswirthschaft der Deutschen*[287]. Die Darstellung stützte sich auf Messwerte unterschiedlich langer Beobachtungsreihen, u. a. von München, Wien, (Hohen-)Peißenberg, Stuttgart, Karlsruhe, Regensburg, Mannheim, Würzburg, Trier, Fulda, Erfurt, Jena, Berlin, Danzig, Königsberg und vielen anderen Orten mehr. Systematisch wurden Luftdruck, Windrichtung, Windstärke, Luftfeuchte, Verdunstung, Wolkenbildung, Niederschlag und atmosphärische Elektrizität sowie Gewitterbildung behandelt, wobei er stets die Wirkungen eines Elements im Pflanzen- und Tierreich im Auge hatte. Auffällig ist die starke Orientierung der Darstellung an den mithilfe von Messgeräten gewonnenen Daten, die aus heutiger Sicht

284 Schübler hat als akademischer Lehrer auch Untersuchungen und Darstellungen der Witterung und des Klimas einzelner Regionen angeregt und als Dissertationen im Druck erscheinen lassen, u. a. HARTMANN, August: Untersuchungen über die Regen-Verhältnisse der schwäbischen Alp und des Schwarzwalds. Tübingen 1832; KERN, Wilhelm Friedrich: Untersuchungen über die Temperatur-Verhältnisse der schwäbischen Alp. Dissertatio inauguralis. Tübingen 1831; WERNER, Hermann: Beobachtungen über jährlich periodisch wiederkehrende Erscheinungen im Thier- und Pflanzenreich. Dissertatio inauguralis. Tübingen 1831.

285 KASTNER, Handbuch der Meteorologie Bd. 2,2, Schlusswort S. VIII.

286 Staatsbibliothek Berlin, Handschriftenabteilung, Slg Darmstaedter F1 f 1820 Blatt 13–14, Brief von Schübler an Unbekannt, mit Datum Tübingen, 1. Mai 1833).

287 Herausgegeben von Carl Wilhelm Ernst Putsche. Leipzig 1831.

zu statisch erscheint, sodass er die Zirkulation und Dynamik von Hochdruckzellen und Tiefdruckgebieten in der Atmosphäre, welche für das eigentliche Wettergeschehen verantwortlich sind, nicht erkannte, wohl auch nicht erkennen konnte, weil die Übermittlung von Wetterdaten aus dem europäischen Ausland und Übersee lückenhaft blieb und viel zu lange dauerte, um dynamische Prozesse erfassen zu können. Die Darstellung der einzelnen Witterungselemente wechselt zudem mit der Schilderung von generalisierten Wetterverläufen einzelner Monate, die mit Beobachtungen aus dem Pflanzen- und Tierreich illustriert werden.

Lokal und regional ließen sich mittels bioklimatischer Vorgänge der echte Beginn der Jahrzeiten Frühling, Sommer, Herbst und Winter, welche von Ort zu Ort und Höhe variierend zwischen astronomischer und meteorologischer Jahreszeitendefinition einzureihen, jedoch noch anschaulicher mit Beobachtungen aus dem Tier- und Pflanzenreich zu bestimmen sind. So galt die Ankunft der Lerchen im Tierreich und die Blüte des Seidelbasts im Pflanzenreich als Indikator für den Frühlingsbeginn. Um solche klimabiologischen und mikroklimatischen Prozesse wissenschaftlich besser verstehen zu können, hat Schübler Untersuchungen über den Einfluss von Temperatur und Niederschlag auf die Vegetation veranlassen lassen. Sein Schüler Wilhelm Friedrich Kern hat so in seiner akademischen Examensarbeit[288] die natürlichen Grenzen der Jahreszeiten am Beispiel der Schwäbischen Alb, des Albvorlandes (Tübingen) und Mittleren Neckarraums (Stuttgart) bestimmt. Zu diesem Zweck verglich er die Temperaturmessungen von Böhringen/OA Urach (1770–1782), Genkingen/OA Reutlingen (1820–1826) und Onstmettingen/OA Balingen (1830) mit jenen von Tübingen, Stuttgart und Heilbronn, wobei der *Eispunkt* (= Frost) als physikalische Mess- und Bezugsgröße für die Pflanzenentwicklung festgelegt wurde, weil mit Erreichen und Unterschreiten des thermischen Nullpunktes das Wachstum endet bzw. mit dem Überschreiten beginnt. Auf diese Weise konnte er den Frühlingsbeginn auf der Alb im Mittel mit dem 10. Mai, den Herbstbeginn mit 8. Oktober ermitteln, die frostfreie Zeit mit 151 Tage berechnen. Im Vergleich dazu trat der letzte Spätfrost in Heilbronn am 7. April, in Stuttgart am 12. April und in Tübingen am 27. April ein, die ersten Herbstfröste entsprechend später, nämlich am 9. Oktober in Tübingen, am 26. Oktober in Stuttgart und am 30. Oktober in Heilbronn. Die frostfreie Zeit dauerte im Unterland und Albvorland demnach gut einen Monat länger an, zählte doch Heilbronn 206 frostfreie Tage. Als Schlussfolgerung hielt Kern fest, dass viele frostempfindliche, feine und später reifende Gewächse sich auf der Alb nicht anpflanzen lassen und dass die Früchte auf der Alb später reifen, der Albwinter durchschnittlich 106 Tage, in Stuttgart hingegen nur 84 Tage Winter herrscht[289]. In einer Graphik hat Werner die Ergebnisse vom Jahr 1830 für Württemberg übersichtlich dargestellt, die sich lohnt genauer an-

288 KERN, Untersuchungen über die Temperaturverhältnisse (1831).
289 KERN, Untersuchungen über die Temperaturverhältnisse S. 19 ff.

zuschauen, nicht weil sich daraus der inzwischen eingetretene Klimawandel verdeutlichen lässt – dafür ist die Quellenbasis doch zu schmal und der Abstraktionsgrad ungenügend, sondern weil die Verluste in der Tier- und Pflanzenwelt (Abb. 21), z. B. die Schnepfen, die in der Kulturlandschaft Südwestdeutschlands praktisch nicht mehr vorkommen, sichtbar werden.

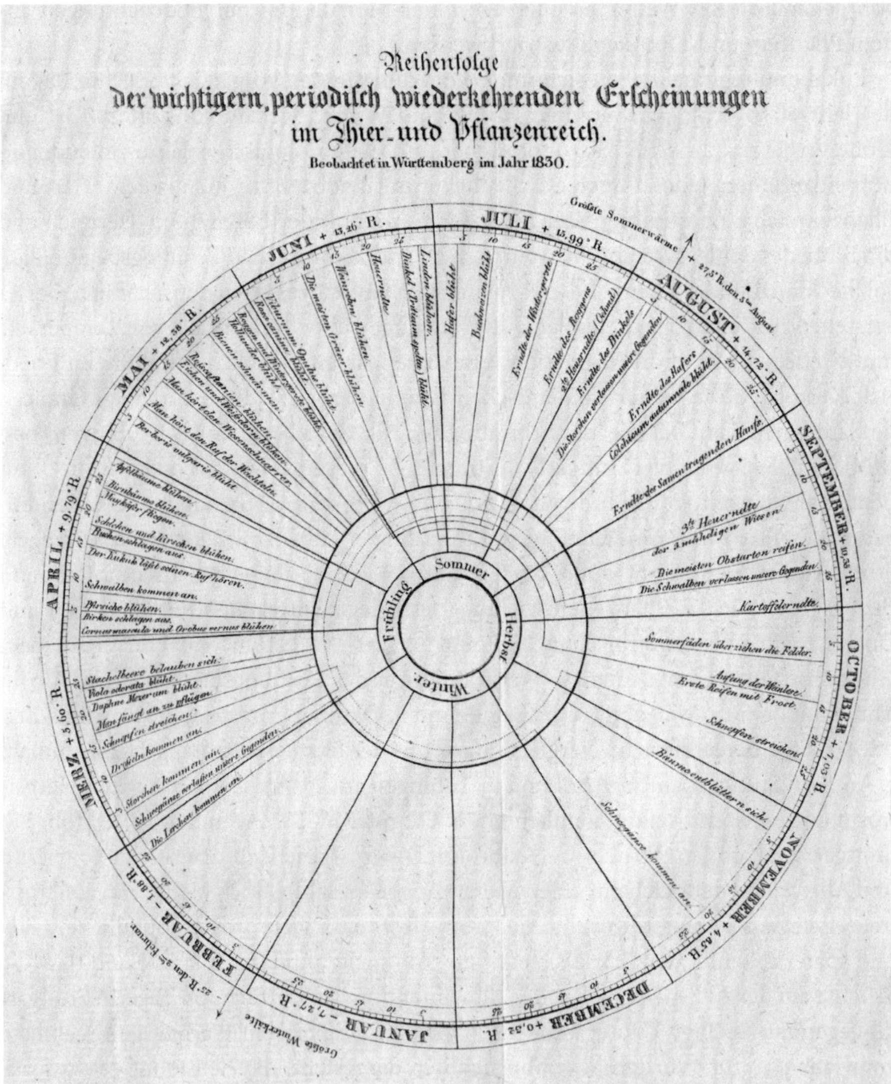

Abb. 21 Das Phänologische Jahr nach WERNER, Hermann: Beobachtungen über jährlich periodisch wiederkehrende Erscheinungen im Thier- und Pflanzenreich. Dissertatio inauguralis. Tübingen 1831. – Vorlage: UB Tübingen, Signatur Bi 1139; Aufnahme: Fotostelle UB Tübingen.

In diesem Zusammenhang interessierte natürlich auch die Niederschlagsverteilung im Land, d. h. wann, wo und wieviel Regen oder Schnee fällt, um daraus entsprechende Schlüsse auf die Vegetation zu ziehen und Empfehlungen für den Anbau zu geben. Dieses Thema bearbeitete August Hartmann in einer Dissertation[290], in der er im Wesentlichen dieselben meteorologischen Quellen – wie schon Kern (1831) – heranzog, ergänzt um Beobachtungen von Freudenstadt im Schwarzwald (1824–31), die der Oberamtsarzt von Launer zur Verfügung stellte. Hartmann registrierte, dass zum einen Freudenstadt doppelt so viel Regen empfing als Tübingen und zum anderen auf der Alb wesentlich mehr Schnee als in Neckartal fiel. Verglichen mit anderen Gegenden (Mannheim, Freiburg/Br., Karlsruhe, Stuttgart, Friedrichshafen, Augsburg und Ellwangen) dürfte das Württembergische Allgäu (Isny) mit 3.000 bis 3.400 Pariser Schuh Meereshöhe (rd. 974 bis 1104 m) die regenreichste Region des Königreichs sein. Tatsächlich gilt das Adelegg im württembergischen Allgäu an der Grenze zu Bayern (1129 m NN) mit rd. 1.800 mm als niederschlagsreichste Region Württembergs. Für die Vegetation bedeuten die höheren Regenmengen, dass sich in Oberschwaben und im Schwarzwald Torfmoore bildeten, hingegen in den tieferen Lagen wegen des fehlenden Sommerniederschlags sich keine Torfvegetation entwickeln kann, so Hartmann. Dieser Schluss ist bedenklich, da auch in Tallagen und tiefen Senken des Neckarlandes Moore existierten wie z. B. das Markgröninger Moor[291] oder das Sindelfinger Moor, das ebenso wie das Schopflocher Moor auf der Alb zur Brennstoffversorgung der Hohenheimer Zuckerfabrik herangezogen wurde.

Bemerkenswert ist noch die chemische Analyse des Regenwassers, bei der Schübler u. a. einen höheren Sauerstoffgehalt als beim Brunnen- oder Quellwasser sowie Blütenstaub und schweflige Beimischungen nachwies, also schon auf Umwelteinflüsse und -verschmutzungen aufmerksam machte. Auch die Kapitel „Allgemeine Witterung der zwölf Monate in Deutschland" und „Die Witterungsregeln", die auch in die zweite Auflage der „Grundsätze der Meteorologie", welche von G. A. Jahn 1849 besorgt wurde, mit leichten Abänderungen übernommen wurden, dienten weniger der Unterhaltung, sondern mehr als Anhalt für den Beginn der Feld- und Erntearbeiten[292]. Anhand der beigegebenen Tafeln ist abzulesen, dass sich Schübler auch darum bemühte, komplexe Zusammenhänge und abstrakte meteorologische Begriffe bildlich und tabellarisch wiederzugeben und den Temperaturmessdaten-Wirrwarr, die viel kritisierte Tabellenmacherei, mithilfe einer anschaulichen vergleichenden Thermometerskala zu entzerren, was ganz im Sinn des Herausgebers und Volksaufklärers Carl Friedrich Wilhelm Putsche (1765–1834) gewesen war.

290 HARTMANN, Untersuchungen Regenverhältnisse (1832).

291 Dieses war von dem Unteramtsarzt Dr. Friz 1832 beschrieben worden und einer größeren Leserschaft im CWLV 28/NF 8 (1835), S. 36–37 bekannt gemacht worden; Friz lobte die feste Konsistenz des Markgröninger Torfs und unterstellt ihm einen höheren Brennwert.

292 Wie die Wissenschaftsgeschichte das Werk Schüblers heute sieht, vgl. EMEIS, Das erste Jahrhundert S. 45.

11. Der Agrarwissenschaftler und Agrikultur-Chemiker

Nach den Misswachsjahren und Hungersnöten des 18. und frühen 19. Jahrhunderts wurde zu Recht vermutet, dass die Erträge gesteigert werden könnten, wenn die dem Boden entzogenen Nährstoffe durch entsprechende Mineralien und chemische Substanzen zurückgegeben oder gar erhöht werden könnten. Der Kupferzeller Pfarrer Johann Friedrich Georg Hartmann Mayer (1719–1798), bekannt als „Gipsapostel", empfahl daher schon 1768 in seiner Schrift *Lehre vom Gyps als vorzueglich guten Dung zu allen Erd-Gewaechsen auf Aeckern und Wiesen, Hopfen- und Weinbergen* (Anspach/Ansbach 1768) die Felder mit Gips (Calziumsulfat), Mist und Kompost zu düngen[293]. Aber wie es scheint, waren diese Erkenntnisse noch nicht überall bekannt. In dieser Hinsicht galt es weiterhin aufklärerisch tätig zu werden und die Zusammenhänge von Bodenfruchtbarkeit und Ertrag aufzudecken.

Bereits in Hofwyl hat Schübler das Fach *Agricultur-Chemie* unterrichtet. Damals ging es ihm hauptsächlich um die Bestandteile der Milch und um die mineralische Zusammensetzung der Ackerböden und wie die Bodenfruchtbarkeit erhalten und gesteigert werden könnte. Das waren damals hochaktuelle Themen! Besonders die Erden oder Böden beschäftigten Politik und Agrarwissenschaft. 1823 schrieb der Präsident der Centralstelle des landwirtschaftlichen Vereins, der Geheime Rat August von Hartmann (1764–1849), an den König, als er ihm das 7. Heft des Correspondenzblattes übersandte, dass *die Untersuchungen verschiedener Bodenarten Württembergs, mit Bemerkungen ihres Einflusses auf die Vegetation, von Professor Schübler Tübingen, für die vaterländische Landwirtschaft von entschiedener Wichtigkeit* [sind][294]. Die Böden und Bodenarten, vor allem im Hinblick auf Vegetation, Düngung und Ertragssteigerung zu untersuchen, war ganz im Sinn der Regierung. Wusste man doch um die Brisanz unzureichender Nahrungsmittelversorgung, hauptsächlich wegen steigender Getreidepreise, die zu Unruhen Anlass geben könnten.

293 SCHUMM: Johann Friedrich Georg Hartmann Mayer S. 139 ff.
294 HStAS E 14, Bü 1124 (datiert Stuttgart, 28. August 1823).

Die Agrikulturchemie galt unter den neuen Lehren als Hoffnungsträger. Sie bildete innerhalb der angewandten Wissenschaften ein Fach, von dem sich die Regierenden Anregungen versprachen, wie der Anbau vielfältiger und sicherer sowie insgesamt auf ein höheres Niveau gebracht werden könnte. In Tübingen verfügte Schübler im Rahmen seiner Lehrtätigkeit auch über das chemische Labor der Universität, das trotz mangelhafter Ausstattung für die Analyse von Inhaltsstoffen dienen konnte. Die Laboreinrichtungen haben er und seine Schüler fleißig benutzt wie die Dissertationsthemen erkennen lassen. Sind doch unter seiner Leitung die Zusammensetzung verschiedener Mineralwässer, so von Cannstatt, des Stuttgarter Königsbades, des Wildbades von Giengen an der Brenz und von Liebenzell[295], aber auch die Weinmostqualität verschiedener Rebsorten aus württembergischen Weinbaugegenden analysiert worden. Dabei ging es ganz praktisch um die Frage, mit welcher Methode sich der Zuckergehalt des Traubenmosts, von dem letztlich die Höhe des Alkoholgrads abhing, bestimmen ließe, und welche Trauben-Sorten für die unterschiedlichen Weinberglagen besonders geeignet sind. Die Dissertanten[296] Schüblers entschieden sich mithilfe eines Aerometers (Dichtemesser, Weinwaage), das wohl der Universitätsmechanikus Buzengeiger gefertigt hatte, das spezifische Gewicht des süßen, unvergorenen Traubenmosts exakt zu messen und in Vergleichen der verschiedenen Jahrgänge und Traubenarten sowie Weinberglagen (Tal, Meereshöhe, Exposition, ob Südhang oder andere Lage) jeweils die am besten geeignete Rebsorte herauszufinden. Anhand ihrer Messungen und Beobachtungen schlossen sie, je höher das spezifische Gewicht des Weinmostes, desto mehr Zucker und desto bessere Weine lassen sich daraus keltern, vorausgesetzt die Gärung wurde entsprechend ihren Erkenntnissen in gut verschlossenen Bütten unter kontrollierter kohlensaurer Atmosphäre vorgenommen. Sie rieten dringend, die Weingärtner müssten sich endlich vom gemischten Rebsatz verabschieden und den Weg zum sortenreinen Anbau und Ausbau des Weinmostes beschreiten. Nur vollreife Trauben ergeben einen guten Wein, so ihr Fazit. Damit kritisierten sie letztlich auch den Kelterzwang, der die Weingärtner anhielt, die Trauben zu lesen, wenn es angeordnet wurde, selbst wenn sie noch etwas Sonne bis zur Vollreife hätten gebrauchen können.

Gleich zu Anfang seiner Tübinger Lehrtätigkeit hat er in Fortsetzung seiner Hofwyler Forschungen auch Böden aus Württemberg untersucht. In seiner Agrikulturchemie-Vorlesung im Wintersemester 1818/19 hat er dazu verschiedene Erdarten [u.a. eine schwarze fruchtbare Erde von der Alb aus Genkingen (OA Reutlingen), Sandboden von Calmbach/Schwarzwald (OA Neuenbürg), Ackererden von Rottenburg/Neckar,

295 UNFRIED, Wilhelm Friedrich: Chemische Untersuchung des Mineralwassers bei Stuttgart zwischen Königsbad und Kahlenstein. Dissertatio inauguralis. Tübingen 1821; SALZER, Victor Ludwig: Untersuchungen über das Wildbad bei Giengen an der Brenz, mit nähern Beobachtungen über Lage und Clima dieser Gegend. Tübingen 1828; NASCHOLD, Georg Friedrich: Chemische Untersuchung der Liebenzeller Mineralwasser. Dissertatio inauguralis. Tübingen 1833.

296 Vgl. die Dissertationen von Friedrich KÖHLER (1826) und John BERG (1827).

Cannstatt und Einsiedel im Schönbuch (OA Tübingen) und Weinbergerde aus Stuttgart] bezüglich der chemischen Zusammensetzung und physikalischen Eigenschaften teils selbst, teils von einzelnen Hörern analysieren lassen[297]. Es ging darum zu zeigen, welche Böden von Natur aus fruchtbar und weniger fruchtbar sind und daher für den Ackerbau benützt und welche *durch Mergelarten als mineralische Düngungsmittel* verbessert werden könnten. Einen guten Ackerboden sollte demnach eine überdurchschnittlich wasserhaltende Kraft auszeichnen, er sollte also von tonig-mergeliger Konsistenz sein, kohlensauren Kalk enthalten und ausreichend Humus besitzen. Wichtig sei aber auch, dass die Böden, die Erden genügend *Lebensluft*, d.h. Sauerstoff (O_2), absorbieren, damit die Pflanzen sich entwickeln. Der aufgenommene Sauerstoff wird zum Aufbau von Pflanzensubstanz benötigt und später durch Zersetzung der Atmosphäre zurückgegeben. *Die Vegetation* [liefert] *einen nicht unwichtigen Beitrag zur Wiedererzeugung der Lebensluft in unserer Atmosphäre*[298]. So sein Fazit!

Um dem Laien die Sinnhaftigkeit solcher Bodenanalysen zu demonstrieren, schrieb Schübler auch eine kurze Abhandlung über eine Erde, die die Eigenschaft besaß, eine rotblühende Hortensie in eine blaue umzufärben[299]. Darin wies er nach, dass das Umfärben der roten Blütenfarbe nicht – wie man annahm – vom Eisen und von Eisenoxiden verursacht werde, sondern vom fehlenden Sauerstoff im Boden:

> *Durch die Bindung des Sauerstoffs an die schwer auflöslichen Humus- und Kohlentheile scheint den in solcher Erde stehenden Hortensien weniger Sauerstoff als gewöhnlich durch ihre Wurzeln zugeführt zu werden und sie dadurch in ihren Blüthen eine Art Deoxydation erleiden; werden solche blau blühende Hortensien mit einem Tropfen einer schwachen Säure berührt, so zeigen die berührten Stellen auch sogleich ihre gewöhnliche rothe Farbe wieder*[300].

In einer Nachschrift wollte Schübler aber nicht ausschließen, dass auch Eisenspäne, wenn sie nur lange genug im Boden der Verwitterung ausgesetzt sind, eine ähnliche Wirkung auf die Blütenfarbe haben können.

Im Labor hat er zudem eine Streitfrage, die damals Fachleute umtrieb, sachlich entschieden. Im Auftrag der Centralstelle des landwirtschaftlichen Vereins, der es letztlich um den Ersatz für das teure Olivenöl aus Italien für die Seifenherstellung ging, ließ er nämlich das aus ölhaltigen Samen der *Euphorbia lathyris* (Kreuzblättrige Wolfsmilch) gewonnene Öl analysieren und urteilte, dass es für den menschlichen Verzehr ungenießbar sei, und zwar wegen des bitteren Geschmacks und möglicherweise wegen

297 Siehe die Untersuchungen über die Bodenarten einzelner Gegenden Württembergs in den Annalen der württembergischen Landwirthschaft Bd. 2, 4. Heft (Stuttgart 1821), S. 379–386.

298 Zitat im Aufsatz üb er die Erdarten in ökonomischer Hinsicht, veröffentlicht in: Journal für Chemie und Physik Bd. 19 (1817), S. 457.

299 Untersuchung einer Erde, welche die Eigenschaft hatte, die gewöhnlich rothblühende Hortensia speciosa blau zu färben, in: Journal für Chemie und Physik, 33 (1823), S. 286–290.

300 Zitat auf S. 290.

der Giftigkeit, bestenfalls könne es für die Seifenherstellung und als Maschinenöl verwendet werden[301].

Die chemischen Analysen erfolgten freilich oft mit veralteten und unzulänglichen Geräten wie wir aus einem Vorgang erfahren, der sich 1827 in Tübingen zugetragen hat. Damals beauftragte das Innenministerium Professor Sigwart mit der Untersuchung des Brunnenwassers im Tübinger Wilhelmsstift, um die Ursachen der häufigen und auffallenden Erkrankungen von dortigen Zöglingen herauszufinden und wollte ihm eine Belohnung von 110 fl aus dem Baufonds des Wilhelmsstifts und der Universitätskasse zukommen lassen, allerdings nicht als Gehaltszulage, sondern zweckgebunden zur Reparatur der älteren Labor-Instrumente.

In Dissertationen hat Schübler auch Themen bearbeiten lassen, die geradezu modern sind. So hat z. B. sein Schüler Ferdinand Tscheppe die Inhaltsstoffe von frischen und getrockneten Hanfblättern extrahiert, beschrieben und an sich selbst probiert, aber in dem wässerigen Extrakt nichts Berauschendes feststellen können[302]. Wahrscheinlich enthielten die in und um Tübingen kultivierten Hanfstauden keine Opiate, sondern gehörten zum gewöhnlichen Faserhanf.

Die Forschungen zu den natürlichen Grundlagen der Landwirtschaft bildeten überhaupt einen Schwerpunkt in Schüblers wissenschaftlicher Tätigkeit. Er hat hier wesentlich zum Verständnis der Zusammenhänge von natürlichen Grundlagen, Pflanzenwachstum und Düngung beigetragen, wobei er sich bewusst war, dass Forscher in anderen Ländern in dieser Hinsicht bereits weiter waren. Vorbilder waren hier die Engländer und Franzosen, die die Landwirtschaft in anderer Weise betrieben als dies in Württemberg der Fall war. Die Beiträge in der Zeitschrift „Bibliothèque britannique" machten ihm wohl bewusst, dass Württemberg bei den landwirtschaftlichen Erträgen nicht nur theoretisch, sondern auch praktisch sehr zurückgeblieben war. Das Wissen um die Zusammenhänge von Wachstum und Ertrag sowie Mineralisation der Erden war insgesamt noch recht diffus.

Vielleicht deswegen hat sich Schübler auch um die Vermittlung englischer und französischer Lehren bemüht und u. a. für die Verbreitung einer anonymen englischen Schrift über den Einfluss des Salzes auf das Wachstum der Pflanzen gesorgt, welche der Centralstelle des landwirtschaftlichen Vereins aus London zugesandt worden war. Er versah sie mit kommentierenden Anmerkungen[303]. In einer ersten Fußnote hielt er fest:

301 Untersuchungen des Oels von Euphorbia lathyris, in: CWLV 25/NF 5 (1834), S. 223–224.

302 Chemische Untersuchung der Hanfblätter. Tübingen 1821; Digitalisat unter URL: http://idb.ub.uni-tuebingen.de/digilit/Bi1130_3/0003; Ferd. Tscheppe erhielt für seine Dissertation eine öffentliche Belobigung (Reg.Blatt 1819, S. 789; später war er Amtsarzt in Stockach im badischen Seekreis).

303 N. N.: Ueber den Einfluß des Salzes auf das Wachsthum der Pflanzen, in: CWLV 5 (1824), S. 195–254.

obgleich die Einwirkungskraft des gemeinen Kochsalzes auf die Vegetation eine schon bekannte, wissenschaftliche Wahrheit ist, so ist sie doch, besonders bei uns in Deutschland, noch sehr wenig in die landwirthschafthliche Praxis übergegangen. Aus diesem Grund und weil die Natur Würtemberg mit diesem mineralogischen Schatze so reichlich gesegnet hat, hielt man die Bekanntmachung dieses Aufsatzes für gemeinnützig.

Ebenso hat er das Werk des Grafen Jean Antoine Claude de Chaptal über Agriculturchemie, das 1823 in Paris erschienen war, ins Deutsche übertragen lassen und dann in Fußnoten ergänzt[304]. In einer Besprechung in Kastners Archiv für die gesamte Naturlehre lobte der anonyme Rezensent die kritischen Ergänzungen von Schübler, die auf seinen eigenen neueren Untersuchungen beruhten, und wünschte dem Buch viele Leser[305]. Dass Schübler aber mit dieser Art von Wissenstransfer, Werke berühmter Gelehrter zu übersetzen, nicht ganz zufrieden war, geht aus dem Umstand hervor, dass er zu einzelnen Aussagen geradezu beckmesserhaft die neuesten wissenschaftlichen Erkenntnisse im Anhang beifügte. Ein solches Buch taugte nur bedingt für Lehr- und Bildungszwecke. Er zog daraus die Konsequenz, griff selbst zur Feder und verfasste ein Lehrbuch, das unter dem Titel *Grundsätze der Agricultur-Chemie* als achter Band der *Allgemeinen Encyclopädie der gesammten Landwirtschaft der Deutschen* 1830 in Leipzig erschien[306], welches systematisch und didaktisch den damaligen Stand der Agrarwissenschaft, zusammengetragen aus vielen Abhandlungen anderer Autoren, wiedergibt.

Die beiden Teile, die zum einen die *Grundsätze der Chemie als Vorbereitung zu den einzelnen Lehren des Landbaus, der Künste, Gewerbe und die gesammte Hauswirthschaft,* zum anderen die *Lehre von den Bestandteilen des Bodens und den in der Land- und Forstwirthschaft erzielten Produkten des Pflanzenreichs* umfassen, lassen das Bemühen um fundierte Aufklärung erkennen, etwa dass Land- und Forstwirtschaft nicht nur vom Wettergeschehen abhängig sind, sondern Menge und Güte der Produkte chemischen und physikalischen Regeln und Gesetzen folgen. Sichtbar wird dies im Kapitel über die Düngung (Teil II, S. 152–170), in dem die einzelnen Düngerarten und deren Auswirkungen auf Pflanzenwachstum und -ertrag mit wissenschaftlicher Akribie beschrieben werden und wo es heißt, dass der *Dung als ein Verbesserungsmittel des Bodens,* alle Stoffe umfasst, *welche das Wachstum und die Fruchtbarkeit der Gewächse vermehren.* Es kommt aber auf die richtige Anwendung und Dosierung der einzelnen Düngerarten vor allem im Hinblick auf die Bodenarten an. Schnell kann nämlich das Gegenteil erreicht werden, wenn bei alkalischen, leicht löslichen Salzen zu viel ausgebracht wird, was

304 Die Agriculturchemie des Grafen Chaptal, mit Zusätzen und Anmerkungen übersetzt von Heinrich Friedrich Eisenbach und einem Anhang von Gustav Schübler. 2 Teile. Stuttgart 1824.

305 Die Agriculturchemie des Grafen Chaptal usw., in: Archiv für die gesammte Naturlehre, 9 (Nürnberg 1826), H. 4, S. 433–436.

306 2 Teile mit zusammen 512 Druckseiten und etlichen Tabellen und Grafiken, erschienen in der Reihe *Allgemeine Encyclopädie der gesammten Land- und Hauswirthschaft der Deutschen,* herausgegeben von Carl Wilhelm Ernst Putsche.

zur völligen Unfruchtbarkeit des Bodens führen kann. Um die Zusammenhänge von Düngung und Ertrag aufzuzeigen, referierte Schübler Ergebnisse von Untersuchungen über die Bestandteile der wichtigeren Produkte des Pflanzenreichs, d. h. von Getreidearten und Ölfrüchten. Am Beispiel des Weizenmehls erläuterte er die Bedeutung von Stärke, Faserstoffen, Kleber, Eiweiß und Getreideöl für das Brotbacken, das besonders dann gut gelingt, wenn durch die Umwandlung von Stärke in Zucker und von Zucker in Alkohol und Gase der Teig locker wird. Bei Runkel-Zuckerrüben kommt es darauf an, den Boden zu wählen, der nicht „fett" gedüngt war, da sonst die Rüben fast keinen Zucker enthielten.

Aus seinen Schriften geht nicht genau hervor, ob und wie er die Wirkung des Phosphors auf das Pflanzenwachstums erkannt hat, welche Alexander von Humboldt bald nach seiner Rückkehr aus Südamerika beschrieben hatte[307]. Auch ist zweifelhaft, ob er wusste, wie der Vogeldung damals aus Südamerika über England nach Mitteleuropa kam. Brachte doch der Stuttgarter Kommerzienrat Friedrich Jobst erst 1837 Guanoproben aus England mit nach Württemberg, wo sie die Centralstelle des landwirtschaftlichen Vereins an rationelle Landwirte zur Erprobung verteilte. Auf alle Fälle plädierte Schübler für die Notwendigkeit, Themen zur Anwendung der Chemie in der Landwirtschaft im akademischen Unterricht zu verankern[308].

307 Siehe Alexander VON HUMBOLDT, Abhandlung über die Natur S. 24–29; dazu ROTT, Alexander von Humboldt S. 82–109.

308 Vgl. dazu SCHÜTT, Anfänge der Agrikulturchemie S. 83–91; HAUSHOFER, Die deutsche Landwirtschaft im technischen Zeitalter, S. 159–183; KLEIN, Ernst: Geschichte der deutschen Landwirtschaft im Industriezeitalter. Wiesbaden 1973, S. 91–102; BÖHM, Liebig und die Entwicklung der Pflanzenbauwissenschaft S. 65–84.

12.
Gutachter bei Preiswettbewerben

Nachzutragen bleibt, dass Schübler für die Centralstelle nicht nur die Witterungsberichte verfasst, sondern auch Vorschläge zur Verbesserung von Messinstrumenten gemacht hat. Ehe es die Centralstelle gab, hat er beispielsweise einen verfeinerten Magnetometer in einem Brief an Alexander von Humboldt beschrieben, der empfindlicher auf elektro-magnetische Impulse reagiert haben soll[309]; später, als er die Messinstrumente des meteorologischen Beobachtervereins hinsichtlich ihrer Mängel prüfte und schilderte, machte er Verbesserungsvorschläge. Kein Wunder ist es daher, dass er auch Gutachter der Centralstelle bei den jährlichen Prämierungen für ausgesetzte landwirtschaftliche, technisch-mechanische und chemische Preise, welche beim landwirtschaftlichen Fest in Cannstatt ab 1818 vergeben wurden, tätig war.

Explizit ist Schüblers Mitwirkung bei der Prämierung der von dem Esslinger Hofoptikus Carl Oechsle gefertigten Mikroskope und Fernrohre bezeugt. Solche Instrumente wurden zu Anfang der 1820er Jahre zumeist aus London, Paris oder München bezogen, weil es damals in Württemberg keinen handwerklich geschickten Linsenschleifer gab. Es hatte zwar in Stuttgart mehrere Hofoptiker, aber der einzige, der sich intensiv mit der Fertigung von Fernrohren, vor allem mit der Brechung der Linsen, beschäftigte, war Carl Oechsle (1782–1855)[310] in Esslingen. Bereits 1812 hatte er ein astronomisches Fernrohr um 1.500 fl an den König verkauft. Hoch zufrieden mit der Vergrößerung und Sehschärfe sowie Qualität des Geräts dankte dieser ihm mit der Verleihung des Prädikats Hofoptikus. Mit seinen optischen Instrumenten nahm er wiederholt an Preiswettbewerben teil. 1823 erhielt er den mechanisch-technischen Preis für eine achromatische Fernröhre. In der Begründung des Preiskomitées heißt dazu:

309 Staatsbibliothek Berlin, Preußischer Kulturbesitz, Handschriften-Abteilung, Nachlass Alexander von Humboldt, gr. Kasten 9, Nr. 29–31, Bl. 4–7 (Brief an Alexander von Humboldt in Paris, datiert Stuttgart, 19. Juni 1811.

310 Boegehold, Optische Werkstätte S. 66 ff.

Bei der mit ihr angestellten vergleichenden Untersuchung konnte zwischen einem Reichenbach'schen und einem von Oechsle geschliffenen Objektivglas durchaus kein Unterschied in der Deutlichkeit und Schärfe der dadurch wahrgenommenen Objekte bemerkt werden. Dadurch bewährt sich der eben so große wissenschaftliche als auch gemeinnützige Wert dieser Arbeit, die man bisher nur in London und München in gleicher Vollkommenheit zu Stande zu bringen wußte, welche daher an Verdienst alle andern eben erwähnten Konkurrenzstücke nachstehen mußten[311].

Oechsle durfte sich über eine silberne Medaille und 40 Dukaten Preisgeld freuen. Im Frühjahr 1827 nahmen er und sein Sohn Gottlieb an der Kunst- und Industrie-Ausstellung in Stuttgart teil, und zwar mit einem dreifüßigen Achromaten, den König Wilhelm I. für die Sternwarte in Tübingen um 330 fl erwarb, und Mikroskopen, wobei hervorgehoben wurde, dass die Mikroskope je nach Objektiv, besonders jenes mit vier auswechselbaren einfachen Objektiven, eine bis zu 157-fache Vergrößerung ermöglichten. Der Verkaufspreis von 77 fl war vergleichsweise günstig. Zwei Jahre später bewarb er sich erneut um den königlichen mechanischen Preis, jetzt mit einem nochmals verbesserten achromatischen Mikroskop mit einem aus zwei oder drei Linsen bestehenden Schraubobjektiv, das eine viel kleinere Brennweite besaß, aber die Vergrößerung bedeutend verstärkte, wie es im Gutachten dazu heißt[312]. Die Gutachter – es waren dies die Professoren Bohnenberger (Mathematiker und Astronom), Schübler (Botaniker), Rapp (Anatom und Zoologe) aus Tübingen, Professor Hochstetter und Oberamtsarzt Dr. Steudel (beide Botaniker aus Esslingen) urteilten: *ein solches Microscop, an dessen äußerer Eleganz nichts vermißt wird, kostet 16 Louisdor, also ein Drittel weniger als die auswärtigen von München und Paris, die er so glücklich nachgeahmt hat. Zur Concurrenz kam er übrigens viel zu spät*[313]. Deswegen sprachen die Gutachter ihm nur eine öffentliche Anerkennung und Belobigung aus. Eine silberne Medaille bekam er – wie übrigens auch in den Jahren 1836 und 1839[314] – nicht mehr. (Abb. 22 und 23)

Was die Gutachten nicht verraten, ist die Tatsache, dass zur Verbesserung der optischen Instrumente ganz erheblich Professor Bohnenbergers Wünsche und Berechnungen der Linsen beigetragen haben. Hat er doch im engen Kontakt mit Oechsle gestanden und ihm die entsprechenden Anweisungen gegeben, wie er die Linsen zu schleifen und anzuordnen habe[315]. Bohnenbergers mathematisches Wissen kam wohl auch der Konstruktion von neuen Nivellier-Instrumenten und Messtischfernrohren zugute, die sich in Oechsles Nachlass befanden. Auch bei den von ihm gefertigten Thermometern darf man vermuten, dass er dazu von den Tübinger Professoren

311 CWLV 4 (1823), S. 263, Nr. 13.
312 CWLV 17 (1830), S. 7, Nr. 7.
313 CWLV 17 (1830), S. 8.
314 SCHWANKL, Ausstellungswesen S. 121
315 BOEGEHOLD, Optische Werkstätten S. 68 ff.

Bohnenberger, Schübler und Rapp angeregt worden war[316]. Abgesehen davon, dürfte Schübler einer der ersten Hochschullehrer gewesen sein, der – so im Sommersemester 1833 nachweisbar – ergänzend zu seiner Vorlesung „Pflanzenphysiologie“ *mikroscopische Übungen* anbot, gleichsam um *die behandelten Gegenstände durch mikroscopische Beobachtungen* zu erläutern, an denen die meisten Zuhörer (immerhin 20) *regelmäßig theilnahmen und gute Kenntniße zeigten*[317].

316 BOEGEHOLD, Optische Werkstätten S. 76.
317 UAT 51/606 (Zuhörer-Verzeichnis Sommersemester 1833, Anmerkung).

13.
Im Netzwerk gelehrter Gesellschaften und naturwissenschaftlicher Vereinigungen

Gustav Schübler, der in Nachrufen seinen Zeitgenossen als rastlos tätiger, der Wissenschaft absolut verpflichteter Forscher vorgestellt wurde, kann hauptsächlich über Mitgliedschaften in gelehrten Gesellschaften und Vereinen als Glied einer weit verzweigten Wissenschaftsgemeinschaft und als „Weltbürger" charakterisiert werden. Gewiss eine kühne These, welche aber bei den damaligen Kommunikationsbedingungen eine wohl angemessene Beschreibung ist. Um Licht in sein weitverzweigtes Korrespondentennetz zu bringen, sei auf Einträge in seiner Personalakte, in seinen Publikationen und Briefen zurückgegriffen. Aus ihnen und aus den Nachrufen lässt sich bestätigen, dass Schübler ein gut vernetzter Naturwissenschaftler und Botaniker gewesen war. Allein 24 Vereinigungen hatten ihm Diplome eines ordentlichen oder korrespondierenden oder gar eines Ehrenmitglieds verliehen[318]. Neben der schon erwähnten *Allgemeinen Schweizerischen Gesellschaft für die gesamten Naturwissenschaften* können weitere in- und ausländische Institutionen namhaft gemacht werden, und zwar:

[1. Landwirtschaftlicher Verein Tübingen, OM April 1818];
2. Wetterauische Gesellschaft für die gesamte Naturkunde zu Hanau, KM 8.09.1811;
3. Physisch-medizinische Gesellschaft in Erlangen, KM 18.11.1811;
4. Schweizerische Gesellschaft für die gesamte Naturkunde, OM Juli 1816;
5. Pharmazeutische Gesellschaft zu St. Petersburg, EM 29.03.1819;

318 Die nachweisbaren Mitgliedschaften sind der Akte UAT, Personalakte 126/619 (KM = Korrespondierendes Mitglied; OM = ordentliches Mitglied; EM = Ehrenmitglied) in gelehrten Gesellschaften und Vereinen entnommen; ob man den 1818 genannten aus 8 Universitätsprofessoren (inkl. Schübler) und dem Universitäts-Kameralamtsverwalter bestehenden Landwirtschaftlichen Verein Tübingen, der in Verbindung zum Landwirtschaftlichen Bezirksverein Rottenburg a. N. treten wollte, hier anführen kann, mag zweifelhaft sein, da keiner der Professoren sich als praktischer Landwirt hervorgetan hat und sie auch nur den Rottenburger Verein an den wissenschaftlichen Erkenntnissen teilhaben lassen wollten (vgl. Statuten des Landwirtschaftlichen Bezirks-Vereins zu Rottenburg am Neckar, gedruckt Tübingen 1818, hier Anhang (1 Ex. In UB Tübingen, Signatur L X 66).

6. Centralstelle des Württembergischen landwirtschaftlichen Vereins zu Stuttgart, OM 14.08.1818;
7. Großherzoglich Badischer landwirtschaftlicher Verein zu Ettlingen, KM 4.11.1820;
8. Naturforschende Gesellschaft zu Halle, KM 7.04.1821;
9. Verein für württembergische Vaterlandskunde zu Stuttgart, KM 26.11.1822;
10. Gesellschaft zur Beförderung der gesamten Naturwissenschaft in Marburg/Lahn, OM 1.02.1824;
11. Ökonomische Gesellschaft im Königreich Sachsen, EM 27.04.1824;
12. Märkisch Ökonomische Gesellschaft in Potsdam, EM 8.11.1824;
13. Verein zur Beförderung des Gartenbaus zu Berlin, KM 5.12.1824;
14. Apothekerverein für das gesamte nördliche Deutschland zu Salzufflen, EM 8.12.1824;
15. Kurfürstlich hessischer landwirtschaftlicher Verein in Kassel, EM 29.09.1825;
16. Regensburgische Botanische Gesellschaft, OM Nov. 1828;
17. Gesellschaft für Naturwissenschaft und Heilkunde in Heidelberg, OM 10.12.1829;
18. Schlesische Gesellschaft für vaterländische Kultur zu Breslau, KM 1829;
19. Royal Society of Medicine zu London, KM 1829; aus Briefen und Nachrufen;
20. Kaiserlich Leopoldinisch-Carolinische Akademie der Naturforscher zu Bonn 1826;
21. Südafrikanische Gesellschaft der Wissenschaften am Cap der Guten Hoffnung;
22. Großherzoglich Badische Gesellschaft der Naturforscher und Heilkunde, OM 18.12.1829;
23. Gesellschaft zur Beförderung der Naturwissenschaften in Straßburg/Elsass 1833;
24. Medizinische Gesellschaft des Königreichs Ungarn zu Pest.

Besonders aufmerksam sei auf die Ehrenmitgliedschaft in der Pharmazeutischen Gesellschaft zu St. Petersburg gemacht, über deren Vermittlung er Hugo Mohl eine Stelle als Adjunkt des Direktors des Botanischen Gartens in St. Petersburg zu verschaffen hoffte[319]. Oder die Royal Society of Medicine in London, welche ihn 1829 zum korrespondierenden Mitglied berufen hatte und die Südafrikanische Gesellschaft der Wissenschaften am Kap der Guten Hoffnung, hinter letzterer steckt wohl Baron von Ludwig, ein ausgewanderter Württemberger, Kaufmann und Sammler von Pflanzen, Mineralien und Tieren, die er den Naturalienkabinetten in Stuttgart und Tübingen zukommen ließ. Natürlich war er auch Mitglied der ältesten, seit 1652 bestehenden Wissenschaftsvereinigung im deutschen Sprachraum, der Kaiserlich Leopoldinisch-Carolinischen Akademie der Naturforscher, der *Leopoldina,* geworden (1826)[320]. Wie

319 BSM, Abt. Handschriften/Alte Drucke, Signatur: Martusiana II A 2, Brief an C. F. Ph. von Martius vom 28.03.1831.

320 Vgl. URL: http://www.leopoldina.org/de/mitglieder/mitglieder-seit-1652; Wahljahr 1826, Sektion Mathematik (sic!).

gut er in der Welt der Botaniker vernetzt war, zeigt schließlich auch die Widmung des ersten Bandes des 13. Jahrgangs der *Flora oder Allgemeine botanische Zeitung* der Königlich bayerischen botanischen Gesellschaft in Regensburg von 1830, einer der renommiertesten botanischen Zeitschriften Deutschlands, und nebenbei bemerkt, eine Ehrung, die nur wirklich bedeutenden Botanikern wie Franz de Paula von Schrank (Direktor des Botanischen Gartens in München), Carl Friedrich Philipp von Martius (Brasilienforscher, 2. Vorstand des Botanischen Gartens in München und Professor an der Universität München), Christian Gottfried Daniel Nees von Esenbeck (Präsident der Kaiserlich Leopoldinisch-Carolinischen Akademie der Naturforscher), später auch seinem Nachfolger Hugo (von) Mohl, zu Teil wurde. Seltsam ist, dass Schübler zwölf Jahre nach seinem Tod auch zum korrespondierenden Mitglied der *Académie des sciences* in Paris gewählt wurde, und zwar in der Sektion „Économie rurale" als Nachfolger des 1844 verstorbenen Hohenheimer Institutsdirektors Johann Nepomuk (von) Schwerz[321]. (Abb. 24)

Wie andere seine wissenschaftlichen Leistungen einschätzten, das bezeugen nicht nur die erwähnten, vielfältigen Mitgliedschaften, sondern auch Notizen in Aufsätzen und Briefen, die vorerst freilich nur in Umrissen seine Persönlichkeit und seine Aktivitäten erkennen lassen. Aus den erhaltenen Briefen[322], einige davon ohne Adressat, geht hervor, dass Schübler ein fleißiger Schreiber gewesen ist, der bemüht war, seine wissenschaftlichen Ergebnisse und die Arbeiten seiner Schüler in Fachkreisen bekannt zu machen. Er pflegte enge briefliche Kontakte zu Herausgebern und Redakteuren überregionaler Zeitschriften wie die „Jenaer Allgemeine Literatur-Zeitung", oder die „Hertha, Zeitschrift für Erd-, Völker- und Staatenkunde" (herausgegeben von Heinrich Karl Wilhelm Berghaus in Berlin und Karl Friedrich Vollrath Hoffmann in Stuttgart und Gotha), oder Poggendorffs Annalen der Physik (eigentlich: Journal der Physik), Schweiggers Journal für Chemie und Physik, Kastners Archiv für die gesam(m)te Naturlehre, oder zu Erdmanns Journal für technische und ökonomische Chemie. Sie ebneten ihm den Weg auf die Bühne der nationalen und internationalen Wissenschaft, wie beispielsweise aus einem Brief vom 18. März 1825[323] an eine unbekannte Person (vermutlich Vollrath Hoffmann, Redakteur der „Hertha" in Stuttgart)

321 Comptes rendus hebdomaires des séances de l'Académie des Sciences 1846/01, S. 227 und 250 (als Digitalisat verfügbar unter der Internetadresse URL: http://gallica.bnf.fr/arc/12148/bpt6k29798/f254; siehe auch https://www.academie-sciences.fr/fr/Table/Membres/Liste-des-membres-depuis-la-creation-de-l-Academie-des-sciences/Page-2.html (abgerufen 15.01.2020, dort allerdings mit der falschen Jahresangabe 1846 statt 1844.

322 Leicht zugängliche Briefe in der UB Tübingen, Handschriften/Alte Drucke, Sign. Md 755–587 (Brief Schüblers an Gustav Schwab in Stuttgart, datiert Tübingen, 5. Juli 1826); darin nimmt Schübler Stellung zu einer ein Jahr zuvor brieflich geäußerten Bitte Schwabs, ihm naturhistorische Beiträge über den Bodensee und Umgebung zukommen zu lassen, vor allem wünschte er Angaben über die Tiefe des Bodensees; diesen Wunsch kam Schübler nach und sandte Blätter mit Notizen, die er nach dem Druck zurückhaben wollte, weil er sich keine Abschrift gemacht habe.

323 WLB Stuttgart, Abt. Handschriften, Alte Drucke, Signatur: Cod. hist. 4°. 474.

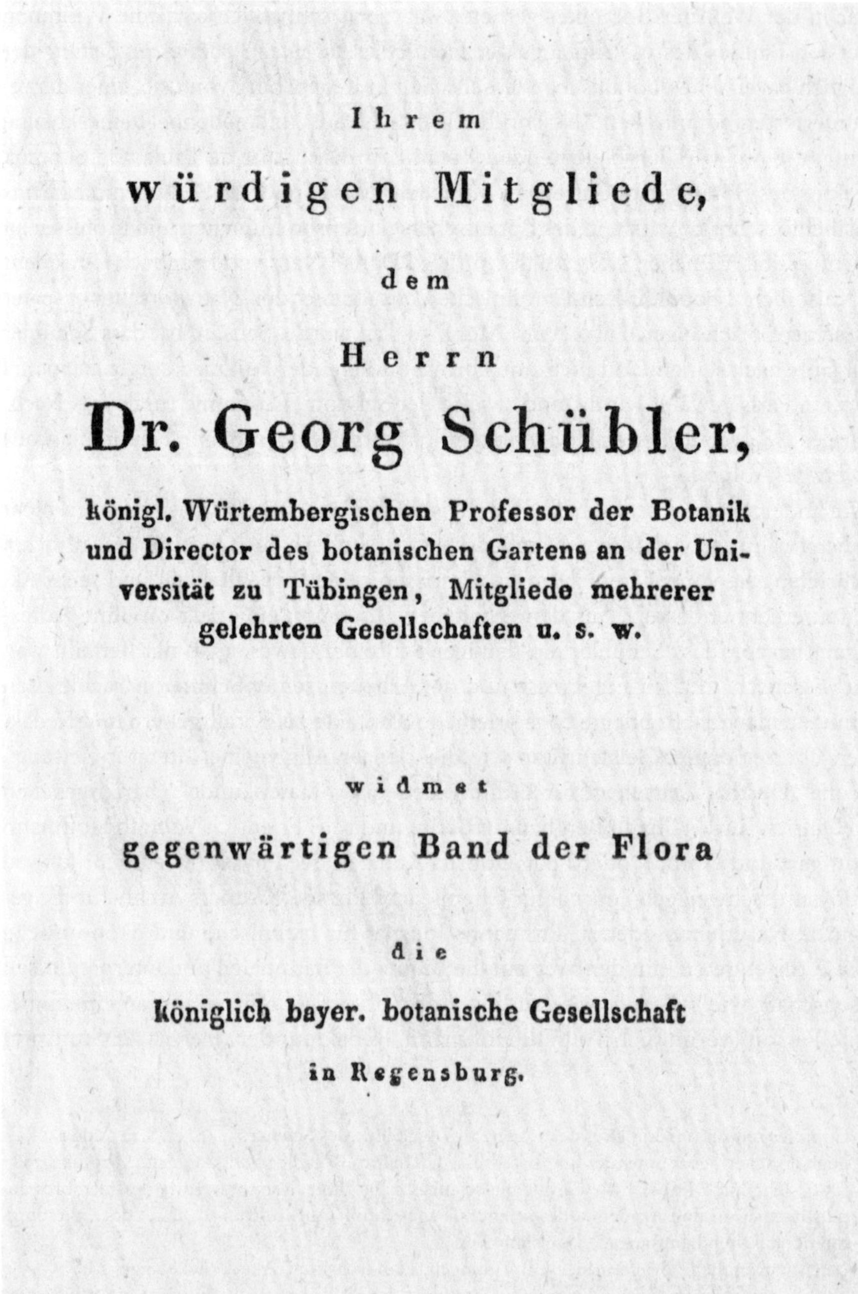

Ihrem

würdigen Mitgliede,

dem

Herrn

Dr. Georg Schübler,

königl. Würtembergischen Professor der Botanik und Director des botanischen Gartens an der Universität zu Tübingen, Mitgliede mehrerer gelehrten Gesellschaften u. s. w.

widmet

gegenwärtigen Band der Flora

die

königlich bayer. botanische Gesellschaft

in Regensburg.

Abb. 24 Widmung des Jahresbandes der Zeitschrift FLORA oder Allgemeine botanische Zeitung an Gustav Schübler, hier falscher Vorname „Georg“ (13. Jg. Bd. 1, Regensburg 1830). – Vorlage: UB Tübingen, Signatur: Bi 332; Aufnahme: Fotostelle UB Tübingen.

hervorgeht, in dem er sich erkundigt, ob der Empfänger die zugesandten Dissertationen erhalten habe und ihm zugleich Vorschläge macht, welche Veröffentlichungen – natürlich nur in Auszügen –, er ihm zur Mitteilung an dessen Leserschaft zukommen lassen soll. Schübler dachte hier an seine Höhenbestimmungen in Württemberg und an das Auffinden eines Trapptuffhügels (Höhe 1.269 Pariser Schuh), worüber er in den Württembergischen Jahrbüchern publiziert hatte. Hierbei dürfte es sich um den Karfenbühl bei Dettingen/Erms handeln (siehe Kap. 8.2). Seine Kontakte zu den Herausgebern der damals wichtigsten Fachzeitschriften dienten ihm auch dazu, die unter seiner Leitung entstandenen Dissertationen bekannt zu machen, was zugleich zum Ansehen der Naturwissenschaft und Medizin an der Universität Tübingen beitrug und bei den Jahresversammlungen der deutschen Naturforscher und Ärzte anerkennend registriert wurde.

Aus einem Brief vom 17. November 1830, den er vermutlich seinem Verleger Baumgärtner in Leipzig schrieb[324], ist ferner zu erfahren, dass Schübler auch bestrebt war, seine Bücher gezielt hochrangigen Persönlichkeiten bekannt zu machen. Bat er doch zwei Exemplare seiner „Agrikulturchemie" auf feinem weißem Papier zu drucken, welche er dem württembergischen Innenminister von Schmidlin (1780–1830) und dem Direktor des Landwirtschaftlichen Instituts Hohenheim, Freiherrn Ludwig von Ellrichshausen (1789–1832), zukommen lassen möchte, in der Hoffnung, dass diese Schrift als Lehrbuch im Hohenheimer Unterricht Verwendung fände. Bei dieser Gelegenheit bat er auch Herrn von Sternburg[325] ein Exemplar der „Agrikulturchemie" zuzusenden, weil er von ihm eine Schrift[326] erhalten habe, für die er sich bedanken wolle.

Andere Aspekte können wegen fehlender brieflicher Korrespondenz oder mangelnder Adressate vorläufig nicht näher beleuchtet und eingeordnet werden, so besonders zu seinen Fachkollegen in Württemberg wie z. B. Johann Gottlieb Friedrich (von) Bohnenberger in Tübingen, Carl Friedrich (von) Gärtner in Calw, Carl Friedrich (von) Kielmeyer in Tübingen/Stuttgart oder Georg Friedrich (von) Jäger in Stuttgart. Aus der Korrespondenz und sonstigen Handschriften, die im „Kalliope-Verbundkatalog"[327] aufgeführt sind sowie aus Biographien von Zeitgenossen und Fachkollegen, lassen sich aber weitere Personen eruieren, die seine Verbindungen zu den Großen der Naturwissenschaften aufzeigen. Ganz wichtig und prägend wurden seine persönlichen Begegnungen mit den genannten Genfer Naturforschern wie Marc-Auguste de Pictet und Augustin-Pyramus de Candolle, mit Johann Wolfgang von Goethe, Alexander von

324 GNM, Historisches Archiv, Autographen, Allgemeine Reihe K. 15, Schübler, Gustav, Brief an Unbekannt 17.11.1830.

325 Es dürfte sich um Maximilian Speck Freiherr von Sternburg (1776–1856) handeln (siehe NICOLAISSEN, Jan: Speck von Sternburg, Max Freiherr, in: NDB 24 (2010), S. 637–639 [Online-Version] URL: http://www.deutsche-biographie.de{gnd100591604.html#ndbcontent).

326 Es dürfte sich um die Beschreibung *Spaziergang nach Lützschena und dessen Umgebungen. Leipzig 1830* handeln.

327 URL: http://kalliope.staatsbibliothek-berlin.de/de/search.html?q-Schübler (abgerufen 25.04.2017).

Humboldt, Carl Friedrich Philipp (von) Martius, Joseph Aloys (von) Frölich, Ludwig Lorenz Oken, Ernst Meyer und Karl Ernst von Baer (Königsberg), Johann Ludwig Alexander Herrenschneider (Straßburg/Elsass), Wilhelm von Pfeil (Eberswalde/Berlin), und natürlich zu den Verlegern Osiander in Tübingen, Baumgärtner in Leipzig und Johann Friedrich (von) Cotta in Stuttgart, nicht zu vergessen die Herausgeber von Fachzeitschriften wie Okens encyclopädische Zeitung „Isis", die ihm eine Plattform für die Verbreitung seiner Forschungsergebnisse boten. Als Korrespondenten und Freunde können noch Ludwig Schrön (Astronom und Mathematiker in Jena, 1799–1875), Franz von Paula Gruithuisen (Astronom und Arzt in München, 1774–1852), Karl Konstantin Haberle (Meteorologe in Budapest, 1764–1832), Max Speck von Sternburg (Kaufmann, Rittergutsbesitzer in Lützschena bei Leipzig, 1776–1856) angeführt werden, dazu Ami Boué (1794–1881), ein weitgereister Geologe und Mediziner, der sich rühmte die beiden Schübler (Valentin und Gustav), „Männer von Berühmtheit oder von einigem Ansehen", zu seinen Bekannten zählen zu dürfen[328].

13.1 Mitglied der Gesellschaft deutscher Naturforscher und Ärzte

Wie und wo er diese Kontakte zu den genannten Personen geknüpft hat, bleibt aber weitgehend im Dunkeln. Gewiss spielen eine entscheidende Rolle die wissenschaftlichen Vereinigungen und Gesellschaften, von denen eine besonders wichtig geworden zu sein scheint, in der man aber formal gar nicht Mitglied werden konnte, sondern sich durch qualifizierte wissenschaftliche Veröffentlichungen empfahl, die *Gesellschaft der deutschen Naturforscher und Ärzte*. Sie wurde rasch zu einer Plattform wissenschaftlichen Gedankenaustauschs nicht nur deutscher Naturwissenschaftler, sondern aus ganz Europa[329]. Ob Schübler als einer der wenigen Teilnehmer (die Rede ist von zwei Dutzend) die Reise zur Gründung der Versammlung deutscher Naturforscher und Ärzte nach Leipzig auf sich nahm, die der ehemalige Jenaer Professor Ludwig Lorenz Oken für den 18. September 1822 einberufen hatte[330], ist ungewiss. Unter den namentlich genannten Teilnehmern findet sich jedenfalls sein Name nicht, was aber nichts bedeuten muss, da Naturforscher aus dem Kaisertum Österreich aus Furcht vor Repressalien bei der Rückkehr baten, ihren Namen nicht zu veröffentlichen[331]. Gefallen könnte er aber an den Statuten, die der Präsident der Versammlung, der Leipziger

328 SEIDL, Ami Boué S. 89.

329 Dazu DEGEN, Gründungsgeschichte S. 421–427 und S. 472–480; PFANNENSTIEL, Kleines Quellenbuch 1958; SCHRÖDER, Naturwissenschaften S. 45 ff.

330 Siehe die Einladung in der encyclopädischen Zeitschrift „Isis" von Oken, Jg. 1821, Rubrik: Litterarischer Anzeiger Sp. 196–198; Jg. 1822, H. VII (Juliheft), Umschlag-Vorsatz mit der Aufforderung an die Zeitungen, die Anzeige aufzunehmen und einige Male zu wiederholen.

331 SCHRÖDER, Naturwissenschaften S. 46; am Ende nahmen wohl ca. 60 Personen an den Sitzungen in Leipzig teil.

Professor der Naturgeschichte Christian Friedrich Schwägrichen (1775–1853)[332] am 1. Oktober 1822 verkündete[333], gefunden haben. Diese sahen vor, dass die Gesellschaft deutscher Naturforscher und Ärzte ein freier und loser Zusammenschluss von Naturforschern und Ärzten sein sollte, die sich als Schriftsteller ihres Faches ausgezeichnet hatten. Der Sinn dieser Jahrestreffen war der ungezwungene, von obrigkeitlicher Bevormundung freie, Austausch von wissenschaftlichen Forschungsergebnissen und Ansichten sowie geselliges Beisammensein an jährlich wechselnden Orten im deutschen Sprachraum. Eine formale Mitgliedschaft mit Jahresbeiträgen bestand nicht. Die Versammlung wählte jeweils in einer der ersten Sitzungen ihrer Zusammenkunft den nächsten Versammlungsort und den Geschäftsführer zusammen mit einem Sekretär, denen die Vorbereitung und Organisation anvertraut wurde. Jeder, der etwas vortragen wollte, hatte dies dem Vorbereitungskomitee mitzuteilen. Ihm fiel zudem die Aufgabe zu, einen „amtlichen Sitzungsbericht" zu verfassen und zu publizieren. Der Druck des Abhandlungsbandes sollte durch die Teilnehmergebühr abgesichert werden. Oft reichte diese Summe jedoch nicht aus, um alle Ausgaben zu bestreiten, sodass die Veranstalter froh und dankbar waren, wenn sie aus irgendeinem Staatsfonds Beiträge erhielten, was Oken als Initiator der Jahresversammlungen, eigentlich verhindern wollte, weil seiner Ansicht nach die Vereinigung sich damit in die Abhängigkeit von Fürsten und Staatsregierungen begab, denen alles andere als der freie Wissenschaftsaustausch am Herzen lag. Er befürchtete nicht zu Unrecht, dass die Landesherren die Jahresversammlungen als Bühne eines Schauspiels für ihre vermeintlich segensreiche Regierungstätigkeit missbrauchen könnten.

Wie gesagt, es lässt sich nicht klären, ob Schübler zu den Gründungsmitgliedern der Gesellschaft der deutschen Naturforscher und Ärzte gehört hat, zumal es ganz unwahrscheinlich ist, dass Schübler Ende September/Anfang Oktober 1822 nach Sachsen gereist ist, wie aus einer unrichtig wiedergegebenen Jahreszahl in August von Goethes Stammbuch geschlossen werden kann. Denn der Eintrag bezieht sich auf den Besuch bei J. W. von Goethe am 6. Oktober 1828 in Weimar, als Schübler von der Jahresversammlung deutscher Naturforscher und Ärzte in Berlin heimreiste. Vor dieser denkwürdigen Begegnung sind lediglich ein Briefwechsel und die Übersendung einer Kiste von Mineralien an den Großherzog Carl August in Weimar bezeugt. In dessen Auftrag hatte Goethe am 18. Februar 1822 ihm für die württembergischen Naturalien, die an das mineralogische Kabinett der Universität Jena weitergeleitet worden waren, gedankt und ein paar freundliche Zeilen beigefügt, welche ihn ermutigt haben dürften, den Dichter und Naturforscher bei einer sich bietenden Gelegenheit zu besuchen. Im Repertorium von Goethes Briefen ist dieses Schreiben aufgeführt, allerdings mit dem

332 Vgl. Professorenkatalog der Universität Leipzig unter der Web-Adresse http://uni-leipzig.de/unigeschichte/professorenkatalog/leipzig abgerufen 25.11.2016.

333 Abgedruckt in: Isis, encyclopädische Zeitschrift (hg. von Ludwig Oken), Jg. 1823, Bd. 14, Heft 6, Sp. 553–559.

Vermerk „Kriegsverlust"[334]. Doch dank einer früheren Veröffentlichung über Goethes Regierungstätigkeit ist der Text des Briefes überliefert[335]. Von Goethe ist er dann 1828 zusammen mit dem Brasilienforscher und Münchner Professor Carl Friedrich Philipp von Martius (1794–1868) empfangen und zum Mittagessen eingeladen worden, wo sich die Gäste über die „Uranfänge der Geologie" scherzhaft – wie es heißt – unterhalten haben[336]. Was damit gemeint ist, bleibt unklar. Ging es im Gespräch um Fragen des Lebens, um Anfänge und Entwicklung der belebten Welt wie sie sich dem Naturwissenschaftler in den Petrefakten offenbarte? Oder sprach man bloß über die Anfänge der Geologie als Wissenschaft, die sich damals als eigenständige Disziplin zu etablieren begann?

Ausgetauscht haben sie sich auch über den Misswuchs bei einer Dattelpalme, welcher ihm und den beiden durchreisenden Naturforschern höchst merkwürdig erschien, wie Goethe in einem Brief an G. F. Jäger in Stuttgart vom 15. November 1828 schrieb und den er bat, er möge ihn Schübler bestens empfehlen[337]. Mit Ortsangabe „Weimar" und Datum „6. Oktober 1828" hielt Schübler seinen Besuch im Stammbuch von Goethes Sohn August fest: *„Zur freundlichen Erinnerung an unsere geognostische Unterhaltung in Weimar, Schübler Prof*(essor) *aus Tübingen"*[338]. (Abb. 25)

An den Jahresversammlungen der Gesellschaft deutscher Naturforscher und Ärzte in Halle/Saale (1823), Würzburg (1824), Frankfurt/Main (1825) und Dresden (1826) hat Schübler wohl nicht teilgenommen. Jedenfalls erscheint sein Name nicht in den Berichten, die Oken in der encyclopädischen Zeitung „Isis" veröffentlicht hat. Der Versammlung in Halle hat er aber seine Höhenübersicht von Württemberg übersandt, welche kurz zuvor in den Württembergischen Jahrbüchern erschienen war und welche Hofrat Keferstein der Versammlung vorstellte, wobei er anerkennend anfügte, dass sie *sich von jeder andern ähnlichen Charte sehr vortheilhaft unterscheidet*[339]. Erst bei der Jahresversammlung in München (1827) taucht der Name Schübler wieder auf. Er hat dort über seine Entdeckung einer Kalkkristalle bildenden Süßwasseralge in der Blau bei

334 URL: http://ora-web.swkk.de/goe_rep_online/repertorium.vollanzeige /WA-Nr. 35230; siehe auch Johann Wolfgang Goethe: Tagebücher. Im Auftrag der Klassik Stiftung Weimar, hg. vom Goethe- und Schiller-Archiv Bd. 8,1 (Stuttgart/Weimar 2015, S. 173/174; Johann Wolfgang Goethe: Sämtliche Werke. Briefe, Tagebücher und Gespräche Bd. 38 (Frankfurt/M. 1993), S. 67; Brief an Schübler vom 18. Februar 1822 wiedergegeben in GOETHE, Schriften zur Geologie S. 240/241.

335 VOGEL, Goethe in amtlichen Verhältnissen S. 386/387.

336 Johann Wolfgang GOETHE: Sämtliche Werke, Briefe, Tagebücher und Gespräche Bd. 38 (Frankfurt a. Main/Berlin 1993), S. 67.

337 SCHMID, Goethe und die Naturwissenschaften S. 76, Nr. 306; vgl. dazu auch WARTH, Georg Friedrich Jaeger (1785–1866) S. 83–86.

338 Klassik Stiftung Weimar, Goethe- und Schiller Archiv, Signatur HSA 37/XXIII, 4 BL 108 Rs; siehe auch Eintrag in Goethes Tagebuch (GOETHE, Schriften zur Geologie S. 630).

339 Journal für Chemie und Physik, 39/NF 9 (1823), S. 8/9.

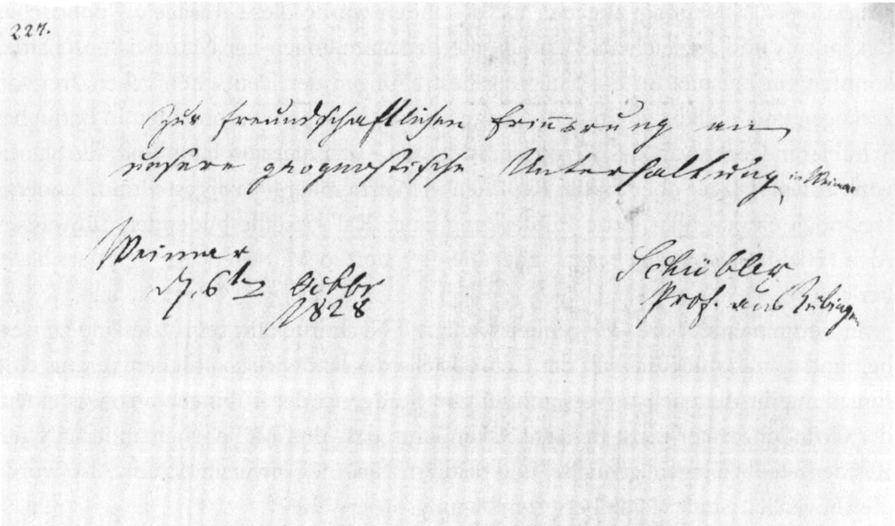
227.

Zur freundschaftlichen Erinnerung an
unsere gegenseitige Unterhaltung in Weimar

Weimar
d. 6ten Octbr
1828

Schübler
Prof. aus Tübingen

Abb. 25 Eintrag Schüblers vom 6. Oktober 1828 über die Begegnung mit J. W. v. Goethe im Stammbuch seines Sohnes August. – Vorlage und Aufnahme: Klassik Stiftung Weimar, Goethe- und Schiller-Archiv, Signatur: HSA 37/XXIII, 4 BL 108 Rs.

Blaubeuren berichtet[340]. Nach München war auch ein alter Bekannter aus Genf gekommen, Augustin-Pyramus de Candolle. Jener hatte sich – wie Schübler – besonders für den Botanischen Garten in München interessiert, ein Wunsch, den C. F. Ph. Martius erfüllte. In seinen Memoiren nannte De Candolle als weitere Gesprächspartner Franz von Paula de Schrank, Froelich, Oken, Tiedemann, Hoppe und Baron von Welden, alle Botaniker, mit denen auch Schübler korrespondierte. Auch wenn Schübler in den von seinem Sohn herausgegebenen Memoiren De Candolle's nicht explizit aufgeführt ist, so wissen wir doch aus einer anderen Quelle, dass er und *seine wackere Schule*[341] in Genf durchaus geschätzt wurde.

Gut bezeugt ist ferner, dass Schübler auf der Berliner Jahresversammlung im Jahr 1828 anwesend war. Alexander von Humboldt hatte als Tagungspräsident eine programmatische Eröffnungsrede gehalten und darauf hingewiesen, dass die Teilnehmer, die aus allen Staaten des Deutschen Bundes angereist waren, gleichsam ein *Bild dieses*

340 Isis, encyclopädische Zeitung Jg. 1828, H. VII/VIII, Sp. 520–522 (http://zs.thulb.uni-jena.de/receive/jportal-jpvolume_00031400, Bild 227 abgerufen am 28.11.2016.

341 Das Zitat stammt von Johannes Röper im Vorwort zu DE CANDOLLE's, Pflanzen-Physiologie S. VIII.

gemeinsamen Vaterlandes abgäben[342]. Verstanden wurde diese Ansage als politisches Bekenntnis und zugleich als Wunsch, die Versammlungen der Naturwissenschaftler könnten ein Beispiel für die Einigungsbestrebungen der Deutschen geben, frei von Zwängen und Willkür, allein dem Austausch von Ansichten verpflichtet. In Berlin hat Schübler in Gegenwart des Sitzungspräsidenten Alexander von Humboldt die Schrift von Professor Jäger über fossile Reptilien in Württemberg[343] vorgestellt und anderntags noch einmal über seine Entdeckung einer Kalkkristalle bildenden Süßwasser-Alge *(Hydrurus crystallophorus)*, über die er schon in München 1827 referiert hatte, berichtet[344].

In Berlin nahm er die Gelegenheit wahr, mit Nachdruck für sein Vaterland zu werben und sprach mit Rückhalt der Centralstelle des landwirtschaftlichen Vereins eine Einladung für die nächste Versammlung in Stuttgart oder Tübingen aus, was einem der Gründungsväter nicht behagte. Oken fand, dass drei Mal nacheinander in einer Residenzstadt zu tagen, genug sei und plädierte für eine Universitätsstadt. Also wurde die Universitätsstadt Heidelberg zum Tagungsort erwählt[345].

Die Berliner Versammlung war aber auch so ein Gewinn für Schübler. Hatte er doch Gespräche mit vielen berühmten Leuten führen können, mit denen er anschließend korrespondierte und in Schriftentausch sowie Tausch von Samen und Pflanzen für den Botanischen Garten in Tübingen trat, so mit dem Embryologen Karl Ernst von Baer (Entdecker der menschlichen Eizelle 1827)[346] und dem Botaniker Ernst Meyer[347], beide aus Königsberg im fernen Ostpreußen[348], besonders aber mit Carl Friedrich Philipp von Martius aus München. An von Baer sandte er Notizen der Reise nach Venedig von Georg von Martens und einen Blutegel in Weingeist, den Professor Rapp[349] aus Tübingen auf einer Reise nach Norwegen im Sommer 1828 gefunden hatte und für

342 Rede, gehalten bei der Eröffnung der Versammlung deutscher Naturforscher und Ärzte in Berlin, am 18ten September 1828, in: Deutsches Textarchiv URL: http://www.deutschestxtarchiv.de/humboldt_versammlung_1828/8, S. 1, abgerufen am 24.11.2016.

343 JÄGER, Georg Friedrich: Über die fossilen Reptilien, welche in Würtemberg aufgefunden worden sind. Stuttgart (bei Metzler) 1828.

344 Isis, encyclopädische Zeitung Jg 1829, Sp. 383–384 (URL: http://zs.thulb.uni-jena.de/receive/jportal_jpvolume_00031414, Bild 628+629); Die Versammlung der deutschen Naturforscher und Aerzte in Berlin i. J. 1828, kritisch beleuchtet. Leipzig 1828, S. 34; vgl. auch SCHÜBLERS Beschreibung der Süßwasser-Alge, in: Flora oder botanische Zeitung 11. Jg., Bd. 1, Nr. 5 (Regensburg 1828), S. 65–80.

345 Die Versammlung der deutschen Naturforscher und Aerzte in Berlin i. J. 1828 kritisch beleuchtet. Leipzig 1828, S. 39.

346 URL: http://de.wikipedia.org/Karl_Ernst_von_Baer (abgerufen am 7.05.2017).

347 ADB 21 (Berlin 1885), S. 565–569; Verfasser: Ernst Wunschmann.

348 UB Giessen, Abt. Handschriften, Alte Drucke, Sondersammlungen: Nachlass Baer (URL: http://kalliope-verbund.info/DE-611-HS191404 und HS191405 von 26. Februar 1829 und 26. November 1829.

349 Wilhelm (von) Rapp (1794–1868), 1828 ordentlicher Professor der Anatomie und Zoologie in Tübingen.

eine neue Species hielt. Falls dies zuträfe, dürfe Baer *in seinem zu bearbeitenden Werk davon Gebrauch machen*[350].

Bei der Versammlung in Heidelberg vom 18. bis 25. September 1829 gehörte Schübler zur 25 Personen umfassenden Besuchergruppe aus Württemberg. Über diese Jahresversammlung berichtete er der Tübinger Universitätsspitze und übergab auch entsprechende Tagungsunterlagen zusammen mit Bücherdoubletten, welche in Heidelberg zur Verteilung kamen, damit sich interessierte Kollegen informieren konnten[351]. Der Heidelberger Versammlung stellte er die Ergebnisse der unter seiner Leitung entstandenen Dissertation von Wilhelm Neuffer (Tübingen 1829) über die Temperatur der Gewächse vor. Zur Versammlung in Hamburg im September 1830 erhielt er eine gedruckte Einladung mit einer persönlichen, handschriftlichen Empfehlung des Sekretärs Professor Lehmann, Direktor des Hamburger Botanischen Gartens[352]. Die Teilnehmerliste verzeichnet aber Schüblers Namen nicht, wie überhaupt nur wenige Teilnehmer aus süddeutschen Staaten nach Hamburg gereist waren, was die Organisatoren mit Blick auf die unsicheren politischen Verhältnisse entschuldigen zu müssen glaubten. Im Jahr darauf fiel die Versammlung wegen der Cholera aus. Zur 10. Versammlung 1832 in Wien fuhr Schübler nicht, wie er auch an der 11. Versammlung in Breslau 1833 nicht teilnahm. In Breslau wurde aber eine Einladung nach Stuttgart vorgetragen, unterstützt von einflussreichen Freunden ergab die Abstimmung dann eine Mehrheit für Stuttgart. Es wurde verabredet sich im September 1834 in der württembergischen Haupt- und Residenzstadt zu versammeln[353]. Die Organisation wurde Staatsrat von Kielmeyer und Dr. von Jäger übertragen, die sich mit dem Präsidenten der Centralstelle, dem Geheimen Rat August von Hartmann, berieten. Im Hintergrund wirkte auch Gustav Schübler mit, wie der *Amtliche Bericht über die zwölfte Jahresversammlung deutscher Naturforscher und Ärzte in Stuttgart im September 1834* festhält[354]. An der am 18. September eröffneten Jahresversammlung deutscher Naturforscher und Ärzte konnte er nicht mehr teilnehmen. In der Eröffnungssitzung gedachten die Delegierten seiner Mitwirkung am Zustandekommen der Jahresversammlung und Professor Widenmann aus Tübingen würdigte seine Verdienste um die Naturwissenschaft und um die Naturgeschichte Württembergs im Besonderen[355]. Sein Bruder Valentin, Bergrat in Stuttgart,

350 Universitätsbibliothek Giessen, Abt. Handschriften/Alte Drucke, Nachlass Baer, Brief Schüblers an Karl Ernst von Baer, datiert Tübingen, 26. Februar 1829.

351 UAT 44/147d [K 215] (Begleitschreiben des Professors Schübler zu den Nachrichten über die Versammlung der deutschen Naturforscher und Ärzte an den Senat, datiert Tübingen 19. Oktober 1829); siehe auch den Bericht über die Heidelberger Versammlung in der Zeitschrift „Flora oder Botanische Zeitung" 12. Jg. Bd. 2 (Regensburg 1829), S. 585–592 und 602–607.

352 UAT 44/147d [K 228].

353 Vgl. die in der Schwäbischen Chronik vom 15. September 1834 (S. 737/738) abgedruckten Statuten der Gesellschaft deutscher Naturforscher und Ärzte und Amtlicher Bericht über die elfte Versammlung deutscher Naturforscher und Ärzte zu Breslau im September 1833. Breslau 1834, S. 35 ff.

354 S. 7.

355 Medicinisches Correspondenzblatt des Württ. ärztlichen Vereins, 3 (1834), S. 67–77.

legte der Botanischen Sektion eine von ihm verfasste Beschreibung einer in Niedernau bei Rottenburg entdeckten Mineralquelle vor; ebenso zirkulierte die gerade erschienene *Flora von Württemberg* unter den Teilnehmern. Der Mitherausgeber der Flora von Württemberg, Georg von Martens, präsentierte den Teilnehmern Exemplare der Kalk bildenden Alge *Hydrurus crystallophorus* und gedachte auf diese Weise seines verstorbenen Freundes[356]. (Abb. 26a und 26b)

Abb. 26a und 26b Bildnis-Denkmünze für Staatsrat Karl Friedrich (von) Kielmeyer, von G. Loos D[epinxit] und Held F[ecit], geprägt von der Berliner Medaillen-Münze anlässlich der Jahresversammlung der Gesellschaft deutscher Naturforscher und Ärzte in Stuttgart im September 1834 in Verehrung für den Organisator und großen Naturforscher. – Vorlage und Aufnahme: Württembergisches Landesmuseum Stuttgart, Münzkabinett, Bildarchiv.

Abb. 26a Vorderseite: Brustbild Kielmeyers mit der Inschrift CAROL[US] FRIED[ERICUS] KIELMEYER, nat[us] Bebenhusae 22 Oct[obris] 1765.

Abb. 26b Rückseite: Im Eichenlaubkranz das Datum 11 Februar[ius] 1793, welches an Kielmeyers Rede am Geburtstag Herzogs Carl Eugen „Über die Verhältnisse der organischen Kräfte“ erinnert; Umschrift: Germaniae Physicorum Pietas, M.[ensis] Septembr[is] 1834.

Nachzutragen ist, dass Schübler mit Lorenz Ludwig Oken, dem Initiator der Jahresversammlungen deutscher Naturforscher und Ärzte, noch in einer anderen Weise freundschaftlich verbunden war. Oken war nämlich auch alleiniger Herausgeber der encyclopädischen Zeitung „Isis“, die in Leipzig erschien und für sich beanspruchte, über Neuerscheinungen und Forschungsergebnisse in den Naturwissenschaften umfassend zu berichten. In dieser Zeitschrift hat Oken 1834 auch von Schübler betreute botanische

356 Siehe Bericht in Medicinischen Correspondenzblatt des Württ. ärztlichen Vereins, 3 (1834), S. 74.

Dissertationen rezensiert und darauf verwiesen, dass bei den Jahresversammlungen der Gesellschaft deutscher Naturforscher in München (1827) und Berlin (1828) Professor von Martius die Nützlichkeit von Untersuchungen über die Blütenentwicklung in den verschiedenen Regionen Deutschlands für ein sehr lohnendes Thema hielt und zu entsprechenden Studien aufgefordert[357]. Schübler dürfte diese Idee nicht nur aufgegriffen, sondern sich auch in seiner Forschungsrichtung und -tätigkeit bestätigt gefühlt haben. Hat er doch 1831 die Dissertationen von Köhler, Feil und Müller betreut und veröffentlicht, welche Oken interessierten Lesern zur Lektüre und zum Kauf empfahl.

In Württemberg wurde Schübler am 24. November 1822 von König Wilhelm I. zum korrespondierenden Mitglied des württembergischen Vereins für Vaterlandskunde ernannt, zusammen mit dem Weinsberger Oberamtsarzt und Dichter Justinus Kerner (1786–1862), dem Verleger Johann Friedrich von Cotta (1764–1832) und dem Medizinalrat und Botaniker Dr. Joseph Aloys von Frölich aus Ellwangen (1766–1841)[358]. Der Verein sollte getreu dem Motto, dass es schändlich sei, im Vaterland (in der Heimat) zu leben, ohne die Heimat zu kennen[359], die Vaterlandsliebe und Landeskunde des Königreichs fördern; ihre Mitglieder aber neben Vorträgen die vom Statistisch-Topographischen Bureau herausgegebenen Oberamtsbeschreibungen und Württembergischen Jahrbücher mit Beiträgen unterstützen. Es war dies ein königsnaher Verein, keine freie bürgerliche Vereinigung wie der später gegründete Württembergische Altertumsverein oder die Gesellschaft für vaterländische Naturkunde in Württemberg. Unter den ordentlichen Mitgliedern, die in Stuttgart ansässig sein mussten, waren u. a. der Präsident des Bergrats und Geheime Rat v. Kerner, die Staatsräte Johann Friedrich Christoph v. Weisser (1752–1833)[360] und (Carl Friedrich) v. Kielmeyer, Leibmedicus und Medizinalrat v. Jäger, (Ober-Wasserbau-Inspektor) Oberst v. Duttenhofer, Oberfinanzrat v. Herzog, Obersteuerrat Mittnacht und der Inspektor des Naturalienkabinetts Dr. (Georg Friedrich) Jäger sowie die Mitglieder des Statistisch-Topographischen Bureaus Regierungsrat Christian Kausler (1761–1822) und Professor Memminger. Die genannten Personen waren hohe Staatsdiener, aber nur wenige von ihnen als Naturwissenschaftler oder Autoren von topographischen Werken hervorgetreten. Vielmehr waren Kerner, Weisser, Duttenhofer, Herzog und Mittnacht in die Landesvermessung und Steuerkatasteraufnahme eingebunden und – wie Mittnacht – für den reibungslosen Verlauf verantwortlich. Als Auswärtiger durfte Schübler die Ernennung zum korrespondierenden Mitglied als Auszeichnung und Ehre sowie als öffentliche Anerken-

357 Isis, encyclopädische Zeitschrift Jg. 1834, H. 1 (Leipzig 1834), Sp. 25–26.

358 Schwäbische Chronik vom 2. April 1823, S. 183.

359 Dieses Motto, das korrekt lateinisch *„Turpe est, in patria vivere et patriam ignorare"* lautet und Plinius d. J. zugeschrieben wird, hat Memminger seinem Aufsatz *Neuere Anstalten und Mittel zur Beförderung der Vaterlandskunde* von 1822 vorangestellt (WJbb Jg. 1822, H. 1, S. 1–72).

360 Staatsrat v. Weisser war 1811 zum Kommandeur des Königlichen Civil-Verdienst-Ordens ernannt worden und Vize-Chef der Sektion der Staatsrechnungen im Finanzministerium; er ist nicht identisch mit dem gleichnamigen Oberfinanzrat Weisser (1761–1836).

nung seiner zahlreichen und vielfältigen Studien zur württembergischen Landeskunde empfinden. Berufen werden konnte er umso mehr, da er – wie es in einer Personalnotiz für den König hieß[361] – *durchaus kein Politiker* [ist], *obgleich ein Bruder des Advocaten Schübler in Stuttgart.* Bruder Eduard, von Beruf Rechtskonsulent (Rechtsanwalt), war den Zensurbehörden als Mitherausgeber und Redakteur der liberalen Zeitung „Volksfreund aus Schwaben" als Kritiker und Regierungsgegner aufgefallen und daher verdächtigt worden, die Monarchie abschaffen zu wollen[362]. Außerdem nannte er den Nationalökonomen und Professor Friedrich List seinen Freund, dem er ins Straßburger Exil vertrauliche Mitteilungen über geologische Prospektionen seines Bruders, des späteren Bergrats Valentin Schübler, zukommen ließ, vor allem über die Gewinnung von Alaun, Vitriol und Schwefelkies aus den Westernacher Schieferbrüchen für die Herstellung von Schwefelsäure und die Lettenkohle von Spiegelberg als Brennmaterial für die Salinen Hall und Friedrichshall[363].

13.2 Gustav Schübler und Carl Friedrich Philipp von Martius: eine besondere Beziehung

In der Bayerischen Staatsbibliothek München haben sich acht Briefe Schüblers an Carl Friedrich Philipp von Martius[364], einen der damaligen Direktoren des Münchner Botanischen Gartens und Professor der Botanik an der Universität, erhalten, die den Blick auf eine einzigartige Freundschaft lenken. Dass Schübler zu einem der berühmtesten und von Goethe hoch verehrten Naturwissenschaftler Deutschlands ein solches Verhältnis aufbauen konnte, unterstreicht einmal mehr, dass er von ihm, aber auch von seinen Fachgenossen als ein bedeutender und geachteter Wissenschaftler wahrgenommen wurde. Bekannt geworden war Martius durch seine im Gefolge der österreichischen Brasilienexpedition zusammen mit den Zoologen Johann Baptist von Spix auf Kosten des bayerischen Königs Maximilian Joseph unternommene botanische und zoologische Erkundung des inneren Brasilien während der Jahre 1817 bis 1820. Sein Reisebericht und das Palmenbuch sowie die Dokumentation der über 10.000 dort gesammelten Pflanzen fanden nicht nur in der Fachwelt eifrige Leser, sondern auch in bürgerlichen Kreisen rasche Aufnahme. Und hier besonders bei Johann Wolfgang von Goethe, der geradezu zum Brasilienfreund wurde! (Abb. 27)

361 Erstellt 1819/20 anlässlich des Besuchs von König Wilhelm I. in Tübingen (MILLER, Universität Tübingen, S. 49.

362 RABERG, Biographisches Handbuch S. 837–838.

363 Freundliche Mitteilung von Herrn Stadtarchivar Dr. Roland Deigendesch, Reutlingen vom 22.02.2021; Signatur des Briefs Eduard Schüblers an Friedrich List mit Datum Stuttgart, 29. März 1822 (StadtA Reutlingen, LA 16_08_08 S_1); vgl. auch HENDERSON, List, S. 69–73; WENDLER, List S. 67–72.

364 Über ihn mit weiterführender Literatur, vgl. HELBIG, Brasilianische Reise 1817–1820.

Abb. 27 Carl Friedrich Philipp von Martius (1794–1868), Professor der Botanik und zweiter Vorstand des Botanischen Gartens in München. –Lithographie von E. Porrens 1850. – Vorlage und Aufnahme: UB Tübingen, Abt. Handschriften/Alte Drucke, Portraitsammlung, Signatur: 100584@bBaa8184-880d-4-445-8cd4-0234b4-b54bed2777137.

Martius konnte zu Johann Wolfgang von Goethe in Weimar eine enge Beziehung knüpfen, weil er zusammen mit seinem Freund Christian Gottfried Daniel Nees von Esenbeck (1776–1858), dem Präsidenten der Leopoldinisch-Carolinischen Gesellschaft der Naturforscher (heute: Nationale Akademie der Wissenschaften „Leopoldina" mit Sitz in Halle a. d. Saale), 1822 eine in Brasilien beheimatete *Malvacea* Goethe zu Ehren *Goethea* (korrekter Name: *Goethea cauliflora* bzw. *semperflorens*) benannt hatte; die Abhandlung sei bereits in den Acta im Druck und die dazugehörigen Tafeln würden bald von D'Altons Radiernadel ausgeführt werden, schrieb Nees von Esenbeck[365]. Bei der Bestimmung dieser Pflanzenart wirkte Carl Friedrich Philipp von Martius entscheidend mit. War doch dieser Ende 1820 von seiner mehrjährigen Expedition (1817–1820) nach und in Brasilien mit Unmengen von dort heimischen Pflanzen und Samen heimgekehrt. Auch Martius schrieb an Goethe und huldigte ihm in einer Weise, die das Herz des Dichters rührte: *Nur wenige Deutsche die dankbare Liebe und Anhänglichkeit an ihren herrlichen Dichter weiter mit sich in der Welt herumgetragen, wenige haben sie unter gleich großen Naturerscheinungen in sich erneuern und befestigen können, als ich*[366]. In der Folge brachte dieser Brief eine Einladung nach Weimar, wo Goethe am 13. September 1824 Martius mit Frau und deren Tante gastlich empfing, fremde Speisen (Artischocken) servieren ließ und sich angeregt über Brasiliens Pflanzenwelt, besonders über die Palmen, unterhielt. Goethe hat in seinem Tagebuch diese Begegnung in äußerst freundlichen Worten festgehalten[367]. Die beiden hatten sich sogleich verstanden und waren sich nähergekommen, sodass die Basis für spätere Besuche geschaffen war. Doch welche Rolle spielte Schübler in diesem Beziehungsgeflecht Goethe–Martius–*Leopoldina?*

Wie die Kontakte zustande kamen, wer den Anfang machte sich auszutauschen, sich mitzuteilen, bleibt im Dunklen. Unbekannt bleibt daher auch, wer hinter dem Ruf, 1823 Schübler auf einen Lehrstuhl für Botanik der Universität München zu berufen, steckt. Hatte die Initiative C. F. Ph. von Martius oder ein anderer Münchner Gelehrter ergriffen? Tatsache ist, dass Schübler bereits 1825 von Martius zu den Wohltätern und Förderern des Botanischen Gartens in München gezählt wird[368]. Dies bedeutet, dass die beiden Direktoren der Botanischen Gärten schon um diese Zeit fleißig Pflanzen und Samen tauschten. Für Anfang 1827 ist dann ausdrücklich bezeugt, dass Schübler das neueste Pflanzenverzeichnis des Tübinger Botanischen Gartens an Martius zu-

365 GOETHE, Briefe an G., Bd. 2 (1809–1823), S. 335; dazu auch KANZ, „man weiß nur" S. 203–215; Nees von Esenbeck hatte Goethe 1819 in Weimar besucht; zwischen beiden entwickelte sich ein reger Briefwechsel, der1822/23 zu der unter Botanikern hochgeschätzten Ehrung und Widmung der brasilianischen Malvengattung *Goethea* führte (S. 205 und 211).

366 GOETHE, Briefe an G., Bd. 2 (1809–1823), n. 552, S. 359.

367 GOETHE, Begegnungen, Bd. 14 (1823–1824), S. 479–480.

368 MARTIUS, Hortus botanicus S. 8.

sammen mit drei unter seiner Leitung geschriebenen Dissertationen[369] übersandte. Er bat, Martius möge auf der Desideratenliste seine Wünsche nach Samen und Pflanzen mitteilen[370], fügte noch an, dass er sich auf die im kommenden Herbst stattfindende Jahresversammlung deutscher Naturforscher und Ärzte in München freue und bei dieser Gelegenheit *die botanischen Schätze Ihres Gartens durch eigene Ansicht kennen zu lernen* hoffe. Einigermaßen überrascht dürfte Schübler gewesen sein, als bald darauf Martius den ersten Band seines Brasilien-Reiseberichts und einen Abdruck der Beschreibung einer von ihm in Brasilien entdeckten neuen Pflanzengattung aus der Familie der Enzianartigen *(Gentianaceae)* übersandte. Ihm zu Ehren nannte er sie *Schuebleria/Schübleria*[371] und listete in dieser Gattung fünf Arten auf, von denen er vier auch zeichnerisch präzis und farbig abbildete[372]. Dieses Geschenk veranlasste Schübler, die Anschaffung des gesamten Brasilien-Werks von Martius für die Universitätsbibliothek vorzuschlagen, was diese trotz enger finanzieller Spielräume auch tat. Persönlich begegnet sind sich beide spätestens bei der Münchner Versammlung der Naturforscher und Ärzte im September 1827. Sie hatten sich schätzen gelernt und standen seitdem in freundschaftlicher Verbindung und regem Austausch von Samen und Pflanzen sowie wissenschaftlicher Schriften und besonders von Klimadaten, welche Schübler sich zur Ergänzung und Harmonisierung seiner Wetterdaten erbat. Denn er hatte festgestellt, dass die Temperaturwerte von München, Augsburg und Tübingen zu nahe beieinander lagen, wo doch allein die geographische Lage und Distanz andere Werte hätten ergeben müssen. Schübler hoffte auf neuere und genauere Angaben, die ihm Professor Zuccarini durch Martius' Vermittlung schicken möchte[373]. Anzunehmen ist, dass sich dieser Wunsch erfüllte. Hat doch Schübler in seinem Lehrbuch „Meteorologie" entsprechende Werte zu München für vergleichende Beobachtungen mitgeteilt. Die Freundschaft vertiefte sich, als sie sich ein Jahr später bei der Berliner Jahresversammlung der deutschen Naturforscher und Ärzte wiedersahen, Vorträge hielten und in den Salons der Berliner Gesellschaft und Wissenschaftskreisen wie bei den Brüdern

369 Es handelt sich um die Dissertationen von Franz Anton HALDER, Carl Friedrich RENZ und Ernst Albert ZELLER (alle gedruckt von Schönhardt in Tübingen 1826; siehe Verzeichnis von Schüblers Veröffentlichungen).

370 BSM, Abt. Handschriften/Alte Drucke, Signatur: Martusiana II A 2, Brief von Schübler an Martius, datiert Tübingen, 10. Januar 1827.

371 BSM, Martusiana II A 2, Dankbrief Schüblers vom 11. April 1827; auch unter den Erythraeceae, Antherae immutatae, Corolla decidua Schueblera, MART. von A.H. Grisebach in den Annals of Natural History or Magazine of Zoology, Botany und Geology, vol. 3 (London 1839), S. 117 verzeichnet.

372 MARTIUS, Nova genera et species plantarum Bd. II, S. 113–118, dazu Tafel 186–188; die lateinische Widmung lautet: *Genus dictum viro clarissimo Gustavo Schübler, apud Tubingenses Botanices Professori, Physiologo et Agronomo meritissimo* [Die besagte Gattung (i. e. die Gattung Schübleria) hat ihren Namen von dem berühmten Mann Gustav Schübler, einem in Tübingen sehr verdienstvollen Professor der Botanik, Physiologen und Agronomen].

373 BSM, Abt. Handschriften/Alte Drucke, Signatur Martusiana II A 2, Brief an Martius vom 26. Februar 1829; Joseph Gerhard Zuccarini (1797–1848) war Professor für Forstbotanik in München.

von Humboldt sich angeregt unterhielten und austauschten. Sie müssen sich so sympathisch geworden sein, dass sie die Heimreise von Berlin über Weimar gemeinsam unternahmen, wo sie Goethe besuchten. Bei Goethe ging es ebenfalls sehr zwanglos zu; man aß gemeinsam zu Mittag und unterhielt sich lebhaft über diverse aktuelle Themen. Heimreise und Aufenthalt in Weimar verliefen harmonisch und beseitigten die letzten Standesschranken, was sich in den Briefen am Wechsel der Anrede von „Euer Hochwohlgeboren" zu „Verehrtester Freund!" ablesen lässt. Schübler selbst sandte am 21. November 1828 einen Dankbrief nach München[374] und schrieb, *mit Vergnügen werde ich mich noch lange an unsere gemeinschaftliche Rükreiße erinnern.* (Abb. 28–30).

Der eine schickte *alle bis jezt erschienenen Theile des vortrefflichen Werks über Brasilien* nach Tübingen, *obgleich unsere Bibliothekskasse die Bezahlung nicht sogleich gestattet,* so Schübler, der andere informierte über die im Schilfsandstein bei Stuttgart aufgefundenen Pflanzenversteinerungen und fuhr wohl zu diesem Zweck eigens in die Haupt- und Residenzstadt, um Jäger, Kustos des königlichen Naturalienkabinetts, welcher darüber publiziert hatte[375], zu bitten, bei nächster Gelegenheit ein schönes Stück von diesen Versteinerungen Martius zukommen zu lassen, da er selbst nur über ein unscheinbares Exemplar von *Calamites arenaceus* verfügte. In einem Brief äußerte er aber die Befürchtung: *doch ich zweifle sehr, ob es nur das Porto bis zu Ihnen wert seyn werde*[376]. Im nächsten Frühjahr hoffe er (d.i. Schübler), wieder schöne Stücke von Versteinerungen zu erhalten, dann könne er sicherlich auch dessen Wünsche erfüllen. Weil er sich vorerst nicht revanchieren konnte, verwies er einstweilen auf die Schrift von Georg Friedrich (von) Jäger, die eben in Stuttgart erschienen war, fügte noch an, dass gerade in diesem Herbst eine weitere Pflanzenversteinerung aufgefunden worden war, welche noch nicht beschrieben und veröffentlicht war. Seinem Freund Martius schilderte er diesen Neufund knapp und verwies darauf, dass ein ähnliches Stück in Steinbrüchen bei Würzburg geborgen worden war, wohl in der Annahme, dass dieses in die Münchner Sammlungen gelangt war und Martius sich dort eine Anschauung machen könne. Schübler teilte noch mit, Jäger werde ihm ein Stück Pflanzenversteinerung zusenden. Doch es dauerte wohl länger als angenommen. Denn am 26. Februar 1829 entschuldigte er sich: *Mit kommenden Frühling hoffe ich vielleicht Gelegenheit zu haben, Ihnen einzelne Pflanzenversteinerungen mitzutheilen*[377].

Aus der Korrespondenz geht weiter hervor, dass Schübler sich nicht scheute tüchtige Leute seinem Münchner Kollegen und Freund zu empfehlen. Zwei Namen sind hier von Interesse, da sie auf die Not des wissenschaftlichen Nachwuchses im Königreich Württemberg aufmerksam machen. 1827 reiste der Privatdozent der Baukunst

374 BSM, Abt. Handschriften/Alte Drucke, Signatur: Martusiana II A 2, Brief, datiert Tübingen, 21. November 1828.

375 JÄGER, Pflanzenversteinerungen.

376 BSM, Martusiana II A 2, Brief Schüblers an Martius, datiert Tübingen, 21. November 1828;

377 BSM, Martusiana A II 2, Brief Schüblers an Martius, datiert Tübingen, 26. Februar 1829.

und Ästhetik an der Universität Tübingen Karl Marcell Heigelin (1798–1833) nach München und überbrachte einen Brief Schüblers an Martius[378], in dem dieser u. a. um Auskunft bat, *in wie weit die von ihm* (Heigelin) *bearbeiteten Fächer bei Ihren neuen Anstalten in München besezt sind; ich kann Ihnen H(er)rn Heigelin als einen geschikten gebildeten Mann von unermüdeter Thätigkeit für seine Fächer empfehlen, für den ein grösserer Wirkungskreiß als ihn die hiesige Universität für diese Wissenszweige darbietet wünschenwerth wäre.* „Neue Anstalten" meint hier nicht die 1826 von Landshut nach München übersiedelte Universität allein, sondern auch die von Gustav Vorherr (1773–1847) geleitete Baugewerbeschule, an welcher Landesverschönerung und ländlicher Siedlungsbau gelehrt wurde und die zu ihren Studenten und Auszubildenden auch einige Württemberger zählte.

Die andere Person, für die sich Schübler einsetzte, ist Hugo (von) Mohl[379], sein Nachfolger auf dem Lehrstuhl der Botanik an der Universität Tübingen. Auch Mohl suchte nach dem Studium eine passende Stelle. In dem Empfehlungsschreiben vom 20. März 1831 zugunsten des Tübinger Gärtners Wolf, der ebenfalls einen neuen Wirkungskreis suchte, ist beiläufig zu erfahren, dass Mohl im Sommer 1830 in München war, in der Hoffnung, dort eine Beschäftigung zu finden. Daraus wurde nichts, sodass sich Mohl neu orientierte und bereit war als Adjunct in die Dienste des Direktors des Botanischen Gartens im russischen St. Petersburg zu treten. Von ihm wusste Schübler, dass er in etwa sechs Wochen nach Russland aufbrechen werde[380]. Doch Mohl entschied sich anders und ging erst einmal nach Bern, wo er 1832 eine Professur für Botanik erhielt.

378 BSM, Martusiana A II 2, Brief Schüblers an Martius, datiert Tübingen, 11. April 1827.

379 Die Umstände der Berufung Hugo Mohls scheinen ziemlich klar zu sein; es gab einflussreiche Personen, darunter Universitätskanzler Johann Heinrich Ferdinand von Autenrieth (* 20.1.1772, † 02.05.1835), die ihn unbedingt als Professor der Botanik in Tübingen haben wollten, um damit auch andere Personalprobleme zu lösen. Auffällig ist, dass der Sohn des Universitätskanzlers Hermann Friedrich Autenrieth fast gleichzeitig mit der Berufung Hugo Mohls zum ordentlichen Professor ernannt wurde und sich beide angeblich das Gehalt Schüblers teilen sollten, wie ein Gerücht wissen wollte, das in einem Brief des Breslauer Professors Ernst Friedrich Glockers an Unbekannt vom 03. März 1825 wiedergegeben wird; das ist falsch, Mohl erhielt das Normgehalt eines ordentlichen Professors von 1.200 fl; [siehe Abschrift der Ernennungsmitteilung der Ministerium des Innern an den akademischen Senat in Tübingen, datiert Stuttgart, 5. März 1835; (UB Tübingen, Handschrift Md 673/1, Nr. 15)]. Glocker berief sich auf Mitteilungen aus Stuttgart und nannte die Aufteilung des Schübler'schen Gehaltes zugunsten H. F. Autenrieth und Hugo Mohl sowie die Ernennung Mohls zum Professor der Botanik und Geognosie *sonderbar* und zählt sie zu den *Schwabenstreichlein* (Humboldt-Universität Berlin, Autographensammlung 416). Merkwürdig daran ist, dass im Regierungsblatt für das Königreich Württemberg die Berufung Hugo Mohls erst am 9. März 1835 (S. 104, königliche Entschließung vom 4.03.1835) offiziell bekanntgemacht wurde, aber Glocker in Breslau schon vor der amtlichen Bekanntmachung davon wusste.

380 BSM, Martusiana A II 2, Brief Schüblers an Martius, datiert Tübingen, 28. März 1831.

14.
„Sehr geschickt und ungemein thätig“[381] – Nachrufe und Würdigungen

Gustav Schübler starb überraschend am 8. September 1834 im Alter von 47 Jahren. Seine Witwe Karoline schrieb in der Traueranzeige, die am 11. September in der Schwäbischen Chronik erschien, dass der *unvergeßliche Gatte, Bruder und Schwager, Dr. und Professor an der hiesigen Universität, durch einen unerwartet schnellen Tod, an einer Herzlähmung, ihnen entrissen* wurde[382]. Begraben wurde er auf dem Stadtfriedhof in Tübingen; die Grabrede hielt Oberhelfer Johann Gottfried Pressel. Er deutete an, *daß* (Schübler) *ein Opfer einer verheerenden Seuche, die Du* (Gott) *seit Monaten unter uns gesandt, geworden sei* und er erinnerte daran, dass Schüblers Leben *das Leben der Wissenschaft* (war), *und es war namentlich die Forschung der Natur, der ihn die innere Stimme, der ihn durch sie der Herr zugeführt, und es war der seine und friedliche Geist der Natur, der sich hinwiederum durch den steten und friedlichen Umgang mit ihr in seinem Innern und Aeußern ausprägte …*[383] Was hier als Seuche bezeichnet wurde, wurde von Ärzten als Ruhr diagnostiziert, welche nicht nur in Tübingen grassierte. Und so steht es auch im Dekanatsbuch der Medizinischen Fakultät: *den 8.ten Sept.* [1834] *starb Prof. Schübler nachmittags 1½ Uhr an der Ruhr.* Eine Infektion mit Ruhrbakterien hatte offenbar die inneren Organe so geschwächt, dass Schübler einen Herzstillstand erlitt.

Viele seiner Zeitgenossen und Wegbegleiter waren ihm im Tod vorausgegangen: sein Tübinger Lehrer und Kollege Johann Gottlieb Friedrich von Bohnenberger († 19.04.1831 in Tübingen); Karl August Rogge aus Elbing, seit 1824 Professor für Rechtsgeschichte in Tübingen und Kollege der Staatswirtschaftlichen Fakultät († 12.05.1827), Johann Wolfgang von Goethe († 22.03.1832 in Weimar), mit dem er sich auf der Rückreise von der Berliner Jahresversammlung der deutschen Naturforscher

381 Das Zitat über Schübler entstammt einer Beurteilung aus dem Jahr 1819/20, das dem Universitätskanzler Autenrieth zugeschrieben wird, siehe MILLER, Max: Die Universität Tübingen in den Jahren 1819/20, in: Tübinger Blätter 25. Jg. (1934), S. 49.

382 Schwäbische Chronik vom 11. September 1834, S. 722.

383 Rede am Grabe Gustav Schüblers, Med. Dr. und Professor, von Herrn Oberhelfer Pressel. Gedruckt bei Gustav Bähr in Tübingen 12 S. (Exemplar in der UB Tübingen, Sign. R LXVI 170).

und Ärzte 1828 über Fragen der geognostischen Ur-Anfänge ausgetauscht hatte, Carl Christian André, Hofrat und Wissenschaftlicher Sekretär der Centralstelle des landwirtschaftlichen Vereins, den er mit Sonderdrucken und eingesendeten Artikeln und Zuschriften für die von ihm redigierten Zeitschriften wie *Correspondenzblatt des landwirtschaftlichen Vereins* und *Hesperus* versorgt hatte (* 20.03.1763 in Hildburghausen, † 19.07.1831 in Stuttgart), der Verleger Johann Friedrich von Cotta († 29.12.1832 in Stuttgart), mit dem er sich aber später wegen zu geringer Honorare entzweit hatte. Diese vier Personen gehörten aber einer älteren Generation an und waren meist 70 Jahre und älter geworden. Schübler war es nicht vergönnt so alt zu werden.

In den Nachrufen, die bald erschienen, zeichneten die anonymen Autoren das Bild eines mitten aus dem Forscherleben gerissenen Mannes, der sich um seine Studenten gekümmert habe wie kein anderer sonst. In der Schwäbischen Chronik[384] ist zu lesen, dass Schübler ein Mann von ansehnlicher Statur, in hohem Grade friedfertig und seinen Freunden in inniger Liebe ergeben gewesen sei; er habe über keine besondere Rednergabe verfügt, sei aber jedem Schüler mit Rat und Tat beigestanden, habe jedem seine Bibliothek und Sammlungen geöffnet und jede gewünschte Auskunft erteilt. Der Nekrolog im Medizinischen Correspondenzblatt[385] ergänzt, Schübler sei ein Mann von großer Herzensgüte gewesen, der junge Talente gefördert habe, Streit- und Parteisucht seien ihm fremd gewesen, Eigennutz und Selbstsucht habe er nicht gekannt, sodass selbst Freunde nicht erfuhren, welche Ehrenbezeugungen ihm zu teil wurden. Und weiter heißt es:

> *Die Universität Tübingen verdankt ihm ausser dem, was er als Lehrer geleistet hat, den Flor des botanischen Gartens, die Anlegung einer sehr vollständigen Sammlung vaterländischer Gebirgs-Arten und Petrefakten, eines ziemlich beträchtlichen Herbariums und einer Sammlung sonstiger Naturprodukte, welche er theils auf eigenen Reisen, theils durch seine Schüler und Freunde zu vermehren auf das uneigennützigste bemüht war. In den Herzen seiner Schüler hat er sich durch seine freundliche Bereitwilligkeit jedes wissenschaftliche Talent anzuerkennen und zu unterstützen, das Interesse für Natur und Wissenschaft anzufachen und zu erhöhen, ein bleibendes Denkmal gesetzt, seinen Freunden und den Seinigen aber war er mehr!*

Diese Aussage steht im Widerspruch zu Schilderungen in der Geschichte der Universität Tübingen von Karl August Klüpfel[386] aus dem Jahr 1849, denen zufolge zur Zeit Schüblers *bei Errichtung des Gartens blos die Kultur der zum Unterrichte dienenden Pflanzen in's Auge gefaßt* (wurde), *für die übrigen zum Studium der Botanik gehörigen Hilfsmit-*

384 Vom 5. April 1835, S. 371 und vom 6. April 1835, S. 373.

385 Medicinisches Correspondenzblatt des Württ. ärztlichen Vereins, 4 (1835), S. 240–242; ob Schübler Mitglied des Württembergischen ärztlichen Vereins war, ist unklar; jedenfalls war er unter den Teilnehmern der am 10. September 1832 in Tübingen abgehaltenen Versammlung (Medicinisches Correspondenzblatt d. Württ. ärztlichen Vereins, 1 (1832), S. 178).

386 Geschichte und Beschreibung der Universität Tübingen. Tübingen 1849, S. 511 ff.

tel geschah nichts. Ob das so stimmt, darf – wie die Ausführungen zeigen – zu Recht bezweifelt werden. *Sine ira et studio* ist diese Sicht nicht, sie ist die eines Nicht-Fachmanns, eines Bibliothekars und Historikers, der die Botanik noch als eine Hilfswissenschaft der Medizin begriff, aber nicht erkannte, dass sie dabei war sich – wie übrigens auch die Chemie – als eigenständige naturwissenschaftliche Disziplin zu emanzipieren. Richtig ist, dass der Staat ab 1840 seine restriktive Finanzpolitik aufgab und die Universität Tübingen eine zeitgemäße bauliche und finanzielle Ausstattung erhielt, welche allen Instituten zugutekam. Sichtbares Zeichen dieser Politik sind der Neubau der Anatomie am Österberg (1836) und die Neue Aula, das große Hauptgebäude der Universität, flankiert von den Gebäuden des neuen Botanischen Instituts und des Chemischen Laboratoriums an der Wilhelmstraße, die 1841 bis 1846 errichtet wurden. Zögerlich verhielt sich die Regierung aber weiterhin bei der Ausstattung der Institute und Sammlungen, insbesondere der naturwissenschaftlichen Fächer, die noch unter der Bevormundung der Medizinischen Fakultät und der Theologie zu leiden hatten, wie schon ein Kritiker aus Heidelberg 1829 festgestellt hatte[387]. Der Erwerb von Sammlungen blieb vom Zufall und von der Verfügbarkeit von Finanzmitteln abhängig, so 1847, als Hugo von Mohl das Hochstetter'sche Herbar und 1852, als Prof. Quenstedt die Mineralien- und Gesteinssammlung von Bergrat Hehl ankaufen konnten. Bis sich die Professoren der Naturwissenschaften aus der Medizinischen Fakultät ausgliedern und zu einer eigenständigen Fakultät vereinigen durften, vergingen noch viele Jahre. Endlich 1863 gab die Regierung ihre Zustimmung und Hugo von Mohl feierte dies als großen, auch persönlichen Erfolg[388].

Wie in Württemberg vorgeschrieben, sollte nach dem Tod das nachgelassene Vermögen sofort versiegelt werden, um es unter amtlicher Kontrolle zu „inventarisieren", d.h. die Vermögenswerte für die Erbauseinandersetzung zu sichern und zu ermitteln. Im Fall des verstorbenen ordentlichen Professors Gustav Schübler verzichteten jedoch die Ehefrau und die vier Geschwister des Verstorbenen auf eine gerichtliche Obsignation (Versiegelung), weil die Eheleute Gustav und Caroline Schübler über ein gemeinsames Testament verfügten, das am 11. Oktober 1834 gerichtlich geöffnet wurde[389]. Da-

387 Siehe die Besprechung des Werks „Die Universitäten Deutschlands" von H. F. Kilian (Heidelberg 1828) in der encyclopädischen Zeitung „Isis" Jg. 1829, H. V, Sp. 465., dazu auch die Ausführungen von Peter BORSCHEID: Fortschritt und Widerstand in den Naturwissenschaften. Die Chemie in Baden und Württemberg 1850–1865, in: Soziale Bewegung und politische Verfassung. Beiträge zur Geschichte der modernen Welt, hg. von Ulrich ENGELHARDT, Volker SELLIN und Horst STUKE (Industrielle Welt, Sonderband). Stuttgart 1976, S. 755–769, bes. S. 760 ff.; Borscheid geht hier leider nur summarisch auf die Bemühungen der Regierung vor 1850 ein, sodass die Aufwendungen zur Modernisierung der Universität Tübingen im Vergleich zu anderen Universitäten etwas verkürzt dargestellt werden (vgl. die Schilderungen im „Wegweiser durch Tübingen. Tübingen 1853".

388 Vgl. seine Rede, die er als gewählter erster Dekan Zur Eröffnung der Naturwissenschaftlichen Fakultät am 29. Oktober 1863 hielt.

389 Stadtarchiv Tübingen, A 86 (Inventuren von Exemten 1829–66)), n. 127 (datiert Tübingen, 17. Juni 1835 mit Unterfasz. 2, datiert 10. Sept. 1834).

rin war alles geregelt; die Witwe erhielt ihren Bruder, den ordentlichen Professor der Theologie und Zweiten Frühprediger an der Stiftskirche, Dr. Friedrich Heinrich Kern (1790–1842), als Vormund, die Geschwister leisteten vorerst Verzicht auf das ihnen zustehende Erbteil, nicht zuletzt weil zum Zeitpunkt des Todes die Ehefrau und Witwe Karoline ein zweites Mal schwanger war[390]. Sie gebar am 27. April 1835 einen Knaben, der Gustav Friedrich getauft wurde. Jetzt galt es nachträglich die nachgelassenen Vermögensverhältnisse zu klären und auf die Erben ersten Grades zu verteilen. Das erhaltene Verlassenschaftsinventar hält fest, dass für den nachgeborenen Sohn Gustav Friedrich ebenfalls Prof. Kern zum Vormund bestellt wurde. Das Vermögen wurde auf insgesamt 13.006 fl taxiert, darunter das Wohnhaus an der Burgsteige 18 mit 7.000 fl, das aber am 3. März 1835 verkauft worden war[391]. Die Erbaufteilung sah vor, dass die Witwe ein Drittel, der Sohn zwei Drittel erbten. Nach dem Tod von Kern musste 1842 für den siebenjährigen Gustav Friedrich ein neuer Vormund bestellt werden; dieser war der Bruder Schüblers, Bergrat Valentin von Schübler aus Stuttgart.

Gustav Friedrich Schübler trat nicht in die Fußstapfen seines Vaters, sondern studierte Rechtswissenschaften in Tübingen (Sommersemester 1853 bis Winterhalbjahr 1858/59) und wurde Gerichtsaktuar in Künzelsau, wo er am 20. Oktober 1868 starb. Er blieb unverheiratet, hinterließ keine Kinder, aber eine unglückliche Braut, wie es in seinem Nachruf heißt. Die Mutter Caroline Schübler, geb. Kern, überlebte ihren Sohn um acht Jahre und starb am 7. Mai 1874 in Tübingen.

390 Das erste Kind, ein Sohn, das im Oktober 1821 geboren und auf den Namen Gustav getauft worden war, war bereits im Februar 1822 gestorben.

391 StadtA Tübingen, A 86/127 (Anzeige des Vormundes der Witwe Caroline geb. Kern, Prof. Kern); der Käufer war Prof. Haug; vgl. HORNBOGEN, Tübinger Dichter-Häuser S. 123.

15.
Epilog

Am Schluss bleiben zwei Fragen: Was erinnert heute noch an den Naturwissenschaftler und Botaniker Gustav Schübler und wie ist er und sein Werk wissenschaftsgeschichtlich einzuordnen? In Heilbronn, seinem Geburtsort, gibt es eine Schüblerstraße, aber die weist wohl nicht auf einzelne Angehörige hin, sondern an die in der Heilbronner Stadtgeschichte sich insgesamt auszeichnende Familie von Ratsherren und Bürgermeistern.

In Tübingen: Fehlanzeige! Es gibt keine Schüblerstraße und keine Gedenktafel im Alten Botanischen Garten. Übergangen wird auch, dass Schübler wie alle akademischen Lehrer zu den Gründern der Tübinger Museumsgesellschaft gerechnet werden kann. Warum das so ist, darüber kann spekuliert werden. Sein Nachfolger auf dem Lehrstuhl der Botanik, Hugo (von) Mohl (1805–1872), den er gefördert hatte, hat die Leistungen seines Lehrers jedenfalls nicht gewürdigt, sodass sie rasch in Vergessenheit gerieten. Immerhin hätte er bei sich bietender Gelegenheit wie anlässlich der 30. Jahresversammlung deutscher Naturforscher und Ärzte in Tübingen im September 1853 darauf hinweisen können, dass sein Vorgänger ganz wesentlich zur Vergrößerung des Botanischen Gartens beigetragen hat, allen Widerständen zum Trotz[392]. Auch das Herbar, welches Schübler durch den Erwerb einer Aktie des Esslinger Botanischen Reisevereins und durch Tausch erheblich erweitern konnte, hätte eine lobende Erwähnung durch Mohl wohl verdient, aber dieser zog es vor, den Teilnehmern der Tübinger Jahresversammlung deutscher Naturforscher und Ärzte den Zugang zu verwehren[393], was den Gästen ziemlich sauer aufstieß. Was hatte er zu verbergen? Etwa dass das Herbar der Universität, das 1847 durch den Ankauf der rund 20.000 Pflanzen umfassende Sammlung des Esslinger Professors Hochstetter[394] vermehrt worden war, sich in einem

392 Vgl. Wegweiser durch Tübingen S. 32–35.

393 Vgl. Die 30. Versammlung deutscher Naturforscher und Ärzte in Tübingen, in: Bonplandia. Zeitschrift für die gesammte Botanik 1. Jg. (1853), Nr. 21 vom 15. Oktober 1853, S. 205–216, bes. S 206 ff.

394 Vgl. Wegweiser durch Tübingen, seine Umgebung, seine Geschichte, seine wissenschaftlichen und insbesondere naturwissenschaftlichen und medicinischen Institute. Zum Andenke an die XXX. Versammlung deutscher Naturforscher und Ärzte. Tübingen 1853, S. 34; Prof. Christian Fer-

nicht-präsentablen – um nicht zu sagen – unwürdigen Zustand befand? Warum hat er nicht an der Programmgestaltung mitgewirkt und sich mit einem Fachvortrag den Teilnehmern vorgestellt und dabei die Fortschritte seiner Wissenschaft seit der Jahresversammlung in Stuttgart im Jahr 1834 geschildert? Die Antwort auf diese Frage liegt dank des Tagungsberichts der Kaiserlich Leopoldinisch-Carolinischen Akademie der Naturforscher in der Zeitschrift „Bonplandia" ziemlich offen zutage[395]. Aus einem Grund, den wir nicht kennen, hatte es im Vorfeld der Tübinger Versammlung wohl Streit gegeben und Mohl wies die Wahl ihn zum ersten Geschäftsführer für die Versammlung im Jahre 1853 zu bestimmen schroff zurück. Eigentlich wollte die Versammlung der Naturforscher ihn ehren und ein Zeichen ihres Vertrauens senden. Doch es kam anders! Es heißt in der Zeitschrift Bonplandia, dem offiziellen Organ der „Leopoldina", *statt die Versammlung zu fördern* [habe er] *Alles aufgeboten, um dieselbe zu hintertreiben.* Zweifellos ein Vorwurf, den Mohl als Angriff auf seine Ehre begriff und den er in seiner von ihm herausgegebenen „Botanischen Zeitung" als Verleumdung zurückwies[396]. Warum er so heftig reagierte und warum er sich auf Reise nach Italien begab, darüber schweigen die Quellen nicht. Mohl nannte seine dreimonatige Erkrankung, von der er gerade genesen war als Grund und die ärztliche Empfehlung sich in einem wärmeren Klima zu erholen. Statt seiner übernahm der zweite Geschäftsführer Professor Viktor Bruns die Organisation und Vorbereitung. Jedenfalls entzog sich Mohl so auch einer möglichen Kritik zumal an seiner Darstellung des Botanischen Gartens und der botanischen Sammlungen, ging unangenehmen Fragen und Begegnungen mit Angehörigen, Freunden und einstigen Studierenden Schüblers[397] aus dem Weg, musste sich aber nun den Vorwurf gefallen lassen, als Egozentriker zu gelten. Zu seinem Verdruss erschien im Amtlichen Tagungsbericht der Hinweis, dass ihm zu diesem Zeitpunkt sogar die Vorstandschaft des Universitätsherbariums entzogen war. Interimistisch war Prof. Wilhelm von Rapp eingesetzt worden, der den Hörern der botanischen Sektion ausdrücklich von einer Besichtigung des Universitätsherbariums abriet, weil es nicht geordnet und auch kein geeigneter Führer verfügbar war[398]. Dieses Eingeständnis warf kein gutes Licht auf den Vorstand des Botanischen Gartens und der botanischen Sammlungen und deutet einen Konflikt unter den Naturwissenschaftlern, nicht nur in der Medizinischen Fakultät an. Der Universitätsspitze konnte dies nicht gleichgültig

dinand Hochstetter (1787–1860) war einer der Gründer des Esslinger Botanischen Reisevereins (WÖRZ, Esslinger Botanischer Reiseverein S. 29–36, Verkauf des Herbars S. 34).

395 Vgl. Bonplandia. Zeitschrift für die gesammte Botanik 1 (1853), Nr. 21 vom 15. Oktober 1852, S. 205 ff.

396 Botanische Zeitung 12. Jg. (1854), Nr. 22 von 2. Junis 1854, col. 369–371.

397 Das Teilnehmerverzeichnis führt immerhin 578 Personen namentlich auf, darunter auch die Brüder Schüblers, den Bergrat Valentin und den Rechtsconsulenten Eduard Sch. sowie den Sohn stud.iur. Gustav Schübler; Valentin Schübler referierte über *Die neuesten geognostischen Aufschlüsse durch bergmännische Arbeiten in Würtemberg;* darin behandelt er die Aufschließung der Salzbergwerke in den Muschelkalkschichten bei Friedrichshall und Schwäbisch Hall.

398 Amtlicher Bericht 30. Versammlung S. 72.

sein, wenn sich zwei bedeutende wissenschaftliche Organisationen, – neben den deutschen Naturforschern und Ärzten auch die Kaiserlich Leopoldinisch-Carolinische Akademie der Naturforscher – in Tübingen trafen und einer ihrer renommiertesten Vertreter für negative Schlagzeilen im In- und Ausland sorgte[399]. Ob Mohls Verhalten Folgen für die Bestrebungen hatte, die naturwissenschaftlichen Fächer zu einer eigenständigen, von der Medizin getrennten Fakultät zu erheben, verschließt sich vorläufig einer Antwort. Erst 1863 führten die Bemühungen vieler, auch Mohls, zur Separation der naturwissenschaftlichen Fächer.

Mohl gehörte einer anderen, jüngeren Generation an, die die Naturwissenschaften als eine in Spezialdisziplinen geteilte, auf Empirie, Experimente und mathematische Regeln gegründete Wissenschaft begriff und betrieb. Diese Spezialisierung hatte Schübler schon 1824 vorausgesehen, als er sich gegenüber dem akademischen Senat und dem Innenminister, als diese ihn und andere Kollegen zu medizinisch-gerichtlichen Gutachten heranziehen wollten, außer Stande sah mitzuwirken, weil er – wie er in seiner Antwort schrieb –, zwar ein Mitglied der Medizinischen Fakultät aber seit 11 Jahren kein Arzt mehr, sondern Naturwissenschaftler und insbesondere Botaniker sei. Die Fortschritte, welche die Botanik unter Hugo von Mohl machte, wären aber ohne die Untersuchungen der älteren Forschergeneration mit einfachen technischen und bescheidenen, äußerst beschränkten finanziellen Mitteln nicht gut möglich gewesen. Wie erinnerlich, hielt es 1827 die Regierung für besser, den alten chemischen Apparat noch einmal reparieren zu lassen, anstatt ein neues chemisches Labor für alle naturwissenschaftlichen Disziplinen einzurichten und entsprechend mit modernen, freilich teureren Geräten auszustatten. Abgesehen davon, gerade Exkursionen und Reisen als Erkenntnisinstrumente der Naturwissenschaften, damit verbunden das Beobachten der Natur und das Zeichnen als Mittel der Beweissicherung und für den Wissenstranfer, die Verwendung des Mikroskops, um die kleinsten Bauteile von Pflanzen zu erforschen, Laboranalysen und -experimente, das Sammeln, Ordnen, Klassifizieren, Abbilden, Modelle und Kartogramme zeichnen sowie Tabellen erstellen, das ihm Robert von Mohl, der Bruder Hugos, in seinen posthum veröffentlichten Lebenserinnerungen polemisch als „klägliche Mittelmäßigkeit“[400] vorhält, ihn damit verspottete, ist ein Kennzeichen formaler Logik und exakter Wissenschaft, überlegender Didaktik und Vermittlung von Forschungsergebnissen. Insofern gehört Gustav Schübler zu den Wegbereitern einer rationalen Naturwissenschaft in Württemberg und zwar zu den wichtigeren, welche die Universität Tübingen von einer Universität zweiten Rangs wieder zu einer achtbaren, mit anderen deutschen Hochschulen konkurrenzfähigen Anstalt gemacht haben, indem sie selbst durch systematisches Bereisen und Exkursionen, kurzum durch Gelände-

399 Der Redakteur der Bonplandia zitierte in 1. Jg. (1853), S. 243–244 aus einem längeren Artikel der in London erscheinenden Literary Gazette und gab wider, was man sich in Tübingen erzählte.
400 Die Lebenserinnerungen von Robert von Mohl 1799 bis 1875, Bd. 1 (Stuttgart/Leipzig 1902), S. 192.

forschung, neues Grundlagenwissen im Land sammelten und schufen. Er hat kein neues Land entdeckt, war nicht auf fernen Kontinenten unterwegs – wie Alexander von Humboldt – hat aber Neuland betreten, indem er das gesamte naturkundliche Inventar seines Heimatlandes Württemberg erstmals vollständig zu erfassen versucht hatte. Die Mineraliensammlung der Professoren Gmelin und Schübler und der Botanische Garten zählte ein auswärtiger Kritiker zu den besten wissenschaftlichen Sammlungen in Deutschland. Die Medizinische Fakultät Tübingen verdiene auch, so schrieb er weiter, *wegen der Preisschriften und Inaugural-Dissertationen, die sich an Gründlichkeit und fleissige Bearbeitung vor den meisten anderen, auf deutschen Universitäten gelieferten, auf das vortheilhafteste auszeichne, alle Beachtung und Nachahmung*[401]. An der Ausarbeitung und Begutachtung der jährlich ausgeschriebenen Preisfrage der Medizinischen Fakultät war Schübler nicht unerheblich beteiligt. Zeitgenossen und Wegbegleiter Schüblers wie der Dichter Justinus Kerner[402] und der Obermedizinalrat und Paläontologe Georg Friedrich von Jäger[403] haben ihn als einen der großen und bedeutenden Naturwissenschaftler Württembergs geschätzt und ihn gleich nach Carl Friedrich von Kielmeyer, dessen Schüler er auch war, eingereiht. Anlässlich der Jahresversammlungen des Vereins für vaterländische Naturkunde in Heilbronn (1847) und Tübingen (1852) haben sie ihn öffentlich gewürdigt und sehr bedauert, dass er der Wissenschaft viel zu früh entrissen worden sei. Im Rückblick haben sie Schübler gleichsam zu einem der geistigen Väter der Gesellschaft für vaterländische Naturkunde in Württemberg erkoren. Namentlich Justinus Kerner war dem Freund Schübler dankbar. Hatte er ihn doch für die 3. Auflage seiner Beschreibung von Wildbad auf eine neue Analyse des Wildbader Thermalwassers aufmerksam gemacht, die sein Tübinger Kollege Prof. Sigwart hatte durchführen lassen und angeregt, dass er auch die Werte des Liebenzeller Mineralwassers zu Vergleichszwecken mitteile, *da namentlich das Liebenzeller Wasser in neuern Zeiten nicht selten als innerliches Mittel vorz(üglich) von den Aerzten in Stuttgart anempfohlen wird*[404]. Dieser Anregung ist Kerner nachgekommen, wie die 3. Auflage von 1832 im Titel ausdrücklich vermerkt.

In seiner Biographie spiegelt sich zudem ein emanzipatorischer Prozess wider. Haben sich doch König und Regierung, – der Staat –, als sie ihn in einer Notzeit auf den Lehrstuhl der Naturgeschichte und Botanik beriefen, von ihm auch maßgebliche wissenschaftliche Beiträge zur Erneuerung der Landwirtschaft und statistischen Do-

401 KILIAN, Universitäten Deutschlands S. 236–237.

402 In einem „poetischen Trinkspruch“ ließ Kerner die verstorbenen Naturforscher Herzog Wilhelm von Württemberg sowie die Professoren Kielmeyer, Schnurrer, Schübler und Autenrieth hochleben, siehe Bericht über die 3. Jahresversammlung des Vereins, in: Jh.VVNW 3. Jg. (1847), S. 192.

403 Vgl. dazu die Fußnote im Nekrolog auf den am 1. September 1850 verstorbenen Med. Dr. Carl Friedrich von Gärtner, in: Jh.VVNW 8. Jg. (1852), S. 31 Anm. **.

404 DLA, Handschriften, Signatur KN 6042 (Brief Schüblers an Justinus Kerner, datiert Tübingen, 13. Dezember 1829).

kumentation der natürlichen Ressourcen erwartet. In moderner Diktion: Sie haben sich von ihm gesellschaftsrelevante und anwendbare wissenschaftliche Erkenntnisse für die Beseitigung von Hungersnot und Nahrungsmittelengpässen erhofft. Seinem Vaterland hat er Grundlagen in der Botanik, Meteorologie, Topographie und Geologie sowie Agrikulturchemie geliefert und Wissen anderer Naturforscher vermittelt und damit nutzbares herrschaftliches Wissen produziert. So wie Bohnenberger vor 200 Jahren sein mathematisches Wissen in den Dienst der Katasterkommission für die Landesvermessung und das Liegenschaftskataster stellte und damit ein genaues Register der Bodeneigentumsverhältnisse ermöglichte, so hat Schübler erstmals in einer bis dahin unerreichten Weise umfassend und flächendeckend die Topographie und Geologie sowie Klima- und Vegetationsverhältnisse des Königsreichs Württemberg beschrieben und damit ein verlässliches Bild von der Landesnatur gezeichnet. Andererseits darf und kann nicht übersehen werden, dass Schübler nicht nur Untersuchungen im staatlichen Interesse durchgeführt und Gutachten für staatliche Institutionen gefertigt hat, sondern auch seine Themen in bedeutenden, der Zensur nicht unterworfenen, wissenschaftlichen Zeitschriften und Verlagen einer interessierten bürgerlichen Leserschaft mitteilte. Die Kommunikation über die Journale eröffnete ihm ein weites Aktionsfeld und zugleich Austauschmöglichkeiten, die der Staat nicht kontrollieren konnte. Seine vielen Mitgliedschaften in wissenschaftlichen Gesellschaften beweisen, dass er ein geachtetes Glied der weltweiten *scientific community* war.

Lässt man diese persönlichen Wertungen außer Acht und rückt noch einmal die Forschungen und Arbeitsgebiete Schüblers – Topographie, Geologie, Botanik, Meteorologie, Agrikulturchemie – in den Fokus, dann kann er auch als einer der Wegbereiter der Ökologie in Deutschland bezeichnet werden, der die natürlichen Faktoren in ihren wechselseitigen Wirkungen, Veränderungen und Abhängigkeiten auf die belebte Welt, besonders in der Pflanzenwelt, schon früh erkannt und beschrieben hat. Meint doch Pflanzenökologie heute die Lehre vom Einwirken der Umweltfaktoren Wasser, Temperatur und Licht auf das Wachstum von Pflanzen an einem Standort und dessen Potenzial der Nährstoffversorgung aus dem Boden. Gustav Schübler hat durch seine Untersuchungen der Böden und agrarmeteorologischen Studien zur Ausbildung dieser Lehre maßgeblich beigetragen.

So gesehen, gewinnen seine Erkenntnisse für den ökologischen Landbau wieder an Bedeutung, wie beispielsweise die Renaissance der Getreideart Emmer zeigt. Hat doch der von Schübler beschriebene Emmer Eigenschaften, die für eine nachhaltige Bewirtschaftung und Erhaltung der Bodenfruchtbarkeit von Vorteil sind. Auch seine „Agrikulturchemie" von 1830 zeigt Wege zu einem schonenden Umgang mit alkalischen Salzen bei der Düngung der Ackerböden und warnt vor dem Einsatz metallischer Salze, die den Boden unfruchtbar machen können. Erlaubt sei lediglich, Getreidekörner vor der Aussaat in stark verdünnter Lösung von Kupfer- oder Eisenvitriol „einzuweichen" (d. h. zu beizen), weil damit der Getreidebrand („Rost") verhindert werden könne und zugleich Insekten und Würmer von den keimenden Samen fern gehalten würden[405]. Schübler stand damit nicht allein da, sondern reflektiert hier den Stand der agrochemischen und pflanzenphysiologischen Forschung seiner Zeit.

Die Universität Tübingen kann sich glücklich schätzen, dass sie unter ihren Mitgliedern einen Naturforscher und Lehrer wie den in Vergessenheit geratenen Professor der Naturgeschichte und Botanik Gustav Schübler aufzuweisen hat. Doch es scheint, dass dies niemand bisher interessierte. Im Gegenteil! In einer neueren seriösen Quelle, d.i. das von der Deutschen Forschungsgemeinschaft geförderte Informationssystem über Universitätssammlungen in Deutschland zum Herbarium Tubingense (TUB)[406] findet sich keinerlei Hinweis auf Gustav Schübler, wohl aber, dass der Grundstock des Herbariums durch Ankauf der Sammlung von Christian Friedrich Hochstetter durch Hugo von Mohl 1846 gelegt worden sei. Dass dies nur teilweise zutrifft, davon kann sich jeder durch Recherchen im Universitätsarchiv Tübingen überzeugen. Nicht zuletzt deshalb wäre es sehr zu begrüßen, wenn Gustav Schübler wenigsten in dieser über das Internet leicht zugänglichen Quelle der ihm gebührende Platz eingeräumt würde, auch um so ein Zeichen seiner Rehabilitierung gegenüber dem Klüpfel'schen Verdikt zu setzen.

405 Grundsätze der Agrikultur-Chemie, Teil 2: Agronomie, §§ 190–193, S. 166–167.
406 Siehe http://www.universitaetssammlungen.de/sammlung/577, Stand Februar 2014, abgerufen am 13.03.2021.

16.
Quellen- und Literaturverzeichnis

16.1 Ungedruckte, archivalische Quellen

Bayerische Staatsbibliothek München, Abt. Handschriften/Alte Drucke:
Martusiana II A 2. Schübler.

Deutsches Literatur-Archiv Marbach a. N., Cotta-Archiv (Stiftung der Stuttgarter Zeitung):
Cotta: Briefe, Schübler-Briefe an den Verleger; KN 6042 Justinus Kerner.

Germanisches Nationalmuseum Nürnberg, Historisches Archiv:
Autographen Allgemeine Reihe K. 15, Schübler, Gustav.

Kantonsbibliothek Vadiana St. Gallen, Abt. Historische Bestände und Sammlungen:
Signatur Vad Slg S 347: B: 168.

Klassik Stiftung Weimar, Goethe- und Schiller Archiv:
Signatur GSA 37/XXIII, 4 BL 108 Rs

Landesarchiv Baden-Württemberg, Abt. Hauptstaatsarchiv Stuttgart (HStAS):
E 14, Bü 1476, Unterfasz.: Botanischer Garten n. 2.
E 141, Bd. 5 (Ärzteprüfungen 1806–1830, Unter-Fasz. 1810.
E 141, Bd. 120 (Gewitterschäden 1807–30).
E 200, Bü 373 (Unterfasz.: Bestimmungen über das Anwohnen von Professoren bei Untersuchungen der akademischen Gerichtsbehörde).
E 221 I, Bü 1743 (Tübingen: Neubau eines Anatomie- und Veterinärgebäudes 1817–1850)
E 221 I, Bü 4383 (Erhöhung des Gehaltes des Professors der Naturgeschichte Dr. Schübler)

Landesarchiv Baden-Württemberg, Abt. Staatsarchiv Ludwigsburg (StAL):

E 162 II, Bü 866
E 226/192, Bd. 19 (Rechnungen der Universitätskasse Tübingen 1821/22.
E 226/192, Bü 120 (Rechnungsbeilagen zum Hauptbuch der Universitätskasse Tübingen 1823/24).
E 226/192, Bü 122 (Rechnungsbeilagen zur Universitätskassenrechnung 1825/26).
E 230 II, Bü2536 (Bauwesen Botanischer Garten, Wilhelmsstift 1818–1843).

Senckenberg Deutsches Entomologisches Institut Müncheberg:

Archiv: Autographensammlung Ferrari.

Staatsbibliothek Berlin, Handschriftenabteilung:

Nachlass Alexander v. Humboldt, Signatur: gr. Kasten 1, Mappe 1, Blatt 10 (acc. Darmstadter 1832.30).

Stadtarchiv Heilbronn am Neckar (StadtA Heilbronn):

Handschrift E001–190 (gebunden; 289 Seiten mit 4 Abbildungen).
Handschrift E001–323 (gebunden, ca. 160 Seiten).
Lithographie Gustav Schübler, unbekannter Künstler, ohne Datum.

Stadtarchiv Tübingen (StadtA Tübingen):

A 56 (Inventuren von Exemten 1829–1866) n. 127 (Prof. Schübler).
A 86/127 (Anzeige des Vormundes der Witwe Caroline geb. Kern, Prof. Kern).

Universitätsbibliothek der Humboldt-Universität Berlin:

Autographensammlung: 416 (Brief Ernst Friedrich Glockers an Unbekannt, Breslau, 03.03.1835)

Universitätsbibliothek Giessen, Abt. Handschriften:

Nachlass Karl Ernst von Baer, Briefe.

Universitätsbibliothek Leipzig, Handschriftenabteilung/Sondersammlungen (UB Leipzig):

Autographensammlung Kestner, Brief Schüblers an Vollrath Hoffmann, datiert Tübingen, 22. August 1825.
Autographensammlung Römer NL 136/60, Brief Schüblers an Unbekannt, datiert Tübingen, 6. März 1834.

Universitätsarchiv Hohenheim (UAH):

4/1 Personalakte K. Göriz.

Universitätsarchiv Tübingen (UAT):

5/6 (Acta Universitatis: Bibliothek, Schenkungen, Dedikationen, Käufe II 1708–1830).
14/14a (Protokollbuch der Medizinischen Fakultät 1808–58).
44/2 (Bibliotheksausschuss).
44/147d (Ältere vermischte Sachakten verschiedener Provenienz III).
51/606 (Zuhörer-Verzeichnisse des Professors Schübler Sommer 1820 bis Winter 1833/34).
68/3b, Unterfasz. a 1 (Akten die Benützung des Botanischen Gartens betreffend).
68/3b, Unterfasz. a 2 (Erweiterung des Botanischen Gartens).
68/3b, Unterfasz. a 3 (Botanischer Garten).
68/3ba (Erklärung von Prof. Schübler die Verhältnisse des Bot. Gartens betreffend).
117/723 (Anatomie 1825–1832).
117/719,124; 1–4 (Professorum nominationes et confirmationes 1798–1824, Nachfolge Kielmeyer).
117/719, 135, 2 (Bitte des Prof. Schübler bei Ausarbeitung von Gutachten medizinisch-gerichtlichen Inhalts entbunden zu werden, ohne Datum jedoch zugehörig zu Akte UAT 117/719, 135, 1 (mit Datum Tübingen, 30. Januar 1824).
117/863 (Allgemeine Akten betr. den Botanischen Garten, Unterfasz.: 863 e)
121/1+2 (Protokolle des akademischen Verwaltungsausschusses 1829–1833).
126/619 (Rektoramt, Personalakte Dr. Schübler 1817–1834).
129/1,24 (Rektoratsrechnungen 1818/19–1826/27).
129/2,14 Beilagen zu den Rektoratsrechnungen Bd. 14 (1824–1826/27).

Universitätsbibliothek Tübingen, Abt. Handschriften/Alte Drucke (UB Tübingen):

Md 673/1 (Diplome Hugo Mohl 1828–1840).
Md 755–587.
Mh II 409.

Württembergische Landesbibliothek Stuttgart, Abt. Handschriften/Alte Drucke:

Cod. med. 4°. 124.
Cod. hist. 4°. 474.
Cod. hist. 8°. 146.

16.2 Gedruckte Quellen und Literatur

Vorbemerkung: Namentlich nicht gezeichnete Zeitungsartikel werden im Literaturverzeichnis nicht gesondert aufgeführt, sondern nur mit Datum (Tag, Monat, Jahr) und Seitenzahl. Auch Schüblers Veröffentlichungen und die bei ihm verteidigten und gedruckten Dissertationen erscheinen hier nicht; siehe hierzu die gesonderte Bibliographie im Anhang.

ALEXANDRE, Philippe: Eduard Schübler (1792–1870). Jurist, Politiker und Theoretiker des „organischen Staates". Ein Beitrag zur Geschichte des Frühliberalismus in Württemberg, in: Württembergisch Franken, 90/91 (2007), S. 327–360.

Amtlicher Bericht über die elfte Versammlung deutscher Naturforscher und Ärzte zu Breslau im September 1833. Breslau 1834.

Amtlicher Bericht über die [30.] Versammlung Deutscher Naturforscher und Ärzte in Tübingen, 19. bis 24. September 1853. Tübingen 1853.

ANONYM: Vaterländisches Gedenkbüchlein. Karl Christian Knaus, in: Der Schwaben-Kalender für das deutsche Volk 1845. H. IV, hg. von Franz KAPFF und Eduard SÜSKIND. Ulm 1845, S. 124–128.

ARNSBERG, Gad: *„… über die Notwendigkeit einer deutschen Republik"*. Die württembergische Militär- und Zivilverschwörung 1831–1833 (Veröff. d. Komm. f. geschichtliche Landeskunde in Baden-Württemberg, Reihe B, Bd. 211). Stuttgart 2017.

BAUER-KLÖDEN, Irmela (Bearb.): Historisch-statistisches Handbuch der Universität: Die Rektoren 15.–21. Jahrhundert (www.ub-archiv.uni-tuebingen.de/w723/rektoren.pdf (abgerufen 22.04.2017).

BAUMANN, Eberhard (Hg.): Johann Gottlieb Friedrich Bohnenberger. Pionier des Industriezeitalters. Stuttgart 2016.

BAUR, Karl: Georg von Martens, Botaniker und Geograph 1788–1872. In: Lebensbilder aus Schwaben und Franken, 11 (Stuttgart 1969), S. 174–194.

BECHT, Manfred (Bearb.): Das Dekanatsbuch der Tübinger Medizinischen Fakultät 1808–1858, Teil 6: 1829–1833. (Werkschriften des Universitätsarchivs Tübingen, Reihe 1: Quellen und Studien H. 8). Tübingen 1982.

BEHRENDT, Hans: Historische Hochwassermarken am Neckar, in: Schwäbische Heimat, 22 (1971), S. 14–22.

BERCKHEMER, Fritz: Friedrich von Alberti, Bergrat und Geologe (1795–1878), in: Schwäbische Lebensbilder, 2 (Stuttgart 1941), S. 1–10.

BERGE, Friedrich: Die Vertebraten Württembergs, in: CWLV 38/NF 18 (1840), S. 53–102.

BICKHOFF, Nicole, Wolfgang MÄHRLE und Eberhard MERK (Bearb): Romantiker auf dem Lichtenstein. Lebenswelten Herzog Wilhelms von Urach (1810–1869). Stuttgart 2018.

BOEGEHOLD, Hans: Die optische Werkstätte von Carl Oechsle in Esslingen, in: Zeitschrift für ophthalmologische Optik, mit Einschluss der Instrumentenkunde, 25 (1937), S. 65–86.

BÖHM, Wolfgang: Liebig und die Entwicklung der Pflanzenbauwissenschaft, in: 150 Jahre Agrikulturchemie (Berichte der Justus von Liebig-Gesellschaft zu Giessen, 1). Giessen 1990.

BOHNENBERGER, Johann Gottlob Friedrich von: „Meteorologische Beobachtungen von Prof. Bohnenberger angestellt auf dem Schloß zu Tübingen" vom 1. Januar 1815 bis 26. Juli 1828, einsehbar unter der Internet-Adresse: http://idb.ub.uni-tuebingen.de/diglit/Md22/0005.

BOHNENBERGER, Johann Gottlob Friedrich von: Barometrisch und trigonometrisch gemessene Höhen in Schwaben, in: Tübinger Blätter für Naturwissenschaften und Arzneykunde, 1 (Tübingen 1815), S. 326–336.

BOLLMANN, Stefan: Der Atem der Welt. Johann Wolfgang Goethe und die Erfahrung der Natur. Stuttgart 2021.

BORN, Karl Erich: Geschichte der Wirtschaftswissenschaften an der Universität Tübingen 1817–1967. Tübingen 1967.

BÜRK, Albert und Wilhelm WILLE (Bearb.): Die Matrikeln der Universität Tübingen, 3 (1710–1817). Tübingen 1953.

BULLING, Karl: Die Rezensenten der Jenaischen Allgemeinen Literatur-Zeitung in den ersten (drei) Jahrzehnten 1804–1833. 3 Bde. Weimar 1962–65.

BUNGENER, Patrick: Mémoires et souvenirs d'Augustin-Pyramus de Candolle ou le recit de la vie d'un savant botaniste, in: Archives des sciences, 57 (2004), S. 39–44 (eingesehen auf www.e-periodica.ch persistenter Link: http://doi.org/10.5169/seals-738435).

BURKHARDT, Martin: Das Statistisch-topographische Bureau und die württembergischen Oberamtsbeschreibungen 1824 bis 1930, in: Zeitschrift für württembergische Landesgeschichte, 64 (2007), S. 227–259.

CARLÉ, Walter: Salzsuche und Salzgewinnung im Königreich Württemberg und in der darauffolgenden Zeit bis heute, in: CARLÉ, Walter: Beiträge zur Geschichte der württembergischen Salinen (Veröff. d. Komm. f. geschichtliche Landeskunde in Baden-Württemberg, Reihe B, Bd. 43), S. 106–175. Stuttgart 1968.

CLESS, Georg und Gustav SCHÜBLER: Versuch einer medizinischen Topographie der Königlichen Haupt- und Residenzstadt Stuttgart. Stuttgart 1815.

D'ARCY WOOD, Gillen: Vulkanwinter 1816. Die Welt im Schatten des Tambora. Darmstadt 2015.

DAUM, Andreas W.: Alexander von Humboldt. München 2019.

DE CANDOLLE, Augustin-Pyramus: Pflanzen-Physiologie oder Darstellung der Lebenskräfte und Lebensverrichtungen der Gewächse. Aus dem Französischen übersetzt und mit Anmerkungen versehen von Johannes Röper. 2 Bände. Stuttgart/Tübingen 1833–35.

DE CANDOLLE, Augustin-Pyramus: Mémoires et souvenirs (1778–1841), hg. von seinem Sohn Alphonse de Candolle. Genève 1862; kommentierte Neuedition, hg von Jean-Daniel CANDAUX und Jean-Marc DROUIN. Bibliothèque d'Histoire des Sciences, 5). Chêne-Bourg/Genève 2004.

DEGEN, Heinz: Die Gründungsgeschichte der Gesellschaft Deutscher Naturforscher und Ärzte, in: Naturwissenschaftliche Rundschau 8. Jg. (1955), S. 421–427 und S. 472–480.

DOBAT, Klaus und Karl MÄGDEFRAU: Vom Heilpflanzenbeet zum Neuen Botanischen Garten, in: Attempto, 55/56 (1975), S. 8–31.

DRAPARNAUD, Jacques Philippe Raymond: Histoire naturelle des mollusques terrestres et fluviatiles de la France (ouvrage posthume; mit 12 Tafeln). Paris 1805 (Exemplar in UB Tübingen).

EMEIS, Stefan: Das erste Jahrhundert deutschsprachiger meteorologischer Lehrbücher, in: Berichte zur Wissenschaftsgeschichte, 29 (2006), S. 39–41.

ENGELHARDT, Wolf von und Helmut HÖLDER: Mineralogie, Geologie und Paläoontologie an der Universität Tübingen von den Anfängen bis zur Gegenwart. (Contubernium, 20). Tübingen 1977.

FISCHER, Bernhard: Der Verleger Johann Friedrich Cotta. Chronologische Verlagsbibliographie 1787–1832. Bd. 2 (1815–1832), München 2003.

FISCHER, Bernhard: Johann Friedrich Cotta. Verleger, Entrepreneur, Politiker. Göttingen 2014.

FRIZ, Dr. (Unteramtsarzt): Ein neues Torflager (in Markgröningen), in: CWLV 28/NF 8 (1835), S. 36–37.

GEYER, Otto F. und Manfred GWINNER: Geologie von Baden-Württemberg. 3., neubearbeitete Auflage. Stuttgart 1986.

GIFFORD, George E.: Edward Frederik Leitner (1812–1838), in: Bulletin of the History of Medicine vol. 46, n.6 (November/December 1972), wieder abgedruckt in: Broward Legacy vol. 27, n. 1 (2007), S. 2–23 und Digitalisat abgerufen am 4.04.2018 unter der Adresse http://www.broward.org/History/About/Documents/Publications/BrowardLegacyVol27.pdf.

GOETHE, Johann Wolfgang von: Tagebücher. Im Auftrag der Klassik Stiftung Weimar, hg. vom Goethe- und Schiller-Archiv. Bd. 8,1. Stuttgart/Weimar 2015.

GOETHE, Johann Wolfgang von: Begegnungen und Gespräche Bd. 14 (1823–1824), bearb. von Angelika Reimann. Berlin 2011.

GOETHE, Johann Wolfgang von: Sämtliche Werke. Briefe, Tagebücher und Gespräche Bd. 38. Frankfurt/Main 1993.

GOETHE, Johann Wolfgang von: Briefe an Goethe, gesammelt und textkritisch durchgesehen und mit Anmerkungen versehen von Karl Robert Mandelkow. 2 Bde. Hamburg 1969.

GOETHE, Johann Wolfgang von: Die Schriften zur Naturwissenschaft. 8. Band., Teil B/1: Zur Geologie und Mineralogie, bearbeitet von Wolf von Engelhardt unter Mitwirkung von Dorothea Kuhn. Weimar 1999.

GOETHE, Johann Wolfgang von: Die Schriften zur Naturwissenschaft. 2. Band: Zur Meteorologie und Astronomie, bearbeitet von Gisela Nickel. Weimar 2005.

GÖRIZ, Karl: Andenken an Karl Christian Knaus, Dr (= Doctor) der Staatswirthschaft, ordentlicher Professor der Land- und Forstwirthschaft an der Universität Tübingen. Stuttgart 1845.

GRAEPEL, Peter Hartwig: Carl Friedrich von Gärtner (1772–1850). Familie, Leben, Werk. Ein Beitrag zur Geschichte der Sexualtheorie und der Bastarderzeugung im Pflanzenreich. Diss. Universität Marburg 1978.

GRISEBACH, August Heinrich: Genera et Species Gentianearum, adjectis observationibus quibusdam phytogeographicis. In: Annals of Natural History, vol. 3 (London 1839), S. 115–118.

GUGGISBERG, Kurt: Philipp Emanuel von Fellenberg und sein Erziehungsstaat. 2 Bde. Bern 1953.

GÜLL, Reinhard: Der meteorologische Dienst. Ein ehemaliges Aufgabengebiet der amtlichen Statistik in Württemberg, in: Statistisches Monatsheft Baden-Württemberg 11/2015, S. 48–53.

GÜMBEL, Wilhelm von: Kurr, Johann Gottlob, in: ADB 17 (1883), S. 416–417.

HÄCKER, W.: Christian Ludwig Schübler. Der letzte Bürgermeister der Reichsstadt Heilbronn, in: Literarische Beilage des Staats-Anzeigers für Württemberg 1922, S. 170–182.

HAMBERGER, Georg Christoph und Johann Georg MEUSEL: Das gelehrte Teutschland oder Lexikon der jetzt lebenden teutschen Schriftsteller. Bd. 20, 5. Auflage, Lemgo 1825. S. 306–309. (Unveränderter Nachdruck Hildesheim 1966).

HARTMANN, Georg Leonhard: Versuch einer Beschreibung des Bodensees. 2., vermehrte Auflage. St. Gallen 1808.

HARTMANN, Georg Leonhard: Helvetische Ichthyologie: oder ausführliche Naturgeschichte der in der Schweiz sich findenden Fische. Zürich 1827.

HAUSHOFER, Heinz: Die deutsche Landwirtschaft im technischen Zeitalter (Deutsche Agrargeschichte, 5). 2., verbesserte Auflage. Stuttgart 1972.

HELBIG, Jörg (Hg.): Brasilianische Reise 1817–1820. Carl Friedrich Philipp von Martius zum 200. Geburtstag. Ausstellung in der Schirn-Kunsthalle Frankfurt/Main 16. September bis 16. Oktober 1994. München 1994.

HENDERSON, William: Friedrich List. Der erste Visionär eines vereinten Europas. Eine historische Biographie. Reutlingen 1989.

HERKLE, Senta; Sabine HOLTZ und Gert KOLLMER-VON OHEIMB-LOUP (Hgg.): 1816 – Das Jahr ohne Sommer. Krisenwahrnehmung und Krisenbewältigung im deutschen Südwesten. (Veröff. d. Komm. f. geschichtliche Landeskunde in Baden-Württemberg, Reihe B, Bd. 223). Stuttgart 2019.

HESS, Richard: Lebensbilder hervorragender Forstmänner und um das Forstwesen verdienter Mathematiker, Naturforscher und Nationalökonomen. Berlin 1885, S. 328–329.

HIRSCH, August: Emmert, August Gottfried Ferdinand, in: ADB 6 (1877), S. 88.

HOFFMANN, Harald: Die Verfassung und Verwaltung der Reichsstadt Heilbronn am Ende des Alten Reiches, in: Jahrbuch des Historischen Vereins Heilbronn, 26 (1969), S. 143–155.

HORNBOGEN, Helmut: Tübinger Dichter-Häuser. Literaturgeschichten aus Schwaben. Tübingen 1989.

HUMBOLDT, Alexander von: Abhandlung über die Natur und den Gebrauch des Guano in Peru von Don Mariano de Rivero, in: Hertha, Zeitschrift für Erd-, Staaten- und Völkerkunde, 13 (Stuttgart/Tübingen 1829), S. 24–29.

HUMBOLDT, Alexander von: Kosmos. Entwurf einer physischen Weltbeschreibung. Ediert und mit einem Nachwort versehen von Ottmar ETTE und Oliver LUBRICH. Frankfurt/Main 2004.

Isis, encyclopädische Zeitung Jg. 1830, Sp. 463 und http://zs.thulb.uni-jena.de/receive/jportal-jparticle_00159549, Bild 230.

JÄGER, Georg Friedrich: Über die Pflanzenversteinerungen, welche in dem Bausandstein von Stuttgart vorkommen. Stuttgart (bei Metzler) 1827.

JÄGER, Georg Friedrich: Über die fossilen Reptilien, welche in Würtemberg aufgefunden worden sind. Stuttgart (bei Metzler) 1828.

JAEGERSCHMIDT, Gustav Viktor: Extractus aus denen bey dem Physikat Rötteln bis ad annum 1760 geführt gewordenen Visitations-Protocollen. Eine eingehende Beschreibung des Oberamts Rötteln, nach namentlich hygienischen Gesichtspunkten Lage, Klima, Wasser, Erdboden, Früchte, Weinbau, Chirurgen, Hebammen, Apotheken, Friedhöfe. Kandern ca. 1762 (im GLA Karlsruhe, Signatur Hfk-Hs Nr. 394).

JENS, Walter: Eine deutsche Universität. 500 Jahre Tübinger Gelehrtenrepublik. (Taschenbuchausgabe München 1981).

KANNENBERG, Michael: Verschleierte Uhrtafeln. Endzeiterwartungen im württembergischen Pietismus zwischen 1818 und 1848. Göttingen 2007.

KANZ, Kai Torsten: *„... man weiß nur was man einem Manne schreiben soll mit dem man einmal persönlich verhandelt hat“*. Zum Briefwechsel Goethes mit Christian Gottfried Nees von Esenbeck, in: BREIDBACH, Olaf und Paul ZICHE (Hg.): Naturwissenschaften um 1800. Wissenschaftskultur in Jena-Weimar. Weimar 2001, S. 203–215.

KASTNER, Carl Wilhelm Gottlob: Handbuch der Meteorologie. Für Freunde der Naturwissenschaft. 2 in 3 Bände. Erlangen 1823–30.

KERNER, Johann Simon: Abbildung Aller Oekonomischen Pflanzen. 8 Bde mit 4 Tafelbänden. Stuttgart 1786–1796.

KERNER, Justinus: Das Wildbad im Königreich Würtemberg. Tübingen 1813; 3. verbesserte und vermehrte Auflage, Tübingen 1832 (mit Nachrichten über die Heilquelle zu Liebenzell).

KB Rottweil = Der Landkreis Rottweil. Kreisbeschreibungen des Landes Baden-Württemberg, hg. von der Landesarchivdirektion in Verbindung mit dem Landkreis Rottweil. 2 Bde. Ostfildern 2003, ^{2}2004.

KILIAN, Hermann Friedrich: Die Universitäten Deutschlands in medicinisch-naturwissenschaftlicher Hinsicht. Heidelberg/Leipzig 1828.

KLEIN, Ernst: Die akademischen Lehrer der Universität Hohenheim (Landwirtschaftliche Hochschule (1818–1968). Veröff. d. Komm. f. geschichtliche Landeskunde in Baden-Württemberg, Reihe B, Bd. 45. Stuttgart 1968.

KLEIN, Ernst: Geschichte der deutschen Landwirtschaft im Industriezeitalter. Wiesbaden 1973, S. 91–102.

KLEMM, Fritz: Die Entwicklung der meteorologischen Beobachtungen in Südwestdeutschland bis 1700 (Annalen der Meteorologie, NF 13). Offenbach a. M. 1979.

KLEMUN, Marianne und Helga HÜHNEL: Nikolaus Joseph Jacquin (1727–1817) – ein Naturforscher (er)findet sich. Göttingen/Wien 2017.

KLÜPFEL, Karl August: Geschichte und Beschreibung der Universität Tübingen. Tübingen 1849.

KOMMERELL, Viktor: Johann Gottlieb Friedrich Bohnenberger, Mathematiker, Astronom (1765–1831), in: Schwäbische Lebensbilder, 1 (Stuttgart 1940), S. 38–53.

KRENKEL, Erich: Alberti, Friedrich August von, in: NDB 1 (1953), S. 140–141.

KRETSCHMER, Ingrid (Bearb.): Lexikon zur Geschichte der Kartographie, verfasst von zahlreichen Experten, Bd. 2 (Wien 1986), S. 689–660. (s. v. Relief, von W.-D. GRÜN und I. KRETSCHMER)

KUSTERMANN, Abraham Peter (Hg.): Revision der Theologie – Reform der Kirche. Die Bedeutung des Tübinger Theologen Johann Sebastian Drey (1777–1853) in Geschichte und Gegenwart. Würzburg 1994.

LEHMANN, Ernst: Schwäbische Apotheker und Apothekergeschlechter in ihrer Beziehung zur Botanik. Ein Beitrag zur Geschichte des Apothekerberufs. Stuttgart 1951.

LINDGREN, Anton Markus: Der naturwissenschaftliche Unterricht bei Fellenberg im Zusammenhang seiner Grundanschauungen und seiner Erziehungsunternehmung. Diss. Phil.-hist. Fak. Univ. Bern. Bern/Stuttgart 1955.

LOOSE, Rainer: „Passion und Profession". Der Esslinger Oberamtsarzt und Botaniker Ernst Gottlieb (von) Steudel (1783–1856)", in: Esslinger Studien, Zeitschrift, 45 (2006), S. 81–140.

LOOSE, Rainer: Emil Stockmayer (1801–1891). Königlicher Gutspächter in Lichtenfeld und Musterlandwirt in Oberschwaben, in: Altshauser Hefte 9. Jg. (2012), S. 45–69.

LOOSE, Rainer: Die Centralstelle des Württembergischen landwirtschaftlichen Vereins (1817–1848). Die Erneuerung von Landwirtschaft und Gewerben unter König Wilhelm I. von Württemberg. Veröff. d. Komm. f. geschichtliche Landeskunde in Baden-Württemberg, Reihe B, Bd. 221. Stuttgart 2018.

MÄGDEFRAU, Karl: Geschichte der Botanik. Leben und Leistung großer Forscher. 2. Aufl., Stuttgart/Jena/New York 1992.

MÄUSSNEST, Otto: Magnetische Untersuchungen im Gebiet des Schwäbischen Vulkans, in: Geologische Rundschau, 58 (1969), S. 512–520.

MÄUSSNEST, Otto: Der Vulkanismus der mittleren Schwäbischen Alb und seine magnetische Erforschung, in: Schwäbische Heimat, 22 (1971), S. 177–185.

MARCON, Helmut und Heinrich STRECKER (Hg.): 200 Jahre Wirtschafts- und Staatswissenschaften an der Eberhard-Karls-Universität Tübingen. Leben und Werk der Professoren. Die Wirtschaftswissenschaftliche Fakultät der Universität Tübingen und ihre Vorgänger (1817–2002). Stuttgart 2004.

MARTENS, Georg von: Reise nach Venedig. 2 Teile. Ulm 1824.

MARTIUS, Carl Friedrich Philipp von: Hortus botanicus R. Academiae Monacensis. München 1825.

MARTIUS, Carolus Fridericus Philippus de: Nova genera et species plantarum quas in itinere per Brasiliam 1817–1820 … suscepto collegit et descripsit. Bd. II. München 1826.

MEMMINGER, Johann Daniel Georg: Stuttgart und Ludwigsburg mit ihren Umgebungen. Stuttgart/Tübingen 1817.

MEMMINGER, Johann Daniel Georg: Beschreibung oder Geographie und Statistik nebst einer Uebersicht der Geschichte von Würtemberg. Stuttgart/Tübingen 1820.

MEMMINGER, Johann Daniel Georg: Kleine Beschreibung oder Geographie und Geschichte von Würtemberg, nebst einer Einleitung in die allgemeine Erdkunde. Stuttgart/Tübingen 1820.

[MEMMINGER, Johann Daniel Georg]: Neuere Anstalten und Mittel zur Beförderung der Vaterlandskunde, in: Württembergische Jahrbücher Jg. 1822, S. 1–72.

METZLER, Georg: Der Ablauf der württembergischen Landesvermessung unter besonderer Berücksichtigung Oberschwabens, in: BAUMANN, Eberhard (Hg.): Johann Gottlieb Friedrich Bohnenberger. Pionier des Industriezeitalters. Stuttgart 2016, S. 270–291.

MEZLER, Franz Xaver: Versuch einer medizinischen Topographie der Stadt Sigmaringen. Freiburg/Br. 1822 (Nachdruck, hg. von Hans-Burkhard HESS, Tübingen 1996).

MIELKE, Horst und Bernd RODEMANN: Zum Anbau und Pflanzenschutz einer wieder entdeckten Weizenart: Emmer (Triticum dicoccum), in: Nachrichtenblatt des Deutschen Pflanzenschutzdienstes, 59 (2007), S. 138–140.

MILLER, Max: König Wilhelm I. besucht die Universität Tübingen, in: Tübinger Blätter 25. Jg. (1934), S. 44–48.

MILLER, Max: Die Universität Tübingen in den Jahren 1819/20, in: Tübinger Blätter 25. Jg. (1934), S. 48–51.

MOHL, Hugo: Ueber den Bau und das Winden der Ranken und Schlingpflanzen, eine preisgekrönte Preisschrift. Tübingen (bei Laupp) 1827.

MOHL, Hugo: Über die Poren des Pflanzen-Zellgewebes. Inauguraldissertation unter dem Präsidium von Professor Hermann Friedrich Autenrieth. Tübingen 1828.

MOHL, Hugo von: Die Flora von Württemberg, in: Jh.VVNW 1. Jg. (1845), S. 69–109.

MOHL, Robert von: Die Lebenserinnerungen 1799 bis 1875, Stuttgart/Leipzig. Bd. 1 (1902).

MOJEM, Helmuth: Der Verleger Johann Friedrich Cotta (1764–1832). Repertorium seiner Briefe. (Deutsches Literaturarchiv. Verzeichnisse, Berichte, Informationen, 24). Marbach am Neckar 1997.

MÜLLER-PABST, Franziska: Staat und Universität [Tübingen] im württembergischen Vormärz. Diss. Phil.Fak. Universität Tübingen 1976.

NASCHOLD, Georg Friedrich: Chemische Untersuchung der Liebenzeller Mineralwasser. Dissertatio inauguralis. Tübingen 1833.

Neuer Nekrolog der Deutschen 12. Jg. (1834), 2. Teil. Weimar 1836, S. 665–670.

NIKLAS, Brigitte (Bearb.): Das Dekanatsbuch der Tübinger Medizinischen Fakultät 1808–1858 (Teil 2: 1816–1818). (Werkschriften des Universitätsarchivs Tübingen, Reihe 1: Quellen und Studien H. 10). Tübingen 1985.

OEYNHAUSEN, Carl VON, Helmuth VON LAROCHE und Heinrich VON DECHEN. Barometrisches Nivellement während einer geognostischen Reise durch Lotharingen, Elsaß, Baden und Würtemberg in den Monaten Juli bis November 1823, in: Hertha, Zeitschrift für Erd-, Völker- und Staatenkunde Bd. 1 (1825), S. 1–62.

PALM, Ludwig Heinrich: Ueber das Winden der Pflanzen. Eine botanisch-physiologische Abhandlung, welche von der medicinischen Fakultät zu Tübingen im Jahr 1826 als Preisschrift gekrönt wurde. Tübingen 1827.

PAUL, Ina Ulrike: Württemberg 1797–1816/19. Quellen und Forschungen zur Entstehung des modernen württembergischen States. (Quellen zu den Reformen in den Rheinbundstaaten, 7). München 2005.

PESCHEL-KUDERNATSCH, Uta: Die medizinischen Promotionen in Tübingen 1800–1814. Diss. Med. Fak. Univ. Tübingen 1985.

PFANNENSTIEL, Max (Hg.): Kleines Quellenbuch zur Geschichte der Gesellschaft Deutscher Naturforscher und Ärzte. Gedächtnisschrift für die hundertste Tagung der Gesellschaft. Berlin/Göttingen/Heidelberg 1958.

PLIENINGER, Theodor: Über die Blitzableiter, ihre Vereinfachung und die Verminderung ihrer Kosten, nebst einem Anhang über das Verhalten der Menschen bei Gewittern. Stuttgart/Tübingen 1835.

PLIENINGER, (Wilhelm Heinrich) Theodor: Beschreibung von Stuttgart, hauptsächlich nach seinen naturwissenschaftlichen und medicinischen Verhältnissen. Eine Festgabe der Stadt-Gemeinde Stuttgart zur Begrüßung der deutschen Naturforscher und Aerzte bei ihrer zwölften Versammlung im September 1834. Stuttgart 1834.

PLIENINGER, Theodor: Über den gegenwärtigen Stand der vaterländischen Naturkunde Württembergs, in: Jahreshefte des Vereins für vaterländische Naturkunde in Württemberg, 1 (1845), S. 15–61.

POGGENDORFF, Johann Christian (Hg.): Biographisch-literarisches Handwörterbuch zur Geschichte der exacten Wissenschaften, Bd. 2 (M-Z): Leipzig 1863, Sp. 853–855.

PRESSEL, (Oberhelfer) Johann Gottfried: Rede am Grabe Gustav Schüblers, Med. Dr. und Professor. Gedruckt bei Gustav Bähr in Tübingen 12 S. (Exemplar in der UB Tübingen, Sign. R LXVI 170).

PRITZEL, Georg August: Thesaurus literaturae botanicae omnium gentium. Leipzig 1872.

RABERG, Frank: Biographisches Handbuch der württembergischen Landtagsabgeordneten 1815–1933. Stuttgart 2001.

RANDECKER, Günter (Bearb.): Über 400 Semester Wirtschaftswissenschaftliche Vorlesungen an der Eberhard Karls Universität Tübingen 1798–2013 (hg. von Joachim Starbatty und Heinrich Strecker). Stuttgart 2014.

RATHGEBER, Thomas: Karl Rath (1802–1876). – Höhlenforscher in der Alten und Neuen Welt, im Internet http://www.lhk-bw.de/index.php?option=com_content&view=article, abgerufen 07.07.2016.

RATHGEBER, Thomas: Zum 175-jährigen Jubiläum der Erpfinger Bärenhöhle wurde das erstaunliche Leben des angeblich verschollenen Karl Rath (1802–1876) in Brasilien bekannt, in: Laichinger Höhlenfreund 44. Jg. (2009), S. 228–231.

REINERT, Eugen: Valentin Schübler, Bergrat und Münzwardein 1794–1862, in: Schwäbische Lebensbilder, 5 (Stuttgart 1950), S. 248–255.

RITTER, Carl: Geographisch-historisch-topographische Beschreibung zu K(arl) W(ilhelm) Kummers Stereorama oder Relief des Montblanc-Gebirges und dessen nächster Umgebung. Berlin 1824.

ROTT, Bärbel: Alexander von Humboldt brachte Guano nach Europa – mit ungeahnten globalen Folgen, in: HiN, Internationale Zeitschrift für Humboldt-Studien, Bd. 17 (2016), S. 82–109.

SALZER, Victor Ludwig: Untersuchungen über das Wildbad bei Giengen an der Brenz, mit nähern Beobachtungen über Lage und Clima dieser Gegend. Tübingen 1828.

SCHIESS, Traugott: Georg Leonhard Hartmann 1764–1828. Neujahrsblatt des Historischen Vereins des Kantons St. Gallen. St. Gallen 1924, S. 1–48.

SCHIRT, Joseph von: Medizinische Topographie des Fürstenthums Ochsenhausen als ein Beytrag zur medizinischen Topographie Schwabens. 1805.

SCHMID, Günther: Goethe und die Naturwissenschaften. Eine Bibliographie. Halle a. d. Saale 1940.

SCHMIDT, Joseph: Die Spinne als die beste Wetterprophetin, welche die bevorstehende Veränderung des Wetters mehrere Tage voraus ankündiget … /Jedem Landwirthe empfohlen. München 1800; Digitalisat unter: https://reader.digitale-sammlungen.de/de/fs1/object/display/bsb10308744_00014html.

SCHMOLZ, Helmut und Hubert WECKBACH: Bedeutende Heilbronner III (Mediziner, Naturwissenschaftler und Techniker), in: Schwaben und Franken. Heimatkundliche Beilage der Heilbronner Stimme 15. Jg., Nr. 1 von Samstag, 11. Januar 1969.

SCHÖNNAMSGRUBER, Helmut: Weitere Beobachtungen zum Hoch- und Niedrigwasser am Neckar, in: Schwäbische Heimat, 22 (1971), S. 22–25.

SCHRÖDER, Tilman Matthias: Naturwissenschaften und Protestantismus im Deutschen Kaiserreich. Die Versammlungen der Gesellschaft Deutscher Naturforscher und Ärzte und ihre Bedeutung für die evangelische Theologie (Contubernium, 67). Stuttgart 2008.

SCHUMM, Karl: Johann Friedrich Georg Hartmann Mayer. Pfarrer, Förderer der Landwirtschaft 1719–1798, in: Schwäbische Lebensbilder, 6 (1957), S. 139–152.

SCHÜTT, Hans-Werner: Anfänge der Agrikulturchemie in der ersten Hälfte des 19. Jahrhunderts, in: Zeitschrift für Agrargeschichte und Agrarsoziologie, 21 (1973), S. 83–91.

SCHÜZ: Nekrolog des Professors der Land- und Forstwirtschaft Dr. Carl Christian Knaus, in: Zeitschrift für die gesamte Staatswissenschaft Bd. 1, H. 1 (1844), S. 792–799.

SCHWAB, Gustav: Der Bodensee, nebst dem Rheinthale von St. Luziensteig bis Rheinegg. Handbuch für Reisende und Freunde der Natur, Geschichte und Poesie. Stuttgart/Tübingen 1827.

Schwäbische Chronik, des Schwäbischen Merkur zweite Abteilung, Begebenheiten aus Schwaben (einzelne Jahrgänge).

SCHWANKL, Herbert R.: Das württembergische Ausstellungswesen. Zur Entwicklung der allgemeinen Gewerbe- und Industrieausstellungen im 19. Jahrhundert. (Beiträge zur südwestdeutschen Wirtschafts- und Sozialgeschichte, 8). St. Katharinen 1988.

SCHWARZ, Eduard: Reine natürliche Geographie von Würtemberg. Stuttgart 1832.

SCHWEIGGER, Johann Salomo Christoph: Ueber Gewitter, Wolken und Stürme, und eine zur Beobachtung ihrer Bildung und ihres Zugs bestimmten Gesellschaft, in: Journal für Chemie und Physik Bd. 27 (Nürnberg 1820), S. 353–363 (mit Aufruf der Naturforschenden Gesellschaft zu Halle a. d. S. vom 25. März 1820).

SCHWERZ, Johann Nepomuk: Beschreibung und Resultate der Fellenbergischen Landwirthschaft zu Hofwyl. Hannover 1816.

SEIDL, Johannes (Hg.): Ami Boué (1794–1881). Autobiographie, Genealogie, Opus, übersetzt von Johannes Seidl. Melle 2013.

SIGEL, Christian (Bearb.): Das Evangelische Württemberg, Teil 2: Generalmagisterbuch. Masch. Manuskript. Stuttgart 1931. (Digitalisat: http://digital.wlb-stuttgart.de/purl/bsz456252185).

SIGRIST, René u. a. (Hg.): Marc-Auguste Pictet. Correspondance, sciences et technique. 4 Bde. Genève 1996–2004.

SIMON, Theo: Salz und Salzgewinnung im nördlichen Baden-Württemberg. Geologie, Technik, Geschichte. (Forschungen aus Württembergisch Franken, 42). Sigmaringen 1995.

SMETTAN, Hans W.: Die handschriftlichen Aufzeichnungen von Johann Simon von Kerner zur Flora des Herzogtums Württemberg, in: Jahreshefte der Gesellschaft für Naturkunde in Württemberg, 170 (2014), S. 115–190.

SPRENGEL, Carl: Nachrichten über Hofwyl in Briefen. Nebst einem Entwurf zu landwirthschaftlichen Lehranstalten. Celle 1819.

STAFLEU, Frans A. und Richard S. COWAN: Taxonomic Literature, 2. Auflage, Bd. 5, S. 357–361 (Regnum vegetabile, 112). Utrecht 1985.

STEDMANN: Lebensumriß von Johannes Nepomucenus Hubertus Schwerz, der Zehnten General-Versammlung des Landwirthschaftlichen Vereins für Rhein-Preußen gewidmet. Coblenz 1841.

STURM, Friedrich Wilhelm: Versuch einer Beschreibung von Schwenningen in der Baar, am Ursprung des Neckars in geognostischer, landwirthschaftlicher und medicinischer Beziehung. Tübingen 1823.

TRIERENBERG, Andor: Die Hof- und Universitätsmechaniker in Württemberg im frühen 19. Jahrhundert. Diss. Phil.-historische Fak. Univ. Stuttgart 2013 (veröffentlicht unter: http://dx.doi.org/10.18419/opus-5389).

UNFRIED, Wilhelm Friedrich: Chemische Untersuchung des Mineralwassers bei Stuttgart zwischen Königsbad und Kahlenstein. Dissertatio inauguralis. Tübingen 1821.

Verzeichniß der Studirenden auf der Königlichen Universität Tübingen 1817–1844/45. Tübingen 1817 ff.

Verzeichniss sämmtlicher Mitglieder der allgemeinen Schweizerischen Gesellschaft für die gesammten Naturwissenschaften im Jahr 1816, in: Eröffnungsrede der Jahresversammlung der Allgemeinen Schweizerischen Gesellschaft für die Gesammten Naturwissenschaften = Discours d'ouverture des la session de la Société Helvétique des Sciences naturelles 2 (1816), Anhang.

VOGEL, C.: Goethe in amtlichen Verhältnissen. Aus den Acten, besonders durch Correspondenzen zwischen ihm und dem Großherzog Carl August, Geheimer Rath v. Voigt und a. A. Jena 1834.

WARTH, Manfred: Georg Friedrich Jaeger (1785–1866), Stuttgarter Arzt und Begründer der Paläontologie, in: Schwäbische Forscher und Gelehrte. Lebensbilder aus sechs Jahrhunderten, hg. von Helmuth ALBRECHT. Stuttgart 1992, S. 83–86.

WEBER, C. H.: Die große Ueberschwemmung 1824 (größtentheils aus amtlichen Berichten), in: WJbb 8. Jg. (1825), H. 1, S. 34–59.

WEBER, Hellmar und Ulrich KULL: Leben und Werk des Stuttgarter Lehrers und Naturforschers Johann Gottlob Kurr (1798–1870), in: Jahreshefte der Gesellschaft für Naturkunde in Württemberg 165, 1 (2009), S. 337–400.

WECKBACH, Hubert: Christian Ludwig Schübler, in: Heilbronner Köpfe, 4 (2007), S. 199–218.

Wegweiser durch Tübingen, seine Umgebung, seine Geschichte, seine Wissenschaften und insbesondere Naturwissenschaftlichen und medicinischen Institute, herausgegeben anlässlich der 30. Jahresversammlung deutscher Naturforscher und Ärzte. Tübingen 1853.

WENDLER, Eugen: Friedrich List (1789–1846), ein Ökonom mit Weitblick und sozialer Verantwortung. Wiesbaden 2013.

WÖRZ, Arno: Der Esslinger Botanische Reiseverein 1825–1845. Eine Aktiengesellschaft zur Durchführung naturkundlicher Sammelreisen. (Stuttgarter Beiträge zur Wissenschafts- und Technikgeschichte, 9). Berlin 2016.

WUCHERER (Hofrat): Ueber die Ueberschwemmung im Großherzogthum Baden etc. zu Ende Octobers und Anfang Novembers 1824, in: Archiv für die gesammte Naturlehre, (hg. von K. W. G. Kastner), Bd. 5, H. 4 (Nürnberg 1825), S. 465–478.

WUNSCHMANN, Ernst: Schübler, Gustav, in: ADB 32, Berlin 1891, ND Berlin 1979, S. 639–640; auch online unter der Adresse https://www.deutsche-biographie.de/pnd117124354/html#adbcontent.

WURZBACH, Constant von (Hg.): Biographisches Lexikon des Kaiserthums Österreich, 9 (1863), S. 14.

ZIETEN, Carl Hartwig von: Die Versteinerungen Württembergs. 2 Teilbände: Text und Abbildungen. Stuttgart 1830/1833.

ZÜRCHER, Manfred: Das Dekanatsbuch der Tübinger Medizinischen Fakultät 1808–1858, Teil 5: 1826–1829. (Werkschriften des Universitätsarchivs Tübingen, Reihe 1: Quellen und Studien H. 7), Tübingen 1982.

Anhang I
Veröffentlichungen von Gustav Schübler

1. Selbständige Werke

Dissertatio inauguralis medica sistens experimenta quaedam influxum electricitatis in sanguinem et respirationem spectantia. Tübingen 1810 (Reis und Schmid).

Versuche über den Einfluß der Elektricität auf das Blut und auf den Athmungsprozeß, in: Annalen der Physik (hg. von Ludwig Wilhelm Gilbert) Bd. 39/NF 9 (Leipzig 1811), S. 300–345.

Bestimmung der täglichen Perioden der atmosphärischen Electricität, in: Journal für Chemie und Physik (hg. von Johann Salomo Christoph Schweigger), 3 (1811), S. 123–128 und 291–300.

Erhöhungen verschiedener Gegenden Würtembergs über der Meeresfläche und mittlere Temperatur, in: Königlich Württembergischer Hof- und Staats-Kalender: ein vaterländisches Taschenbuch 1811. Stuttgart/Tübingen 1811 (Cotta), S. 133–144.

Expériences sur la déclination magnetique absolue et sur l'étendue des variations horaires qu'offrent des aiguilles dans le même lieu et à la même époque, selon que le fluide magnetique est différemment distribué dans leur intérieur, in: Journal de Physique et Chimie et d'Histoire Naturelle, 75 (Paris 1812), S. 173–181.

Über die neue electrische Säule des Herrn J. A. De Luc, in: Journal für Chemie und Physik (hg. J. S. C. Schweigger), 7 (1813), S. 479–493.

Über die polypösen Concremente bei der Ruhr; ein Beitrag zur nähern Kenntniß der Natur dieser Krankheit, in: Jahrbücher der teutschen Medicin und Chirurgie (hg. von Christian Friedrich Harles), 3 (Nürnberg 1813), S. 66–75.

Resultate einer Reihe von Untersuchungen über die atmosphärische Electrictiät, in: Journal für Chemie und Physik (hg. J. S. C. Schweigger), 8 (1813), S. 21–37.

Untersuchungen über einige Erscheinungen der atmosphärischen Electricität in den Alpen, in: Journal für Chemie und Physik (hg. von J. S. C. Schweigger), 9, Heft 4 (1813), S. 347–361.

Graphische Darstellung der Veränderungen der atmosphärischen Electrizität bei Gewittern, Regen und Schnee, in: Journal für Chemie und Physik (hg. von J. S. C. Schweigger), 11 (1814), S. 377–384.

(zusammen mit Georg CLESS): Versuch einer medizinischen Topographie der Haupt- und Residenzstadt Stuttgart. Stuttgart 1815. (J. D. Sattlerische Buchhandlung).

Eine trockne electrische Säule und ein atmospärisches Electroscop von De Luc, aus mehreren Aufsätzen zusammengestellt von Gilbert. Bemerkungen der HH Schübler und Zamboni, ein beurtheilender Zusatz, in: Annalen der Physik (hg. L. W. Gilbert), 49/NF 19 (1815), S. 100–128.

L' analyse des terres, in: Bibliothèque britannique, ou recueil extrait des ouvrages anglais périodiques et autres, 60 (Genève/Genf 1815), S. 248–264 und 411–420.

Über Zamboni's elektrische Säule, in: Journal für Chemie und Physik (hg. J. S. C. Schweigger), 16 (1816), S. 111–115; auch auf Französisch erschienen:„Sur la colonne électrique de Zamboni", in: Bibliothèque universelle des Sciences, Belles-Lettres, et Arts, 2 (Genève/Genf 1816). S. 21–25.

Untersuchungen über die physischen Eigenschaften der Erden, in: Landwirtschaftliche Blätter von Hofwyl, Heft 5 (Aarau 1817), S. 5–98; Auszug auch in: Journal für Chemie und Physik, 19 (1817), S. 454–461 (mit Verweis auf die ausführliche Publikation in den Landwirthschaftlichen Blättern aus Hofwyl, Heft 5).

Beschreibung des Nordlichts am 5. Februar 1817 und Bemerkungen über electrometrische Beobachtungen, in: Journal für Chemie und Physik (hg. von J. S. Ch. Schweigger), Bd. 19 (Halle/Saale 1817), S. 1–13.

Untersuchungen über die Milch und ihre Bestandtheile, in: Landwirthschaftliche Blätter aus Hofwyl, Heft 5 (Aarau 1817), S. 117–153; Auszug unter dem Titel: Untersuchungen der Erdarten in ökonomischer Hinsicht und über die Milch, in: Journal für Chemie und Physik, 19 (1817), S. 454–461 (mit Verweis auf die ausführliche Publikation in den Landwirthschaftlichen Blättern aus Hofwyl, Heft 5).

(zusammen mit Dr. Kloz): Ueber die Weizen- und Gersten-Arten, welche in Würtemberg theils im Großen, theils im Kleinen gebaut werden, in: Annalen der Würtembergischen Landwirthschaft (hg. von Carl Freiherr von Varnbüler), Bd. 2 (Stuttgart 1819), S. 262–305.

Beschreibung und systematische Bestimmung der in Württemberg unter dem Namen Ehmaer (Emmer) gebauten Getreide-Art in Vergleichung mit Einkorn und einigen anderen zunächst damit verwandten Arten, in: Flora oder Botanische Zeitung 3.Jg. (1820), S. 445–462.

Bestimmung der Lage mehrerer bisher nicht gemessener Gegenden Würtembergs über dem Meer, in: WJbb Jg. 1822, H. 1, S. 204–213.

Untersuchungen über die Bodenarten einiger Gegenden Würtembergs, in: Annalen der Württembergischen Landwirthschaft (hg. von Carl Freiherr von Varnbüler) Bd. 2, H. 4 (Stuttgart 1821), S. 379–386.

Untersuchung einer Erde, welche die Eigenschaft hatte, die gewöhnlich rothblühende Hortensia speciosa blau zu färben, in: Journal für Chemie und Physik, 33 (Nürnberg 1821), S. 286–290.

Über die Verschiedenheit der Temperatur auf der Höhe der Berge und in den Thälern Würtembergs und ein hieraus abgeleitetes Gesetz der Wärmeabnahme für unsere Gegenden, in: WJbb Jg. 1822, H. 1 (Stuttgart/Tübingen 1822), S. 214–224.

Witterung, Fruchtbarkeit, Preise der Lebensmittel 1820 und 1821, in: WJbb Jg. 1822, H. 1, S. 177–187 (fortgesetzt bis 1833 von G. Schübler in den WJbb mitgeteilt).

Über die Bildung und Richtung der Gewitter und Schloßen in Würtemberg und einigen angrenzenden Gegenden, in: CWLV 1 (1822), S. 155–184 und CWLV 3 (1823), S. 150–163.

Über die Gewitter des Jahres 1822 in Würtemberg und einigen der angrenzenden Gegenden, in: CWLV 3 (1823), S. 150–163 und Journal für Chemie und Physik, 38/NF 8 (1823), S. 164–176; wiederabgedruckt in: Nachricht über die Gesellschaft zur Beobachtung der Gewitter, mit Beiträgen von Karl Ludwig Gronau und Gustav Schübler. (o. O. ca. 1823).

Über die Menge des im Jahre 1822 in einigen Gegenden Würtembergs gefallenen Regen- und Schneewassers, in: CWLV 3 (1823), S. 164–166 und Journal für Chemie und Physik, 38/NF 8 (1823), S. 177–182 (mit Verweis auf die Veröffentlichungen in CWLV 1 (1822) und 3 (1823).

Vergleichende Zusammenstellung der bis jetzt in Ansehung ihrer Höhe bestimmten Gegenden Würtembergs mit Bemerkung der Hauptgebirgsarten, Luftbeschaffenheit und allgemeinen Verhältnisse der Vegetation als Erklärung der beyliegenden Höhen-Charte, in: WJbb Jg. 1823, H. 1, S. 148–160.

Untersuchungen verschiedener Bodenarten Würtembergs, mit Bemerkungen ihres Einflusses auf die Vegetation, in: CWLV 4 (1823), S. 51–66.

Fortgesetzte Untersuchungen über die physisch-chemischen Eigenschaften der Ackererden mit der Untersuchung einiger Erd- und Mergelarten Würtembergs in Verbindung mit Beobachtungen ihrer Wirkungen auf die Vegetation, in: Journal für Chemie und Physik, 37/NF 7 (1823), S. 37–70.

Über die Absorption von Sauerstoffgas und Wasserdünsten durch die Erden, in: Journal für Chemie und Physik, 39/NF 8 (1823), S. 141–163.

Über den ungewöhnlichen tiefen Barometerstand am 2. Februar 1823, in: Journal für Chemie und Physik, 38/NF 8 (1823), S. 183–185.

Vergleichende Zusammenstellung der bis jetzt in Ansehung ihrer Höhe bestimmter Gegenden Würtembergs mit Bemerkung ihrer Hauptgebirgsarten, Luftbeschaffenheit und allgemeiner Verhältnisse der Vegetation als Erklärung der beyliegenden Höhencharte, in WJbb Jg. 1823, H. 1, S. 148–169.

Der Karfenbühel bei Dettingen unter Urach, ein Basalttuff-Felsen mit magnetischer Polarität, in: WJbb Jg. 1824, H. 1, S. 163–170.

Über den Einfluß des Salzes auf das Wachsthum der Pflanzen, in: CWLV 5 (1824), S. 195–254 (Kommentar in Fußnoten).

Ueber die Ähnlichkeit der Versteinerungen des Gryphitenkalkes im südwestlichen Teutschland mit den Versteinerungen des Muschelkalks von Göttingen und Thüringen, in: Teutschland, geognostisch-geologisch dargestellt und mit Charten und Durchschnittszeichnungen erläutert (hg. von Christian Keferstein), Bd. 3 (Weimar 1824/25), S. 164–174 (dazu: Nachträgliche Bemerkungen zu vorstehendem Aufsatze von Ch. Keferstein, ebenda S. 175–178).

Über die Höhlen der Württembergischen Alp in Verbindung mit Beobachtungen über die Basaltformationen dieser Gebirgskette, in: WJbb Jg. 1824, H. 2, S. 328–386. (wieder abgedruckt mit Zusätzen und Berichtigungen in: Zeitschrift für Mineralogie (hg. von Karl Cäsar von Leonhard), 2 (Frankfurt/Main 1825), S. 307–334 und 460–488; ebenso in: Archiv für die gesam(m)te Naturlehre, (hg. von Karl Wilhelm Gottlob Kastner), Bd. 5, H. 1 (Nürnberg 1825), S. 1–60).

Nachtrag über die in diesem Sandstein vorkommenden Sandstein-Stalaktiten von Königseggwald, in: CWLV 5 (1824), S. 22–23.

Ueber die Gewitter des Jahres 1823 in Würtemberg und angrenzenden Gegenden, in: CWLV 5 (1824), S. 270–298.

Ueber die Menge des im Jahr 1823 in einigen Gegenden Würtembergs gefallenen Regen- und Schneewassers, in: CWLV 5 (1824), S. 298–302.

(zusammen mit Christian KEFERSTEIN): Versuch einer vergleichenden Darstellung der geognostischen Verhältnisse in Würtemberg und Norddeutschland, besonders im Hinblick des Steinsalzgebirges, in: CWLV 5 (1824), S. 331–360, mit Anmerkungen von Bergrat (Valentin) Schübler S. 360–373.

Zur Kenntniß der Futterpflanzen, in: CWLV 6 (1824), S. 131–141.

Vergleichende Versuche über die von H(er)rn Dr. Putsche beschriebenen Kartoffelarten, in: CWLV 6 (1824), S. 268–274.

Jahresbericht über die Witterungs-Verhältnisse Würtembergs 1825, in: CWLV 9 (1825), S. 320 ff. (fortgesetzt von G. Schübler bis 1830, dann von Prof. Theodor Plieninger).

Allgemeine Resultate über die Witterung des Jahres 1824 mit näheren Beobachtungen über die Temperatur, Gewitter und Schloßen und Regenmengen in verschiedenen Gegenden Würtembergs, in: CWLV 8 (1825), S. 1–39.

Über die ungewöhnliche Überschwemmung zu Ende Oktobers des vorigen Jahres (d.i. 1824) und die dabei in verschiedenen Gegenden Würtembergs gefallene Regenmenge, in: CWLV 7 (1825), S. 191–198; dazu: Nachtrag zu der Überschwemmung vom Herbst 1824, in: WJbb Jg. 1825, H. 2, S. 444–447.

Über die Gewitter und Schloßen des Jahres 1824 in Würtemberg und den angrenzenden Gegenden, in: Journal für Chemie und Physik/Jahrbuch der Chemie und Physik, 34/NF 14 (Halle a.d.S. 1825), S. 217–244.

Meteorologische Beobachtungen (aus einem Brief des Herrn Professor Schübler an den Herausgeber, in: Archiv für die gesam(m)te Naturlehre, (hg. von K.W.G. Kastner), Bd. 5, H. 3, (Nürnberg 1825). S. 317–372.

Über Dolomit, Trapptuff und hydraulische Kalkarten in Württemberg, in: CWLV 7 (1825), S. 277–283.

Beobachtungen über die Verdünstung des Eises, in: Naturwissenschaftliche Abhandlungen, hg. von einer Gesellschaft in Würtemberg, Bd. 1, H. 1. Stuttgart/Tübingen 1826, S. 211–218.

Über die Gesetze der Bevölkerung und Sterblichkeit oder die Verhältnisse des physischen Lebens der Einwohner Würtembergs, in: WJbb Jg. 1826 (Stuttgart/Tübingen 1827), S. 193–217 und S. 337–375.

Ueber die herbstlichen ungewöhnlichen Ueberschwemmungen im südwestlichen Deutschland, im Jahr 1824 (briefliche Mitteilung an den Herausgeber), in: Archiv für die gesam(m)te Naturlehre (hg. von K.W.G. Kastner), Bd. 7, H. 3 (Nürnberg 1826), S. 335–359.

(zusammen mit Anton WIEST): Vergleichung der Vegetations-Verhältnisse von 8 Floren Deutschlands. Untersuchungen über die pflanzengeographischen Verhältnisse Deutschlands, in: Hertha 10 (1827), H. 1, S. 38–66.

Über die Lagerungsverhältnisse des Steinsalzes zu Wilhelmsglück. Naturwissenschaftliche Abhandlungen Bd. 1, H. 3. Stuttgart/Tübingen 1827, S. 359–366.

Entdeckung einer neuen Wasserpflanze in Würtemberg, in: CWLV 14 (1828), S. 188–191.

Hydrurus crystallophorus, eine neue Süßwasser-Alge Deutschlands, in: Flora oder botanische Zeitung 11. Jg., Bd. 1 (1828), Nr. 5, S. 65–80.

Nachschrift zur Abhandlung über *Hydrurus crystallophorus,* in: Flora oder allgemeine botanische Zeitung 11. Jg., Bd. 1 (1828), S. 143–144.

Beiträge zur literarischen Statistik Würtembergs, in: WJbb Jg. 1828 (Stuttgart/Tübingen 1830), S. 426–434.

Über Culturverhältnisse Würtembergs, in: CWLV 15 (1829), S. 270–279.

Untersuchungen über die fetten Oele Deutschlands in Beziehung auf ihre wichtigsten physischen Eigenschaften, in: Journal für technische und ökonomische Chemie Bd. 2 (1829), S. 349–383 (beruht auf der Dissertation von Daniel Bentsch, Tübingen 1828).

Nachträge zu den Untersuchungen über die fetten Oele Deutschlands etc. und Mittheilungen über die Gewinnung des fetten Oeles der Weintraubenkerne, in: Journal für technische und ökonomische Chemie, 5 (1829), S. 30–32.

(Meteorologische) Beobachtungen angestellt im Würtembergischen vom Stadtpfarrer Dr. Binder, Dr. Dihlmann, Dr. Groß, Prof. Plieninger und Prof. Schübler, mitgetheilt aus Tübingen in einer Zuschrift des Prof. Schübler, in: Archiv für die gesam(m)te Naturlehre, (hg. von Dr. K.W.G. Kastner), Bd. 16 (Nürnberg 1829), S. 236–239.

Untersuchungen über den Einfluß des Mondes auf die Veränderungen unserer Atmosphäre mit Nachweisung der Gesetze, nach welchen der Einfluß erfolgt. Leipzig 1830 (Baumgärtner).

Untersuchungen über die Zeit der Blüthenentwicklung mehrerer Pflanzen der Flora Deutschlands und benachbarter Länder, in: Flora oder allgemeine botanische Zeitung 13. Jg. Bd. 2 (1830), S. 353–368.

Vergleichung der mittleren Temperatur von Stuttgart mit der von Paris und Wien, in: Journal für Chemie und Physik, 58/NF 1 (Halle 1830), S. 84–86; Größe der wässerigen Ausdünstung im Jahr 1828, ebenda S. 208–209; Feuchtigkeit und Trockenheit der Luft im Jahr 1828, ebenda S. 209–214; Über die Witterungsverhältnisse Württembergs im Jahr 1828, ebenda S. 327–338; alle vier Beiträge sind Auszüge aus dem Jahresbericht über die Witterungsverhältnisse Stuttgart bzw. Württembergs, in: CWLV 16 (1829), S. 127–129 und S. 157–166.

Ueber die Witterungsverhältnisse Würtembergs im Jahre 1828, in: Journal für Chemie und Physik, 58/NF 1 (1830), S. 327–338; Fortsetzung in Bd. 59/NF 2 (1830), S. 28–36.

Grundsätze der Meteorologie in näherer Beziehung auf Deutschland's Clima. Leipzig 1831 (Baumgärtner); 2., überarbeitete Auflage, hg. von G. A. Jahn. Leipzig 1849.

Nachrichten über die Verhältnisse des Weinbaus in Württemberg vom Jahre 1236 bis 1830 und wichtigere sich hierauf beziehende Witterungs-Erscheinungen, in: CWLV 19 (1831), S. 3–80 (auch als Separatdruck im Buchhandel verbreitet).

(zusammen mit G. MAJER): Ueber die Einwirkung verschiedener Salze auf die Vegetation und die düngende Wirkung des Kochsalzes insbesondere, in: Journal für technische und ökonomische Chemie (hg. von Otto Linné Erdmann), 10 (Leipzig 1831), S. 70–78.

Grundsätze der Agricultur-Chemie in näherer Beziehung auf land- und forstwirthschaftliche Gewerbe. 2 Teile (240 S. + 272 S.), Leipzig 1830 (Baumgärtner).

Charte von Schwaben von J. A. Amman, erweitert und geognostisch begränzt nach den Beobachtungen und Mitteilungen von Professor Schübler und anderer vaterländischer Naturforscher, von Carl Rath. Tübingen 1832; dazugehörig das Relief von Württemberg von Carl Rath. Tübingen 1833 (mit Erläuterung).

Höhenbestimmungen in Württemberg und den angrenzenden Gegenden von Bayern, Baden, Sigmaringen und Hechingen, mit Bemerkungen der geognostischen Verhältnisse, in: WJbb Jg. 1832, H. 2 (Stuttgart/Tübingen 1833), S. 221–400; dazu die zitierte Charte von Schwaben.

Ueber die Anwendung des Kochsalzes als Düngungsmittel nach Erfahrungen in den Umgebungen der Saline Wilhelmshall bei Rottweil, in: Journal für technische und ökonomische Chemie (hg. von Otto Linné Erdmann), 18 (1833), S. 366–375.

Untersuchungen über die Regenverhältnisse der schwäbischen Alp und des Schwarzwaldes, in: Annalen der Erd-, Völker- und Staatenkunde, 9 (Berlin 1834), S. 408–417 (beruht auf der Dissertation von W. Kern, Tübingen 1831).

Untersuchungen des Oels von *Euphorbia lathyris*, in: CWLV 25/NF 5 (1834), S. 223–224.

(zusammen mit Georg von MARTENS): Flora von Württemberg. Tübingen 1834 (Osiander), (dazu von Willibald LECHLER: Supplement zur Flora von Württemberg. Stuttgart 1844); 2., erweiterte Auflage, besorgt von Georg von MARTENS und Albert KEMMLER. Tübingen 1865; 3. Aufl., aufs Neue durchgesehen und ergänzt von Carl Albert KEMMLER. Heilbronn 1882.

(zusammen mit Carl LACHENMEYER): Untersuchungen über die Farbenveränderungen der Blüthen, in: Journal für praktische Chemie, 1 (1834), S. 46–58.

(zusammen mit Vitus Paul MICHEL): Chemische Untersuchung eines Leberconcrements (aus einer unter dem Präsidio Schüblers verteidigten Inauguraldissertation, Tübingen bei Bähr 1832), in: Journal für praktische Chemie, 8 (1836), S. 383–395.

2. Beiträge und Kommentare von G. Schübler in Werken anderer Autoren

Verzeichniß der bis zum Schlußе des Jahres 1822 im Königreich Würtemberg beobachteten wild wachsenden Gewächse, Beilage D zu *Ueber Würtembergs Flora,* in: CWLV 3 (1823), S. 229–254.

EISENBACH, Heinrich Ferdinand: Beschreibung und Geschichte der Stadt und Universität Tübingen. Tübingen 1822 (Osiander), (im Anhang: Systematisches Verzeichniß der bei Tübingen und den umliegenden Gegenden wildwachsenden phanerogamischen Gewächse mit Angabe ihrer Standorte und Blütezeit, S. 1–60 von Prof. Schübler).

Ueber den Einfluß des Salzes auf das Wachsthum der Pflanzen. [Bemerkungen der Centralstelle des landwirthschaftlichen Vereins zu einer kürzlich von London eingeschickten Schrift, versehen mit Anmerkungen von Prof. Schübler in Tübingen], in: CWLV 5 (1824), S. 195–254.

EISENBACH, Heinrich Ferdinand: Die Agriculturchemie des Grafen Chaptal. Stuttgart (Metzler'sche Buchhandlung) 1824, (darin der Anhang von Prof. Schübler S. 325–372).

MEMMINGER, Johann Daniel Georg: Beschreibung von Würtemberg nebst einer Übersicht seiner Geschichte. Stuttgart/Tübingen 1817 [Cotta; (2., vermehrte Auflage 1823), darin der naturgeschichtliche Teil von Prof. Schübler].

SCHWAB, Gustav: Die Neckarseite der Schwäbischen Alb. Wegweiser und Reisebeschreibung. Stuttgart 1824 (darin der naturhistorische Anhang von G. Schübler S. 302–311).

ALBERTI, Friedrich von: Die Gebirge des Königreichs Würtemberg in besonderer Beziehung auf Halurgie. Stuttgart/Tübingen (Cotta) 1826 (darin von G. Schübler die Beilagen 1 bis 9).

Anhang über die Beschaffenheit verschiedner Erdarten, in: Thénard's Lehrbuch der theoretischen und praktischen Chemie, 4., vermehrte Auflage, übersetzt von M. Gustav Theodor Fechner, Bd. 3 (Leipzig 1826), S. 647–656.

Beschreibung des Oberamtes Rottenburg (hg. von Professor Memminger) darin das Kapitel „Natürliche Beschaffenheit" S. 37–62, Stuttgart/Tübingen 1828.

SCHWAB, Gustav: Der Bodensee, nebst dem Rheinthale von St. Luziensteig bis Rheinegg. Handbuch für Reisende und Freunde der Natur, Geschichte und Poesie. Stuttgart/Tübingen 1827 (darin das Kapitel „Klima und Naturphänomene des Bodensees" S. 297–303).

3. Rezensionen

Für die Jenaische Allgemeine Literatur-Zeitung, siehe BULLING, Karl: Die Rezensenten der Jenaischen Allgemeinen Literatur-Zeitung. 3 Bde (Claves Jenenses 12–14). Weimar 1962–65, dort sind auch Rezensionen des Vaters von G. Schübler nachgewiesen.

4. Von G. Schübler betreute Dissertationen

KLEES, Johannes G.: *Dissertatio inauguralis zoologica sistens characteristicen et descriptiones testaceorum circa Tubingam indigenorum.* Tübingen 1818.

RODE, Johann Ludwig: *Dissertatio inauguralis botanica sistens characteristicen et descriptiones cerealium in horto academico Tubingense et Würtembergia cultorum.* Tübingen 1818.

GURLT, Ernst Friedrich: Übersicht des Pflanzenreichs nach dem Linnéischen Sexualsystem und nach dem natürlichen Pflanzensystem von Jussieu. Tübingen 1820.

TSCHEPPE, Ferdinand: Chemische Untersuchung der Hanfblätter. Tübingen 1821.

UNFRIED, Wilhelm Friedrich: Chemische Untersuchung des Mineralwassers bei Stuttgart zwischen dem Königsbad und Kahlenstein. Tübingen 1821.

RINGIER, Victor Abraham: *Dissertatio inauguralis botanica de distribuzione geographica plantarum Helvetiae.* Tübingen 1823.

DUVERNOY, Georg Ludwig: *De salvinia natante.* Tübingen 1825.

KRAUSS, Friedrich: *De legibus naturalique ordine populationis et mortalitatis incolarum Wirtembergiae.* Tübingen 1825.

SCHÜZ, Johann Christoph: *Dissertatio inauguralis botanica sistens descriptiones plantarum novarum vel minus cognitarum horti botanici academici Tubingensis.* Tübingen 1825.

FRANCK, Carl August: Untersuchungen über die Farben der Blüthen und einige damit in Beziehung stehende Gegenstände. Tübingen 1825.

RENZ, Carl Friedrich: Untersuchungen über das specifische Gewicht der Samen und näheren Bestandtheile des Pflanzenreichs. Tübingen 1826. (Auszug mitgeteilt von G. Schübler und C. Renz, in: Archiv für die gesam(m)te Naturlehre, (hg. von K. W. G. Kastner), Bd. 10, H. 4 (Nürnberg 1827), S. 401–428).

ZELLER, Ernst Albert: Untersuchungen über die Einwirkung verschiedener Stoffe des organischen und unorganischen Reichs auf das Leben der Pflanzen. Tübingen 1826 [Kurzfassung in: Flora oder Botanische Zeitung 10. Jg. Bd. 2, Nr. 48 (Regensburg 1827), S. 753–763].

KOEHLER, Friedrich: Untersuchungen über Most- und Weintrauben-Arten Würtembergs. Tübingen 1826.

HALDER, Franz Anton: Beobachtungen über die Temperatur der Vegetabilien und einige damit verwandte Gegenstände. Tübingen 1826.

BERG, John: Untersuchungen über die Obst- und Weintrauben-Arten Würtembergs und die richtige Leitung der Gährung ihres Mostes. Stuttgart 1827.

WIEST, Anton: Untersuchungen über die pflanzengeographischen Verhältnisse Deutschlands. Tübingen 1827.

STEMMLER, Franz Xaver: Über die Änderungen in den Gesetzen der Sterblichkeit durch Einführung der Kuhpocken. Tübingen 1827.

FRÖLICH, Franciscus A. G.: *Enumeratio tortricum* (= Blattwickler-Schmetterlinge) *Württembergiae.* Tübingen 1828.

BENTSCH, Daniel: Untersuchungen über die fetten Oele in Beziehung auf ihre wichtigen physischen Eigenschaften. Tübingen 1828.

SALZER, Victor Ludwig: Untersuchungen über das Wildbad bei Giengen an der Brenz, mit nähern Beobachtungen über Lage und Clima dieser Gegend. Tübingen 1828 (mitgeteilt auch in: Archiv für die gesam(m)te Naturlehre, hg. von K. W. G. Kastner), Bd. 16, H. 3 (Nürnberg 1829), S. 257–294).

ROMERIO, Wilhelm: Chemische Untersuchung des Kannstadter Mineralwassers, nebst Bemerkungen über die Mineralquelle in Berg. Tübingen 1829.

NEUFFER, Wilhelm: Untersuchungen über die Temperatur-Veränderungen der Vegetabilien und verschiedene damit in Beziehung stehende Gegenstände. Tübingen 1829.

FINKH, Johannes Friederich: *Dissertatio inauguralis medica de secali cornuto.* Tübingen 1830.

MAJER, Gustav: *Dissertatio inauguralis sistens observationes quasdam botanico-physiologicas adiectis de tumore albo genu thesibus.* Tübingen 1830.

KÖHLER, Franz Joseph: Untersuchungen über die Vertheilung der Farben- und Geruchsverhältnisse in den wichtigeren Familien des Pflanzenreichs. Tübingen 1831.

MÜLLER, Franz Xaver: Untersuchungen über die Vertheilung der Farben- und Geruchsverhältnisse in der Familie der Rubiaceen. Tübingen 1831.

FEIL, Karl Friedrich: Untersuchungen über die Vertheilung der Farben und Geruchsverhältnisse in den Familien der Asperifolien, Primulaceen, Convolvulaceen, Campanulaceen, Rosaceen, Ranunculaceen, Papaveraceen und Nymphaceen. Tübingen 1831.

KERN, Wilhelm Friedrich: Untersuchungen über die Temperatur-Verhältnisse der schwäbischen Alp. Tübingen 1831.

WERNER, Hermann: Beobachtungen über jährlich periodisch wiederkehrende Erscheinungen im Thier- und Pflanzenreich. Tübingen 1831.

BECK, Fr. Joseph: Untersuchungen über die mittlere Zeit der Blüthenentwicklung mehrerer vorzüglich in der Flora Deutschlands einheimischer Pflanzen in der Gegend von Tübingen. Tübingen 1831.

KAPFF, Paul: Untersuchungen über das specifische Gewicht thierischer Substanzen. Tübingen 1832.

HARTMANN, Gustav: *Utriculariae vulgaris adumbratio. Dissertatio inauguralis botanica.* Tübingen 1832.

LINGG, Carl: Beiträge zur Naturkunde Oberschwabens. Tübingen 1832.

VOGEL, Hermann: Über die geognostische Verhältnisse der Umgebungen von Tübingen. Tübingen 1832.

HARTMANN, August: Untersuchungen über die Regen-Verhältnisse der schwäbischen Alp und des Schwarzwaldes. Tübingen 1832.

WERNER, Georg: *Seminum sorghi vulgaris analysis.* Tübingen 1832.

FLEISCHER, Franz: Über die Riedgräser Würtembergs mit besonderer Berücksichtigung der in der Flora von Tübingen einheimischen. Tübingen 1832.

BAUMANN, Friedrich. Untersuchungen über monatliche Perioden in den Veränderungen unserer Atmosphäre. Tübingen 1832.

MICHEL, Vitus Paul: Chemische Untersuchung eines Leberkonkrements. Tübingen 1832.

KURR, Johann Gottlob: Untersuchungen über die Bedeutung der Nektarien in den Blumen. Stuttgart 1833.

LACHENMEYER, Johann C.: Untersuchungen über die Farbenveränderungen der Blüthen. Tübingen 1833.

WÖRZ, Franz Xaver: Beobachtungen und Versuche über die Beziehung der Nectarien zur Befruchtung und Saamenbildung der Gewächse. Eine gekrönte Preisschrift. Tübingen 1833.

WERNLE, Philipp L.: Untersuchungen über die Farbenverhältnisse in den Blüthen der Flora Deutschlands. Tübingen 1833.

WAGNER, Christian Ludwig: Beiträge zur Lehre der Imponderabilien mit Bemerkungen über die elektro-chemische Theorie. Tübingen 1833.

RÖDER, Isaak: Untersuchungen über die Farbenverhältnisse in den Blüthen der Flora Frankreichs. Tübingen 1833.

NASCHOLD, Georg Friedrich: Chemische Untersuchung der Liebenzeller Mineralwasser. Tübingen 1833.

RIEDLE, Johannes Jacob: Beiträge zur medicinischen Statistik Würtembergs. Tübingen 1834.

STIMMEL, Adolph Friedrich: Untersuchungen über die Bevölkerung, Geburts- und Sterblichkeits-Verhältnisse von Stuttgart. Tübingen 1834.

Anhang II
Verzeichnis ausgewählter Autographen von Gustav Schübler

Nr. 1: Brief von Gustav Schübler an Alexander von Humboldt, Stuttgart, 19. Juni 1811.

Nr. 2: Eintrag im Adressbuch von Alexander von Humboldt, undatiert.

Nr. 3: Brief von Gustav Schübler an Dr. Thomas Johann Seebe(c)k, Mitglied der Königlich preußischen Akademie der Wissenschaften in Berlin Tübingen, den 6. Mai 1819.

Nr. 4: Brief von Gustav Schübler an Medizinalrat Joseph Aloys (von) Frölich in Ellwangen, Tübingen, März 1820 (keine Tagesangabe).

Nr. 5: Brief von Gustav Schübler an Unbekannt (vermutlich Medizinalrat Frölich in Ellwangen), Tübingen, 19. November 1821.

Nr. 6: Brief von Gustav Schübler an Unbekannt (vermutlich Medizinalrat Frölich in Ellwangen), Tübingen, 19. November 1821.

Nr. 7: Brief von Gustav Schübler an Carl Friedrich Philipp von Martius in München, Tübingen, 10. Januar 1827.

Nr. 8: Brief von Gustav Schübler an Carl Friedrich Philipp von Martius in München, Tübingen, 14. Februar 1827.

Nr.9: Brief von Gustav Schübler an Carl Friedrich Philipp von Martius in München, Tübingen, 11. April 1827.

Nr. 10: Brief von Gustav Schübler an Carl Friedrich Philipp von Martius, (ohne Datum, ca. 1827/1828.

Nr. 11: Eintrag von Gustav Schübler in das Stammbuch von Goethes Sohn August am 6. Oktober 1828.

Nr. 12: Brief von Gustav Schübler an Carl Friedrich Philipp von Martius in München, Tübingen, 21. November 1828.

Nr. 13: Brief von Gustav Schübler an Professor Karl Ernst von Baer in Königsberg/Ostpreußen, Tübingen, 26. Februar 1821.

Nr. 14: Brief von Gustav Schübler an Carl Friedrich Philipp von Martius in München, Tübingen, 26. Februar 1829.

Nr. 15: Brief von Gustav Schübler an Carl Friedrich Philipp von Martius in München, Tübingen, 14. Oktober 1829.

Nr. 16: Brief von Gustav Schübler an Karl Ernst von Baer in Königsberg/Ostpreußen, Tübingen, 26. November 1829.

Nr. 17: Brief von Gustav Schübler an Justinus Kerner, Tübingen, 13. Dezember 1829.

Nr. 18: Brief von Gustav Schübler an Unbekannt, vermutlich an den Verleger seiner „Agriculturchemie“ in Leipzig, Tübingen, 17. November 1830.

Nr. 19: Brief von Gustav Schübler an Carl Friedrich Philipp von Martius in München, Tübingen, 28. März 1831.

Nr. 20: Brief von Gustav Schübler an die Redaktion der „Encyclopädie der Landwirtschaft der Deutschen" in der Baumgärtnerischen Buchhandlung in Leipzig, Tübingen, 20. April 1831.
Nr. 21: Brief von Gustav Schübler an Unbekannt, in Straßburg (Elsass) (?), Tübingen, 1. Mai 1833.
Nr. 22: Brief von Gustav Schübler an Unbekannt, Tübingen, 6. März 1834.
Nr. 23: Brief Gustav Schüblers an Unbekannt, Tübingen, 8. November 1833.

Ausgewählte Autographen von Gustav Schübler

Nr. 1

Brief von Gustav Schübler an Alexander von Humboldt (in Paris weilend), datiert Stuttgart, 19. Juni 1811.

Quelle und bibliographische Angaben:
Staatsbibliothek Berlin, Preußischer Kulturbesitz, Handschriften-Abteilung, Nachlass Alexander von Humboldt, gr. Kasten 9, Nr. 29–31, Bl. 4–7 (StaBiKat (ppb digtal9 82568563X (URL: http://stabikat.de/DB=1/PPN?PPN=82568563X). – Handschrift, 1 Brief, 4 Blätter mit 6 beschriebenen Seiten.

[ohne Adressat-Umschlag und postalischen Vermerken, jedoch auf Seite 1 ein Registraturstempel: A. v.Humboldt, acc. Darmst.1932.80, [dazu ein handschriftlicher Vermerk: *mit gehorsamster Bitte um Zurüg sendung dem Direktor. Humboldt*].

(Seite 1)

Stuttgart, den 19ten Juni 1811

Euer Hochwohlgebohren

haben, wie mir aus Ihren Schriften bekannt ist, über Magnetismus und Electricitaet schon viele Erforschungen angestellt, vergebens habe ich mich in anderen Werken über diesen Gegenstand nach näheren Erörterungen umgesehen, welche mir genügt hätten; ich habe es daher unternom(m)en eine Reihe eigener Beobachtungen hierüber anzustellen und bin hiermit auf folgende Bemerkungen gekommen, welche ich mir Euer Hochwohlgebohren vorzulegen die Freiheit nehme. Herr Professor Lebret[1]

1 Gemeint ist Karl Friedrich LeBret (1764–1829), Oberstudienrat am Stuttgarter Gymnasium und Kustos über das Königliche Kunst- und Naturalienkabinett in Stuttgart.

(der Naturgeschichte) von hier, welcher sich einige Zeit in Paris aufhalten wird, hat die Güte mir diesen Brief zu besorgen.

Schon seit 6 Jahren stellte ich über die atmosphärische Electricitaet und ihre Perioden in verschiedenen Gegenden von Deutschland, Stuttgart, Tübingen, Heilbronn, Wien etc. Beobachtungen an, das periodische täglich 2 mal wiederkehrende Steigen und Fallen fand ich an heitern Tagen überall bestätigt, ich bediente mich immer des voltaischen Apparats. Diese Beobachtungen veranlaßten mich auch andere periodische Erscheinungen in der Natur damit in Vergleichung zu sezen./
(Seite 2)

Die Magnetnadel zog hier vorzüglich meine Aufmerksamkeit auf sich, die tägliche Perioden ihrer Abweichung fand ich hier in Stuttgart auf ähnliche Art wie sie Euer Hochwohlgebohren schon in verschiedenen Gegenden und Hispanie Landen[2] beobachtete, in Beziehung auf die Luftelectrizität zeigte sich mir nur folgende auffallende ~~Bemerk~~ (sic!) Erscheinung. Ich wiederhole hier kurz die tägliche Periode der Luftelectrizität wie ich sie fast im(m)er bei heiterer Witterung fand. Sie ist gewöhnlich kurz vor Son(n)enaufgang am schwächsten, einige Stunden nach Aufgang der Son(n)e steht sie auf ihrem ersten Maximum, von da nim(m)t sie wieder den ganzen Tag hindurch ab bis gegen Son(n)enuntergang, wo sie ihr 2tes tägliches Maximum erreicht hat, einige Stunden nach Son(n)enuntergang steht sie dan(n) auf ihrem 2ten Maximum, von wo sie dan(n) die ganze Nacht hindurch wieder langsam abnim(m)t. In allen östlich von uns liegenden Gegenden erreicht morgens und abends die Electrizität früher ihr Maximum (nach unserer Zeit gerechnet), den frühern Aufgang und Untergang der Son(n)e gemäs, in allen westlich liegenden aber später; vergleicht man nun hiermit die täglichen Perioden der Magnetnadel, so geht diese in der Frühe nach Osten, wen(n) in den östlich von uns liegenden Gegenden das Maximum der Electrizität ~~vorhand~~ angesam(m)elt ist, während sie bei uns selbst noch schwach ist, sie bleibt stehen um sich zu wenden (um 6, 7, 8 Uhr früh),/
(Seite 3)
wenn das Maximum der Elektrizität bei uns angelangt ist und sie geht nun nach Westen, wenn das Maximum der Luftelektr.(izität) bei uns schon vorüber ist und in die westlich von uns liegenden Gegenden weiter vor rückt; der westliche Markungspunkt zwischen 2 und 3 Uhr tritt gerade dan(n) ein, wenn wir uns in der Mitte des 1ten und 2ten Maximums der Luftel.(ektrizität) befinden. Folgende Erscheinungen stim(m)ten hiermit ebenfalls gut zusam(m)en: Die Zeit des östlichen Wendungspunkts morgens ist je nach den verschiedenen Jahreszeiten verschieden, er tritt früher in den Som(me)rmonaten und stärker in den Wintermonaten ein, das Maximum der Luftelektrizität tritt ebenfalls in den Som(m)ermonaten einige Stunden früher ein, als in den Winter-

2 Was genau gemeint ist, ist unklar; vielleicht Neu-Spanien, d.i. das spanische Kolonialreich in Mittel- und Süd-Amerika.

monaten, dem verschiedenen Aufgang der Sonne gemäß. Der westliche Wendungspunkt tritt das ganze Jahr zwischen 2 und 3 Uhr nachmittags ein, wir befinden uns auch gerade um 2 Uhr das ganze Jahr hindurch in der Mitte zwischen 1ten und 2ten elektrischen Maximum, wenngleich dieses selbst zu verschiedenen Stunden eintritt, wie dis erhellt: Wen(n) z.B. im Juni die Son(n)e morgens 4 Uhr aufgeht, so tritt bei uns im Mittel genommen das erste elekt.(rische) Maximum bei heitern Him(m)el schon um 6 Uhr ein, das 2te wen(n) die Son(n)e um 8 Uhr untergeht nachts 10 Uhr, um 2 Uhr nachmittags befinden wir also gerade in der Mitte, im Winter wenn die Son(n)e um 8 Uhr aufgeht und 4 Uhr untergeht, tretten die 2ten Maxim(a) vormittags um 10 Uhr und abends 6 Uhr ein, und nachmittags 2 Uhr befinden wir uns also wieder in der Mitte./
(Seite 4)
Die täglichen Perioden der magnetischen Abweichung sind an heitern Tagen am stärksten, unter diesen Umständen fand ich jedes mal die elektrischen am stärksten, sie sind oft unordentlich und gestört bei trüben Tagen, bei Regen und Gewittern, das Gleiche findet bei den elektrischen statt. Ich besitze die allerneusten Schriften von Euer Hochwohlgebohren noch nicht, worin ich vielleicht manche nähere Belehrungen finden würde.

Diese Beobachtungen gaben mir zur Construction einer eigenen neuen Magnetnadel Veranlassung, deren tägliche Perioden in Beziehung auf die atmosphärische Elektrizität einige auffallende Erscheinungen zeigt. Sie besteht eigentlich aus der Verbindung einer gewöhnlichen Magnetnadel mit einer Eisennadel, ~~wobei es aber~~ (die nähere Beschreibung siehe die Zeichnung in der Beilage)[3]. Sie zeigt folgende Erscheinungen. Ihre mittlere Abweichung vom Meridian scheint ~~dieselbe~~, solange ich sie bis jetzt beobachte, dieselbe zu seyn, wie die der gewöhnlichen M.(agnet)Nadel, hingegen sind die täglichen periodischen Erscheinungen dieser Nadel weit größer, sie durchläuft täglich wenigstens einen Grad, während die andere gewöhnliche Magnetnadel die ich der Vergleichung wegen abgesondert von dieser besonders beobachte, wie gewöhnlich tägl.(ich) 10 höchstens 20' (= Minuten) zurüklegt. An heitern Tagen steht sie regulär bei Son(n)enaufgang und Son(n)untergang am weitesten nach Osten, nach Son(n)enauf: und Untergang fängt sie sich an langsam nach Westen zu bewegen (– dieses nimmt jedoch schnell zu –)[4] und in 1½ bis 2 Stunden nach Son(n)enauf: und Untergang ist sie meist schon um 1 bis 1½ Grad weiter nach Westen gerükkt u. hat hier ihr westliches Maximum erreicht. Diese schnelle Bewegung nach/
(Seite 5)
Westen tritt jedes mal genau zusammen mit dem schnellen Zunehmen der atmosphärischen Elektrizität, die ebenfalls nach Son(nen)Auf: und Untergang am schnellsten wächst u. meist in 2 Stunden ihr maximum erreicht, oft bemerkte ich schon, daß wen(n)

3 Diese Zeichnung ist wohl verloren gegangen, jedenfalls ist sie nicht als Beilage zu diesem Brief verzeichnet.

4 In Parenthese Einfügung vom linken Blattrand.

das elektrische Maximum wegen Nebel oder bewölkten Him(m)el etc. erst später eintrat (statt um 6 Uhr erst um 7 oder 8 Uhr) diese Nadel auch nur langsam nach Westen vorrükkt und ihr westliches maximum weit später erreichte. Sie bleibt auf diesen Maximum nur kurze Zeit stehen und geht mit dem Abnehmen der Elektrizität, die ebenfalls meistens auf ihrem maximum nur kurze Zeit stehen bleibt wieder gegen Osten, ~~sie~~ bis gegen 8 Uhr, sie kehrt hier jedes mal noch etwas nach Westen zurük und erst von 10 und 11 Uhr an geht sie nun anhaltend nach Osten bis zum Untergang der Son(n)e. An heitern Tagen verfolgte ich sie oft schon von Stunde zu Stunde und in Linien aufgetragen lege ich hier eine Beobachtung vom 8. Juni dieses Jahrs Euer Hochwohlgebohren zur leichtern Übersicht bei; an heitern Tagen fand ich jedes mal diese Ordnung. Da ich täglich Beobachtungen über die atmosphärische Elektrizität anstelle, so dient mir dieses Model seit einiger Zeit zum sichersten Wegweiser um gerade den Zeitpunkt zu treffen wen(n) die atmosphärische Elektrizität am stärkten ist. Gegenwärtig in der Mitte des Junius finde ich bei heitern Him(m)el meistens morgens 6 Uhr das erste u. abends 10 Uhr das 2te ~~elektrische~~ Maximum der Luftelektrizität und der großen westlichen Ausweichung dieser Nadel, hingegen morgens 4 Uhr und abends gegen 6 Uhr und 7 Uhr das Minimum der Luftelektrizitaet und die größte östliche Ausweichung./
(Seite 6)
Bei Regen und bewölktem Him(m)el zeigt diese Nadel diese Ordnung nicht mehr in ihrer Bewegung, sie geht oft rükwärts und vorwärts, bei Gewittern sah ich sie schon 3 bis 4 Grade abweichen. Euer Hochwohlgebohren werden sich erst durch eigene Beobachtung von der Richtigkeit meiner Bemerkung überzeugen und ich seze daher hier alle nähern Verhältniße der ersten Nadel hierher, daß der Nordpol länger seyn muß, als der Südpol scheint mir nothwendig; Ich werde nun auch unverzüglich mit verschieden construirten Nadeln Beobachtungen anstellen, insbesondere auch über den Magnetismus des weichen Eisens.

Ich würde es mit dem größten Dank erkennen, wenn Euer Hochwohlgebohren mich mit einigen Mittheilungen zu beehren die Güte haben werden. Hr. Prof. Lebret wird mir Ihre nähern schriftliche oder mündliche Bemerkungen hierüber zukom(m)en lassen. Ich schließe unter der Versicherung meiner ausnehmenden Verehrung

Euer Hochwohlgebohren
gehorsamster G. Schübler
Doct.Med. zu Stuttgart

(Nachschrift am untersten Rand)
Ich nehme mir die Freiheit sogleich Euer Hochwohlgebohren meine vorigen Jahrs erschienene Dissertation beizulegen[5].

5 Siehe das Literaturverzeichnis.

Nr. 2

Eintrag im Adressbuch von Alexander von Humboldt, undatiert.

Quelle und bibliographische Angaben:
Staatsbibliothek Berlin, Abt. Handschriften/Alte Drucke, Nachlass Alexander v. Humboldt gr. Ka 1, Mappe 1, Bl 10. – 1 Blatt, 1 Seite (schwer zu entziffern).

Aufdruck rechts oben: A. v. Humboldt, acc. Darmst. 1932.30.

Schubler

Kältegrade schützen Pflanzen entgegen

Schübler Tabellen in Gartenverein Lief????

Unt(ersuchungen?) in Poggendorf 1827 X 5[1]

Cultur der Algenpflanzen

1 Diese Notiz ist tatsächlich eine Verzeichnung von G. Schüblers „Beobachtungen über die Temperatur der Vegetabilien und einige damit verwandte Gegenstände, in: Annalen der Physik, (hg. von J. C. Poggendorff) Bd. 68 (1827)(= Poggendorffs Annalen 10), S. 581–592 (mit 1 Tafel).

Nr. 3

Brief von Gustav Schübler an Dr. Thomas Johann Seebe(c)k[1], Mitglied der Königlich preußischen Akademie der Wissenschaften in Berlin, wohnend in der Jägergasse, datiert Tübingen, den 6. Mai 1819.

Quelle und bibliographische Angaben:
Staatsbibliothek Berlin, Preußischer Kulturbesitz, Handschriftenabteilung, Signatur: Slg Darmstaedter, acc. Darmst. 1912.236; Kalliope Verbund DE-611-HS-1506204. – Handschrift, 1 Brief, 2 Blätter, 3 Seiten beschrieben.

(Seite 1)

Tübingen, den 6ten May 1819

Euer Wohlgebohren,

habe ich die Ehre auf deren verehrliches Schreiben folgendes zu erwidern. Eine Ferien Reiße von welcher ich erst vor einigen Tagen zurükkam ist die Ursache daß ich erst spät dieses Schreiben erhielt, weswegen ich mich sehr zu entschuldigen habe, Ihnen nicht schon früher geantwortet zu haben.

So sehr das mir gemachte Erbieten die Professur der Physik und Chemie an der koenigl(ich) Preuß(ischen) Universitaet Halle zu übernehmen meinen früheren Arbeiten entsprechen würde/
(Seite 2)
so kann(n) ich mich demohngeachtet nicht entschließen mein Vaterland aufs Neue zu verlassen, in welches ich erst vor 1½ Jahren unter günstigen äußern Verhältnissen zurükgerufen worden bin, indem mich zugleich an dieses noch verschiedene Familienverhältnisse binden. Ich kön(n)te zum Theil meine früher bearbeiteten Fächer auch hier wiederum beibehalten, indem mir bei den neu auf unserer Universität errichteten staatswirthschaftlichen Fakultät der Vortrag der Agrikulturchemie übertragen wurde, welche ich auch im lezten Winterhalbjahr zum ersten mal hier vor einem zahlreichen Auditorium vorgetragen habe./

1 Thomas Johann Seebeck war ein renommierter Physiker (* 29.03.1770 in Reval/Tallinn in Estland, † 10.12.1831 in Berlin), vgl. STIEDA, Ludwig: Seebeck, Thomas Johann, in: ADB 33 (1891), S. 564; MATHIS, Wolfgang: Seebeck, Thomas Johann, in: NDB 24 (Berlin 2010), S. 132–133.

(Seite 3)
Indem ich Euer Wohlgebohren ersuche Se. Excellenz Herrn Minister von Altenstein[2] für den ehrenvollen Antrag dieser Stelle meinen verbindlichsten Dank abzustatten, habe ich die Ehre mit ausgezeichneter Hochachtung zu seyn

Euer Wohlgebohren
erg(ebener) Schübler

2 Karl vom Stein zum Altenstein (* 1.10.1770 in Schalkhausen, † 14.05.1840 in Berlin), seit 1817 preußischer Kultusminister (GOLDSCHMIDT, Paul: Stein zum Altenstein, Karl Freiherr von, in: ADB 35 (1893), S. 645–660; GOLLWITZER, Heinz: Altenstein, Karl Sigmund Franz Freiherr von Stein zum Altenstein, in: NDB 1, Berlin 1953), S. 216–217.

Nr. 4

Brief von Gustav Schübler an Medizinalrat Joseph Aloys (von) Frölich in Ellwangen, datiert Tübingen,? März 1820 (keine Tagesangabe).

Quelle und bibliographische Angaben:
Bayerische Staatsbibliothek München, Abt. Handschriften, Alte Drucke, Signatur: Autogr. Schübler, Gustav. – Kalliope Verbund DE-611-HS-191445 (dort falsche Angabe des Empfängers, statt: Friedrich Wilhelm Frölich, richtig: Joseph Aloys (von) Frölich. – Handschrift, 1 Brief, 2 Blätter, 3 Seiten.

(Seite 1)

Tübingen, d(en)? M(ä)rz 1820

Euer Wohlgebohren,

würde ich schon früher meine Danksagung für die überschikten Hieracien[1] gemacht haben, wenn ich nicht eine Gelegenheit hätte abwarten wollen, um Ihnen zugleich die Conchylien[2] zu übersenden, um deren Mittheilung Sie mich in Ihrem lezten Herbst erhaltenen Schreiben ersucht hatten. Die Samen der Hieracien sind bereits alle, jede in einem besondern Topf gesät, und ich hoffe sie in diesem Som(m)er heranwachsen zu sehen. In der beikommenden Schachtel übersende ich Ihnen hiermit diejenigen Arten der Süßwasserconchylien von welchen ich Dubletten zur Mittheilung besize, einige der größern überall vorkommenden lies ich absichtlich weg. Beim Auspakken bitte ich Sorge zu tragen, daß die verschiedenen Arten nicht untereinander kommen, indem die einzelnen kleinen Schachtel oft mehrere Arten enthalten, von denen zwar jede in einem besondern Papier mit Baumwolle eingewikelt ist, einzelne derselben sind aber kaum von der Größe eines Steknadelknopfs und kön(n)ten daher leicht beim Auspakken verlohren gehen oder in der Baumwolle hängen bleiben. Ich lege zugleich ein Exemplar der Dissertation[3] bei, worin Sie im Index die verschied.(enen) Synonyme finden werden. Ich bedaure es übrigens Ihnen für jetzt nicht eine vollständige Sammlung aller in dieser Dissertation beschriebenen Arten mittheilen zu können, einzelne sind aber nur selten und zum Theil in ziemlicher Entfernung von hier oft an weit vonein-

1 Hieracien sind Habichtskräuter.

2 Gehäuse von Muscheln und Schnecken.

3 Den Verfasser der Dissertation nennt Schübler in diesem Brief nicht. Es muss sich jedoch um die Schrift von KLEES, Johannes G.: *Dissertatio inauguralis zoologica sistens characteristicen et descriptiones testaceorum circa Tubingam indigenorum.* Tübingen 1818 handeln.

ander entlegenen Orten vorkommend, so daß ich sie gegenwärtig nur einzeln besize, später kann(n) ich sie Ihnen vielleicht ebenfalls wieder mittheilen./

(Seite 2)

Sollten Sie auf Ihren Exkursionen hie und da von einzelnen seltenen inländischen Pflanzen Samen oder Sezlinge mitnehmen können, so würde mir deren Mittheilung für den hiesigen Garten sehr erwünscht seyn, so fehlt in hiesiger Gegend z. B. völlig die bei Ellwangen so schön blühende Nymphea alba und lutea[4] sollten Sie uns vielleicht gelegentlich davon einmal Sezlinge oder Samen mittheilen kön(n)en, durch Sezlinge läßt (sie) sich leicht in künstlich angelegten Teichen und selbst hölzernen Wasserbehältern fortpflanzen.

In dem ich Ihnen nochmals meine Danksagung für die übersandten Hieracien wiederhole, habe ich die Ehre mit ausgezeichneter Hochachtung zu seyn

Euer Wohlgebohren
G. Schübler

(Seite 3)

(Brief-Adressat auf Außenseite)
Sr. Hochwohlgebohren
Hrn Medicinal Rath Frölich in Ellwangen

(RANDNOTIZ)
durch Bote

4 Gemeint sind die Weiße und die Gelbe Teichrose.

Nr. 5

Brief von Gustav Schübler an Unbekannt (vermutlich Medizinalrat Frölich in Ellwangen), datiert Tübingen, 19. November 1821.

Quelle und bibliographische Angaben:
Bayerische Staatsbibliothek München, Abt. Handschriften/Alte Drucke, Signatur: Autogr. Schübler, Gustav. – Kalliope Verbund DE-611-HS-191457. – Handschrift, 1 Brief, 1 Blatt, 2 Seiten.

(Seite 1)

Tübingen, d(en) 19ten November 1821

Euer Wohlgebohren,

danke ich für die Mittheilungen Ihres vorige Woche erhaltenen Schreibens und habe zugleich die Ehre Ihnen hier einen der ersten Abdrükke des Ihnen erwähnten Pflanzenverzeichnißes[1] mitzutheilen. Das Hieracium humile[2] fand ich vorigen Sommer auf der Alp[3], die Sie hier bemerkt finden werden. Finden Sie beim nähern Durchgehen dieses Verzeichnißes einzelnes zweifelhaft, oder wünschen Sie über einzelnes nähere Auskunft, so werde ich Ihnen diese mit Vergnügen mittheilen. Sollten Sie namentlich auf der schwäbischen Alp oder auf dem sogenannten Herdtsfeld, welches im Grund die Fortsetzung desselben Gebirgszuges ist, noch einzelne weitere merkwürdige Pflanzen gefunden haben, welche Sie in diesem Verzeichniß noch nicht aufgeführt finden, so würde mit deren Mittheilung sehr willkom(m)en seyn, der lezte Bogen dieses Verzeichnißes ist, wie Sie vielleicht bemerken werden, noch nicht gedruckt, so daß noch kleine Zusäze u. Verbesserungen beygefügt werden können./
(Seite 2)
Noch erlaube ich mir an Euer Hochwohlgebohren eine 2te Bitte zu machen und mit deren Ausführung ich Sie durchaus nicht beeilen, vielmehr ganz Ihrer Muse überlassen will. Um eine nähere Vergleichung der Flora der hiesigen Umgebung mit der Ihrer

1 Schübler macht mit dieser Mitteilung auf das von der Centralstelle des Landwirtschaftlichen Vereins initiierte und unterstützte Werk einer Flora von Württemberg aufmerksam und welches dann 1834 im Verlag der Cotta'ischen Buchhandlung erschien. Am Ende des Briefes nennt er die Centralstelle ausdrücklich, wahrscheinlich um anzudeuten, dass diese staatliche Institution seine Mitarbeit besonders zu würdigen weiß Gehörte doch Frölich zu den Anregern eines solchen Grundlagenwerks.

2 D. i. das Niedrige Habichtskraut.

3 Gemeint ist die Schwäbische Alb.

Umgebung anstellen zu kön(n)en, und überhaupt die Flora unseres Vaterlandes näher kennen zu lernen, würde ich es mir sehr erwünscht seyn, wen(n) Sie in diesem Verzeichniß nur etwa diejenigen Pflanzen anstreichen wollten, welche Sie bis jetzt mit Bestim(m)theit auch in den Umgebungen von Ellwangen fanden, mit besonderer Beyfügung von solchen Pflanzen, welche sich in Ihren Umgebungen finden, u. welche in diesem Verzeichniß fehlen. Ich werde Ihnen in diesem Fall später mit Vergnügen ein 2tes gedrucktes Exemplar dieses Verzeichnisses[4] mittheilen. Auch die Centralstelle des landwirthschaftlichen Vereins in Stuttgart würde mit vielen Dank eine solche Mittheilung von Ihnen aufnehmen.

Ich schließe mit der Versicherung der ausgezeichneten Hochachtung, womit ich die Ehre habe zu seyn

Euer Hochwohlgebohren
G. Schübler

4 Erschienen im Correspondenzblatt des landwirthschaftlichen Vereins Bd. 3 (1823), Beilage B, S. 229–254.

Nr. 6

Brief von Gustav Schübler an Prof. Karl Friedrich Vollrath Hofmann, Redacteur der „Hertha" in Stuttgart, datiert Tübingen, 22. August 1825.

Quelle und bibliographische Angaben:
Universitätsbibliothek Leipzig, Bereich Sondersammlungen, Autographensammlung Kestner, Brief Schübler an Vollrath Hoffmann vom 22. August 1825. – Kalliope Verbund DE-611-HS-3054396. – Handschrift, Brief, 2 Blätter, 3 Seiten.

Adressat auf Umschlag:
Herrn Prof. Hofmann (sic!), Redact(eur) d(er) Hertha in Stuttgart
durch Einschluß

(Seite 1) (dort am linken unteren Rand der Zusatz: der Botaniker)

Tübingen, 22. August 1825

Theurer Freund!

Mein leztes Schreiben mit der Beilage werden Sie durch Mem(m)inger[1] vor wenigen Tagen erhalten haben. – Ich wollte nicht unterlassen Sie vor Ihrer Abreiße nach Gotha noch zu benachrichtigen, daß Sie auf Ihrer Reiße dahin doch womöglich Ihren Weg über Würzburg nehmen sollten. Sie würden daselbst in Prof. Schön[2], den ich mich nochmals zu empfehlen bitte, einen genauen corresp(ondierenden) Beob(achter) finden; Sie sollten ihn sogleich in der Hinreiße besuchen um ihn von dem Tag zu benachrichtigen, an welchem Sie ihre Reiße nach Gotha aus ~~ge(uns zu)~~ anfangen werden, ich ken(n)e Hrn. Schön zwar nicht persönlich, doch durch verschiedene Schriften als genauen Beobachter, eine genaue Vergleichung ihres Barometers mit dem von Schoen/
(Seite 2)
würde mir gleichfalls nähere Vergleichungen unserer Beobachtung mit dem in Würzburg angestellten willkom(m)en seyn.

1 Die genannte Person ist Johann Daniel Georg (von) Memminger, Oberfinanzrat (1773–1840), Herausgeber der Württembergischen Jahrbücher und Redakteur der württembergischen Oberamtsbeschreibungen.

2 Johann Baptist Schön, Astronom, Meteorologe, Mathematiker, Professor für Naturgeschichte an der Universität Würzburg (1771–1839).

In dem neusten Heft der Hertha[3] ist ein Drukfehler zu bessern der Irrungen veranlassen können (sic!). Bei Anzeige der Ihnen mitgetheilten Schrift von Schwen(n)ingen heißt der Verfasser derselben Wurm statt Sturm[4].

Mit bekannter Gesinnung
Ihr erg(ebener) Fr(eund) Schübler

(Postscriptum)
In Halle würde ein genauer Beobachter Dr. Winkler[5] seyn. Doch bis dahin werden Sie nicht kommen.

3 Hertha, Zeitschrift für Erd-, Völker- und Staatenkunde, hg. von Heinrich Berghaus und Karl Friedrich Vollrath Hoffmann. Bd. 1 ff. (1825 ff.), erschienen in der Cotta'schen Buchhandlung Stuttgart/Tübingen.

4 Der Autor ist der Schwenninger Unteramtsarzt Friedrich Wilhelm WURM; seine Schrift trägt den Titel: *Versuch einer Beschreibung von Schwenningen in der Baar am Ursprung des Neckars in geognostischer, landwirthschaftlicher und medizinischer Beziehung.* Tübingen 1823 (bei Osiander).

5 Vermutlich ist der Observator an der Sternwarte Halle Dr. Karl Ludwig Gottlob Winkler gemeint.

Nr. 7

Brief von Gustav Schübler an Carl Friedrich Philipp (von) Martius in München, datiert Tübingen, 10. Januar 1827.

Quelle und bibliographischen Angaben:
Bayerische Staatsbibliothek München, Abt. Handschriften/Alte Drucke Signatur: Martusiana II A 2. – Kalliope Verbund DE-611-191449. – Handschrift, 1 Blatt, 1 Seite.

(Seite 1)

Tübingen, d(en) 10ten Jan(uar) 1827

Euer Hochwohlgebohren,

habe ich die Ehre hiermit Ih(nen) unser neustes Samenverzeichniß zur beliebigen Auswahl zu übersenden.

Es freut mich, daß nächsten Herbst die Versammlung der Naturforscher Deutschlands[1] uns näher gerükt ist; ich werde es mir möglich einzurichten suchen auch diesmal daran theil zu nehmen, wo es mir ein vorzüglicher Genuß seyn wird, auch die bot(anischen) Schäze Ihres Gartens durch eigene Ansicht ken(n)en zu lernen.

In der Hof(f)nung Ihre Desideratenliste bald zu erhalten, habe ich mit ausgezeichneter Hochachtung die Ehre zu seyn

Euer Hochwohlgebohren
erg(ebener) Schübler

(Notiz am linken Rand)
Im Verlauf des lezten Jahres sind hier von bot(anischen) Dissert(ationen) unter meiner Leitung erschienen: Halder[2] über die Temp(eratur) der Vegetabilien, Renz[3] Beobachtungen über das spec(ifische) Gewicht der Samen, Zeller[4] Untersuch(ungen)

1 Schübler bezieht hier auf die Ankündigung der nächsten Jahresversammlung deutscher Naturforscher und Ärzte im September 1827 in München.

2 Es handelt sich um die Dissertationen: HALDER, Franz Anton: Beobachtungen über die Temperatur der Vegetabilien und einige damit verwandte Gegenstände. Tübingen 1826.

3 RENZ, Carl Friedrich: Untersuchungen über das specifische Gewicht der Samen und näheren Bestandtheile des Pflanzenreichs. Tübingen 1826.

4 ZELLER, Ernst Albert: Untersuchungen über die Einwirkung verschiedener Stoffe des organischen und unorganischen Reichs auf das Leben der Pflanzen. Tübingen 1826 (Kurzfassung in: Flora oder Botanische Zeitung 10. Jg. Bd. 2, Nr. 48 (Regensburg 1827, S. 753–763).

über die Einwirkung verschiedener Stoffe auf das Leben der Pflanzen, eine Fortsezung der Versuche von Marcet[5]; ich werde Ihnen mit Vergnügen diese Abhandlungen mit den Samen zusenden, wen(n) Sie es nicht etwa vorziehen sollten diese durch Buchhändlergelegenheit zu erhalten, wodurch ich Sie Ihnen ebenfalls schikken kön(n)te.

5 Gemeint ist wahrscheinlich Alexandre Marcet (1770–1822), Naturforscher und Arzt in Genf (siehe Historische Lexikon der Schweiz, digitale Ausgabe URL: http://www.hls-dhs-dss.ch/textes/dD28877.php (Abruf 28.11.2017)

Nr. 8

Brief von Gustav Schübler an Carl Friedrich Philipp (von) Martius in München, datiert Tübingen, 14. Februar 1827.

Quelle und bibliographische Angaben:
Bayerische Staatsbibliothek München, Abt. Handschriften/Alte Drucke, Signatur: Martusiana A II 2. – Kalliope Verbund DE-611-HS-191449. – Handschrift, 1 Blatt, 2 Seiten.

(Seite 1)

Tübingen, d(en) 14ten 1827

Euer Hochwohlgebohren,

habe ich die Ehre hiermit die gewünschten Samen mit den Dissertationen zu überschikken, ich bedaure Ihnen von leztern keine unbeschnittenen Exemplare überschikken zu können, indem alle Exemplare gewöhn(lich) sogl(eich geheftet werden, wenn nicht sogl(eich) beim Druk deßhalb die nöthige Bestellung gemacht wird.

Auf dem folgenden Blatt bin ich so frei meine Desideratenliste beizulegen.

Vor wenigen Tagen erhielt ich von H(er)rn Dr. Steudel[1] ein Schreiben, worin er mich benachrichtigte, daß es Ihnen erwünscht seyn würde, von meiner Abhandlung über die Erden einen besonderen Abdruk zu erhalten. Ich mache mir ein Vergnügen daraus Ihnen in der Beilage zwar eine allgemeine Übersicht der Resultate dieser Abhandlung mitzutheilen, die/
(Seite 2)
Abhandlung selbst erschien jedoch nie einzeln im Buchhandel, die erste u. Hauptabh(andlung) darüber lies ich in das 5te Heft der landwirthschaftlichen Blätter von Hofwyl[2] A(a)rau 1817 bei Sauerländer einrükken (Seite 5–98). Die fortgesezten Untersuchungen hierüber theilte ich in Schweiggers Journal der Chemie[3] mit (im 7 u. 8ten Band der neuen Reihe). Ein ziemlich ins Detail gehender Auszug dieser Abhandlungen erschien vor kurzem als Anhang zum 3ten Band der deutschen Ausgabe von

1 Ernst (von) Steudel (1783–1856), Arzt und Botaniker, Mitgründer des Botanischen Reisevereins Esslingen.

2 Untersuchungen über die physischen Eigenschaften der Erden, in: Landwirtschaftliche Blätter von Hofwyl, Heft 5 (Aarau 1817), S. 5–98.

3 Untersuchungen über Erdarten in ökonomischer Hinsicht und über Milch, in: Journal für Chemie und Physik, 19 (1817), S. 454–461 (mit Verweis auf die ausführliche Publikation in den Landwirthschaftlichen Blätter aus Hofwyl, Heft 5).

Thénards Chemie, übers(etzt) von D. Fechner, Leipzig 1826[4]. Ich besize aus diesen Zeitschriften selbst nur noch einen Abdruk.

Indem ich daher bedaure Ihrem Wunsch in dieser Beziehung nur zum Theil entsprechen zu kön(n)en habe ich die Ehre mit ausgezeichneter Hochachtung zu seyn

Euer Hochwohlgeboren
erg(ebener) Schübler

4 THÉNARD, Louis Jacques: Lehrbuch der theoretischen und praktischen Chemie, Bd. 3 (übersetzt von Gustav Theodor Fechner). Leipzig 1826.

Nr. 9

Brief von Gustav Schübler an Carl Friedrich Philipp von Martius in München, datiert Tübingen, 11. April 1827.

Quelle und bibliographische Angaben:
Bayerische Staatsbibliothek München, Handschriften-Abteilung/Alte Drucke, Signatur: Martusiana II A 2. – Kalliope Verbund DE-611-HS-191449. – Handschrift, 3 Blätter, 3 Seiten.

(Adressat)
S(eine)r Hochwohlgeboren H(er)rn Hofrath v. Martius in München.
Registraturvermerk: Schübler

(Seite 1)

Tübingen, den 11. April 1827

Euer Hochwohlgeboren,

habe ich meinen verbindlichsten Dank zu sagen für die gütige Übersendung des 1ten Bandes Ihrer so interessanten Reiße nach Brasilien sowie eines Abdruks der Schuebleria[1]. Es freut mich Ihnen zugleich die Nachricht mittheilen zu kön(n)en, daß die hiesige Universität bereits beschlossen hat Ihr ganzes größeres Werk für unsere Bibliothek anzuschaffen. Die nähere Bestellung übernahm die Laupp'sche Buchhandlung zu Tübingen, durch welche bei Ankunft dieses Schreibens wohl die nähern Bestellungen bei der Verlagshandlung in München schon gemacht seyn werden.

Ich bin so frei den Ueberbringer dieses H(er)rn Dr. Heigelin[2], Privatdocent der Baukunst und Aestetik an der hiesigen Universität Ihnen/
(Seite 2)
zu empfehlen, erwünscht würde es demselben seyn, von Ihnen näher zu hören, in wie weit die von ihm bearbeiteten Fächer bei Ihren neuen Anstalten in München besezt sind; ich kann Ihnen H(er)rn Heigelin als einen geschikten gebildeten Man(n) von unermüdeter Thätigkeit für seine Fächer empfehlen, für den ein grösserer Wirkungs-

1 Es handelt sich um das Werk *Reise in Brasilien: auf Befehl Sr. Majestät Maximilian Joseph I., Königs von Baiern in den Jahren 1817 bis 1820 gemacht, von Johann Baptist von Spix und Carl Friedrich Philipp von Martius, Band 1. München 1823;* darin ist auf den Tafeln 186 bis 188 die Schuebleria farblich dargestellt.

2 Karl Marcell Heigelin (1798–1833).

kreiß als ihn die hiesige Universität für diese Wissenszweige darbietet wünschenswerth wäre.

Ich ergreife die Gelegenheit Ihnen sogleich eine Gelegenheitsschrift mitzutheilen, die erst vor kurzem hier die Presse verlassen hat[3], ich bedaure nur, daß sie in typographischer Beziehung nicht schöner ausgefallen ist, ich übersende Ihnen übrigens Ihrem Wunsch gemäß ein so wenig wie möglich beschnittenes Exemplar.

Ich habe die Ehre mit ausgezeichneter Hochachtung zu seyn, in der Hoffnung Ihnen nächsten Herbst in München auch selbst meine Aufwartung machen zu kön(n)en

Euer Hochwohlgeboren
erg(ebener) Schübler

3 Welche Schrift Schübler Martius übersandte, bleibt unklar.

Nr. 10

Brief von Gustav Schübler an Carl Friedrich Philipp von Martius, (ohne Ort und Datum, jedoch Ende 1827/Anfang 1828 geschrieben).

Quelle und bibliographische Angaben:
Bayerische Staatsbibliothek München, Handschriften-Abteilung/Alte Drucke, Signatur: Martusiana II A 2. – Kalliope Verbund DE-611-HS-191449. – Handschrift, 2 Blätter, 3 Seiten.

(Seite 1)

Euer Hochwohlgeboren,

wollte ich nicht unterlassen unser neustes Samenverzeichniß zur beliebigen Auswahl zu verschikken, wen(n) ich Ihnen anders bei dem Reichthum Ihres Gartens mit etwas dienen kan(n).

Sie hatten die Gefälligkeit mir die Resultate der Wirkungen des Frostes auf die Gewächse durch Herrn Fleischer[1] zu zuschikken, wofür ich Ihnen und Herrn Seiz[2] meinen verbindlichen Dank sage, ich habe sie bereits zu weitern Vergleichungen an den Gartenverein nach Berlin abgeschikt.

Von dem Hydrurus[3] bedauerte ich lezten Herbst keine Exemplare mehr erhalten zu haben, die Pflanze findet sich seit Oktober nicht mehr, ich habe übrigens die nöthigen Aufträge gegeben, daß sie mir in hinreichend vielen Exemplaren zugeschikt wird, so bald sie sich nächsten Sommer wieder entwickelt haben wird, wo ich sie Ihnen in verschiedenen Abänderungen zusenden werde. Ich habe mich ~~schon~~ lezten Som(m)er schon so vertheilt, daß ich selbst nur noch wenige namentl(ich) keine vollständige ästige Exemplare zur Mittheilung besize./
(Seite 2)

Ich äußerte schon während meinem nur zu schnell vorübergehenden Aufenthalt in München, daß ich noch genaue Angaben über die mittlere Temperaturverhältniße von München vermisse, nach Imhof sollte die mittlere Temp(eratur) von München + 7,23° R seyn (siehe pag. 10 Ihres Hortus Monacensis[4]), nach Soldner + 7,87° R, bei-

1 Die Studie über die Einwirkungen des Frostes auf die Gewächse wurde von Ferdinand Fleischer verfasst.

2 Herr Seiz ist wohl Carl Ludwig Seitz, geboren in Aschaffenburg, Gärtner des Botanischen Gartens in München (MARTIUS, Hortus botanicus S. 8).

3 Schübler nimmt hier Bezug auf die von ihm 1821 entdeckte Kalk bildende Süßwasseralge Hydrurus crystallophorus in der Blau bei Blaubeuren.

4 Martius verfasste 1825 eine lateinische Beschreibung des Botanischen Gartens in München (Hortus botanicus R. Academiae Monacensis. München 1825), in der er die naturräumlichen Faktoren

des ist aber gewiß zu hoch, selbst Tübingen besizt nicht diese Temperatur, ich fand aus 7jährigen Beobachtungen, welche in den man(n)heimer Ephemeriden[5] verzeichnet stehen die mittlere Temp(eratur) + 6,93°, dieses scheint ebenfalls noch zu hoch zu seyn, ich erhalte wenigst(ens) für Augsburg aus 14jährigen Beobachtungen von Canon(icus) Stark[6] daselbst eine mittlere Temp(eratur) von + 6,405, München wohl eine noch etwas niedere Temperatur als Augsburg zu haben, etwa + 6,3 auf wahre mittlere Temperatur reducirt. Die Differenzen dieser Angaben rühren ohne Zweifel von der verschiedenen Art her wie diese Beobachtungen berechnet u. an welchen Stunden sie angestellt wurden. Ich bin so frei Ihnen auf folgender Seite eine kleine/
(Seite 3)
Tabelle beizusezen, es dürfte einen Meteorologen der im besiz der vieljährigen Beobachtungen von Soldner oder Yelin ist wohl leicht seyn sie auszufüllen; werden die Stunden, an welchen die Beobachtungen das ganze Jahr angestellt wurden, genau angegeben, so werde ich es dan(n) mit Vergnügen übernehmen, sie nach Schouw[7] (siehe dessen Pflanzengeographie) auf wahre mittlere Temperaturen zu reduciren.

Indem ich mich noch lange mit Vergnügen an die in Ihrer Gesellschaft erlebten Stunden in München[8] erinnern werde, hab ich die Ehre mit ausgezeichneter Hochachtung zu seyn

Ihr
erg(ebener) Schübler

(darunter angefügt in Vorzeichnung die Tabelle mit 8 Spalten)

darunter die Erläuterung:
Unter Frühling sind die 3 Monate März, April, Mai, unter Som(m)er Juni, Juli u. August, unter Herbst Sept(em)b(e)r, Oct(o)b(e)r, Nov(em)b(e)r u. unter Winter Dec(em)b(e)r, Jan(uar) u. Febr(uar) zu verstehen. Angegeben werden sollte zugleich werden, ob täglich 2 oder 3 Beobachtungen und an welchen Stunden diese in den einzelnen Jahreszeiten angestellt wurden.

von München anhand der vorhandenen Literatur nachzeichnete; die Klimawerte darin gehen auf Beobachtungen des Mathematikers Astronomen Johann Georg von Soldner (1776–1833) zurück.

5 Gemeint sind die von der Societas meteorologica Palatina (Mannheimer Meteorologische Gesellschaft) durch Korrespondenten erstmals europaweit (dazu außerhalb von Europa in Grönland und Massachusetts/USA), nach einheitlichen Kriterien, erhobenen Klimadaten, die unter dem Titel *Ephemerides Societatis Meteorologicae Palatinae* ab 1789 in Mannheim veröffentlicht wurden.

6 Canonicus Augustin Stark, Professor und Konrektor des Königlichen Gymnasiums in Augsburg (†1839).

7 Schübler verweist auf die von Joakim Frederik SCHOUW verfassten *Grundzüge einer allgemeinen Pflanzengeographie. Berlin 1823.*

8 Gemeint ist Schüblers Aufenthalt anläßlich der Jahresversmmlung deutscher Naturforscher und Ärzte vom 18. bis 25. September 1827 in München (siehe Bericht in: Isis, encyclopädische Zeitung 1828, Hefte 5 + 6).

Nr. 11

Eintrag von Gustav Schübler in das Stammbuch von Goethes Sohn August am 6. Oktober 1828.

Quelle und bibliographische Angaben:
Klassik Stiftung Weimar, Goethe- und Schiller-Archiv, Signatur GSA 37/XXIII, 4, BL 108 Rs, S. 227. – Handschrift, 1 Blatt, 1 Seite.

Zur freundschaftlichen Erin(n)erung an unsere geognostische Unterhaltung in Weimar.

Weimar, d(en) 6ten Oct(o)b(e)r 1828

Schübler,
Prof.(essor) aus Tübingen

Nr. 12

Brief von Gustav Schübler an Carl Friedrich Philipp von Martius in München, datiert Tübingen, 21. November 1828.

Quelle und bibliographische Angaben: Bayerische Staatsbibliothek München, Abt. Handschriften/Alte Drucke, Signatur: Martusiana II A 2. – Kalliope Verbund DE-611-HS-191449. – Handschrift, 2 Blätter, 3 Seiten.

(Seite 1)

Tübingen, den 21ten November 1828

Verehrtester Freund!

Wir sind Ihnen vielen Dank schuldig für die Zusendung der bis jetzt erschienenen Theile Ihres vortrefflichen Werks über Brasilien[1], obgleich unsere Bibliothekskasse die Bezahlung nicht sogleich gestattet, so höre ich durch den Bibliothekar Tafel[2], daß wahrscheinlich bald nach Neujahr ein großer Theil davon sogleich berichtigt werden kan(n), auf jeden Fall steht es in ganz sicheren Händen. Es freut mich aus Ihrem Schreiben zu ersehen, daß Sie glücklich bei den Ihrigen angelangt sind, auch ich traf alles gesund und wohl an; mit Vergnügen werde ich mich noch lange an unsere gemeinschaftliche Rükreiße[3] erin(n)ern.

Von unsern Versteinerungen werde ich Ihnen mit Vergnügen mittheilen, sobald ich Exemplare erhalten haben werde, welche Ihnen genügen dürften. Leider läßt sich bei den bis jetzt bei uns aufgefundenen Arten über den innern Bau dieser Pflanzen nichts unterscheiden, die ganze innere Höhle der Stämme, welche oft 2, 3 bis 4 Zoll Durchmesser besizen, ist mit einer gleichförmigen Sandsteinmasse ausgefüllt, in welcher sich keine Spur von Gefäßen oder von irgendeiner organischen Struktur unterscheiden läßt; den Bau der Oberflächen dieser Pflanzenversteinerungen geben die Abbildungen Jägers[4] sehr getreu, so daß Sie sich sicher auf diese verlassen kön(n)en./

1 Es dürfte sich um die Teile des Bandes 2 des Werks *Reise in Brasilien* handeln, erschienen 1828 in München.

2 D. i. Gottlieb Lukas Friedrich Tafel, Professor für alte Sprachen und Bibliothekar (1787–1860).

3 Diese Bemerkung zielt auf die gemeinsame Rückreise von der Berliner Jahresversammlung deutscher Naturforscher und Ärzte Ende September/Anfang Oktober 1828 über Weimar, wo die beiden am 6. Oktober Goethe besucht hatten.

4 Gemeint ist Georg Friedrich Jäger (1785–1866) und seine Abhandlung *Ueber die Pflanzenversteinerungen, welche in dem Bausandstein von Stuttgart vorkommen. Stuttgart 1827* (Metzlerische Buchhandlung).

(Seite 2)
Die OriginalExemplare, nach welchen diese Zeichnungen gemacht wurden, sind größtentheils in der Sam(m)lung in Stuttgart, einzelne auch in Privatsam(m)lungen oder in der hiesigen Sam(m)lung. Ein Stükk eines Stam(m)s Calamites arenaceus major (Jäger Tab. II Fig. 4) von 1 Schuh Länge und etwa 3 Zoll Dikke könnte ich Ihnen sogleich zuschikken, doch zweifle ich sehr, ob es nur das Porto bis zu Ihnen werth seyn werde, wenigstens geben Jägers Abbildung das an ihm Bemerkende nach bessern Exemplaren deutlicher (*hier einzufügende Randnotiz:* wenn ich nicht irre, besizen Sie in Ihrer Sam(m)lung im bot.(anischen) Garten aus den Sandsteinbrüchen von Würzburg ein ähnliches Exemplar aus derselben Formation, welche sich bei Würzburg findet). – Eine diesen Herbst erst aufgefundene Art befindet sich noch nicht in Jägers Abhandlung, der Stam(m) ist gegen 6 Zoll dikk, er zeigt auf der Oberfläche horizontal laufend ringförmige Erhabenheiten a-b, c-d, e-f gegen einen Zoll voneinander entfernt stehen und sym(me)trisch mit runden Erhabenheiten besezt sind, welche das Aussehen haben als wären hier am Hauptstam(m) regelmäßige Äste oder Blattstiele befestigt gewesen, ihre Ansazpunkte alterniren, beistehende rohe Zeichnung giebt ein Bild dieser Anordnung der Länge nach sich ziehende Erhabenheiten (von oben nach unten) lassen sich an diesem Stam(m) nicht bemerken, die innere Hauptmasse besteht aus einem weißen grobkörnigen Sandstein ohne alle organische Struktur, auch von der Rinde selbst ist nichts mehr erhalten sondern das Ganze stellt blos einen Steinkern von der bemerkten Form vor./
(Seite 3)
Bis jetzt wurde blos ein Exemplar dieser Versteinerung gefunden, noch gehört es dem Finder, ich hoffe, es jedoch für die hiesige Sam(m)lung zu erhalten.

Ich habe bei meinem Aufenthalt in Stuttgart gleichfalls Jäger von Ihrem Wunsch in Kenntniß gesezt, er läßt sich Ihnen vielmals empfehlen u. versprach mir Ihnen mitzutheilen so bald er etwas passendes erhalten würde. Bemerken Sie mir doch nach den Abbildungen Jägers diejenigen Arten deren Mittheilung Ihnen vorz(üglich) erwünscht seyn würden so wie auch diejenigen, von welchen Sie nach diesen Abbildungen schon Exemplare aus den Steinbrüchen Würzburgs besizen.

Jäger bezeichnet den Sandstein, in welchem sich diese Versteinerungen bei uns finden, durch (sic!) Bausandstein von Stuttgart, nach der neuern allgemeiner angenommenen Benennungen ist es der Keupersandstein.
Beiliegendes Schreiben bitte ich H(er)rn Hofr(at) Oken[5] zu zustellen.
Mit ausgezeichneter Hochachtung

Ihr
aufr(ichtig) erg(ebener) Schübler

5 Ludwig Oken (1779–1851), seit 1827 Professor der Naturgeschichte und Physiologie in München, Herausgeber der „Isis, encyclopädische Zeitung".

Nr. 13

Brief von Gustav Schübler an Professor Karl Ernst von Baer in Königsberg/Ostpreußen, datiert Tübingen, 26. Februar 1821.

Quelle und bibliographischen Abgaben:
Universitätsbibliothek Gießen, Abt. Handschriften/Alte Drucke, Nachlass K. E. von Baer. – Kalliope Verbund: DE-611-HS-191404. – Handschrift, 2 Seiten.

Adressat:
Sr. Hochwohlgeboren
Herrn Prof. v. Baer
in Königsberg

am linken Rand die Abkürzung: d. E. (= durch Einschluss), d. h. Versendung des Briefs als Beilage zu einer anderen Sendung.

(Seite 1)

Tübingen, d(en) 26ten Febr(uar) 1829

Euer Hochwohlgeboren,

habe ich die Ehre im vorstehenden eine kleine Notiz zu übersenden, um deren Mittheilung Sie uns bei der Versammlung der Naturforscher in Berlin[1] ersucht hatten; H(er)r v. Martens[2], welchen sie vielleicht als Verfasser einer Reiße nach Venedig ken(n)en, theilte sie mir mit; zugleich ergreife ich diese Veranlassung Ihnen einen Blutegel in Weingeist und nach der Natur gezeichnet zu übersenden, welchen H(er)r Prof. Rapp[3] vorigen Sommer auf einer Reiße in Norwegen fand u. für 1 neue Species

1 Versammlung der deutschen Naturforscher und Ärzte im September 1828 in Berlin, siehe Bericht in der ISIS, encyclopädische Zeitung Bd. 22 (1829), Heft 3 + 4, Sp. 217–450 und Amtlicher Bericht über die Versammlung deutscher Naturforscher und Ärzte, hg. von Alexander von Humboldt und Heinrich Lichtenstein. Berlin 1829.

2 Georg von Martens (1798–1872), Kanzleirat und Kustos des Königlich württembergischen Naturalienkabinetts in Stuttgart, reiste mehrmals von Stuttgart auf verschiedenen Wegen durch die Alpen nach Venedig, wo sein Vater als dänischer Konsul residierte und ein Landgut besaß. Seine Reiseeindrücke und Beobachtungen hat er in dem Buch „Reise nach Venedig". Ulm 1824 (bei Stettin) veröffentlicht; Auszug in der Zeitschrift „Hertha", Bd. 4 (1825), S. 365 ff.

3 Wilhelm (von) Rapp (1794–1868), Mediziner und Naturforscher, seit 1827 ordentlicher Professor der Medizin in Tübingen.

hält, die er Ihnen zur Bekan(n)tmachung überläßt, wen(n) Sie in Ihrem künftig zu bearbeitenden Werk davon Gebrauch machen wollten. Wünschten Sie selbst noch über einzelnes weitere Nachrichten zu erhalten, so hätte wohl H(er)r Prof. Meyer[4] die Gefälligkeit Ihrem Schreiben einer nächstens nach Tübingen abzuschikkenden Samensendung beizulegen.
Mit ausgezeichneter Hochachtung habe ich die Ehre zu seyn

Euer Hochwohlgeboren
erg(ebener) Schübler

4 Gemeint ist Ernst Heinrich Meyer (1791–1858), Botaniker und Direktor des Botanischen Gartens in Königsberg, seit 1821 Mitglied der Leopoldina, 1829 ordentlicher Professor in Königsberg.

Nr. 14

Brief von Gustav Schübler an Carl Friedrich Philipp von Martius in München, datiert Tübingen, 26. Februar 1829.

Quelle und bibliographische Angaben:
Bayerische Staatbibliothek München, Abt. Handschriften/Alte Drucke, Signatur: Martusiana II A 2. – Kalliope Verbund DE-611-HS-191449. – Handschrift, 2 Seiten.

(Adressat fehlt)

(Seite 1)

Tübingen, 26. Februar 1829

Verehrtester Freund!

Ich habe die Ehre Ihnen hiemit die gewünschten Samen nebst meiner Desideratenliste zu übersenden. Ich ergreife zugleich diese Gelegenheit das Verzeichniß derjenigen Pflanzen beizulegen, welches wir gemeinschaftlich bei Ihnen in München[1] entworfen hatten, um über die Zeit der Blüthenentfaltung dieser Pflanzen[2] aus verschiedenen Gegenden Nachrichten zu erhalten. Da solche Aufzeichnungen so leicht vergessen werden, so habe ich nun Abschriften dieses Verzeichnißes an verschiedene meiner Corresp(on)d(en)ten, welche sehr entfernt von einander wohnen abgeschikt, ich hoffe auf diese Art im laufenden Jahr Aufzeichnungen aus sehr entfernten Gegenden zu erhalten, um eine vergleichende Zusam(m)enstellung versuchen zu kön(n)en. Sie oder H(err) Prof. Zuccarini[3], welchen ich mich vielmals zu empfehlen bitte, hätten vielleicht die Güte, diese Aufzeichnungen nächsten Som(m)er u. Frühling gleichfalls vorzunehmen u. mir diese Notizen dan(n) nächsten Winter mitzutheilen, soweit Sie Gelegenheit haben sollten,/
(Seite 2)
hierüber leicht Beobachtungen anzustellen.

1 Vermutlich anlässlich der Jahresversammlung deutscher Naturforscher und Ärzte im September 1827 in München.

2 Leider geht nicht hervor, welchem Zweck diese Beobachtungen der Blütenentfaltung dienen sollten. Zu vermuten sind vergleichende Studien zur Phänologie und Meteorologie.

3 Joseph Gerhard Zuccarini (1797–1848), Professor der Botanik an der Universität München.

Ich habe im Verlauf dieses Winters mit vielem Interesse den 2ten Theil Ihrer Reiße nach Brasilien[4] gelesen. Wir besizen bis jetzt von der zu Ihrem Werk gehörigen grössern Charte blos die 1te Hälfte, welche vom 15° (N(ördlicher) Br(eite) bis etwa zum 19ten Grad der südlichen Breite reicht, sollte die 2te südliche Hälfte bis jetzt noch nicht durch den Buchhandel verschikt worden seyn, oder ist es blos Nachläßigkeit unseres hiesigen Buchhändlers, durch welches wir dieses erste Blatt erhalten, daß von demselben nicht auch die 2te Hälfte geliefert wurde?

Herr Bibliothekar Tafel sagte mir dieser Tage, ich möchte die Zahlung Ihres Werks bei Ihnen entschuldigen, daß er die Zahlung Ihres Werks nicht so schnell berichtigen kön(n)e, als er Ihnen dieses früher bemerkt habe, es giengen vor kurzem unerwartet aus dem Ausland einige größere BuchhändlerRechnungen ein, die schnell berichtigt werden müßten. Sie haben übrigens an unserer Bibliothek einen völlig sichern Schuldner./

(Seite 3)

Ich besize hier schon seit einigen Jahren aus Ihrem Garten einen Dianthus pannonicus[5] und ein Rheum tauricum[6], auch in Ihrem neusten Verzeichniß steht erstere Pflanze jedoch ohne Angabe des Schriftstellers, nach welchen diese Pflanzen benan(n)t sind, ich bezeichnete sie einstweilen in unserm Catalog durch Hort. Monac.(ensis)[7]. Erinnern Sie sich nicht von wem diese Benen(n)ungen herrühren, ich suchte vergebens in veröff(en)tl(ichen)d(en) Schriftstellern.

Ich lege Ihnen das von Ihnen überschikkte Verzeichniß Ihres Gartens wiederum bei, in dem es Ihnen vielleicht noch brauchbar ist. Mit dem kom(m)enden Frühling hoffe ich vielleicht Gelegenheit zu haben, Ihnen einzelne Pflanzenversteinerungen[8] mitzutheilen.

Sie vielmals grüßend

Ihr
aufr(ichtig) E(rgebener)
Schübler

4 Der 2. Band der Reise in Brasilien erschien in München 1828, der 3. Band dann 1831.

5 Dianthus pannonicus = Pannonische Nelke.

6 Rheum tauricum, eine Rhabarber-Art.

7 Hortus Monacensis = Botanischer Garten in München, zugleich Verweis auf die Beschreibung des Gartens von Martius aus dem Jahr 1825.

8 Gemeint sind die Pflanzenversteinerungen, die im Keupersandstein bei Stuttgart in den 1820er Jahren gefunden wurden (siehe Dokument Nr. 12).

Nr. 15

Brief von Gustav Schübler an Carl Friedrich Philipp von Martius in München, datiert Tübingen, 14. Oktober 1829.

Quelle und bibliographische Angaben:
Bayerische Staatsbibliothek München, Abt. Handschriften/Alte Drucke, Signatur: Martusiana II A 2. – Kalliope Verbund: DE-611-HS-191449. – Handschrift, 2 Seiten.

(Adressat)
S(eine)r Hochwohlgeboren
H(errn) Hofrath v. Martius
in München

(*am linken Rand:* d. E. = durch Einschluss)
(Seite 1)

Tübingen, d(en) 24ten Oct(o)ber 1829

Verehrtester Freund!

Ich bedauerte Sie vor einigen Wochen nicht in Heidelberg[1] selbst getroffen zu haben, die Versammlung wurde zahlreicher als wir erwarten kon(n)ten wie Sie schon gehört haben werden.

Sie hatten die Güte mir im Verlauf des lezten Sommers das Verzeichniß Ihres reichen botanischen Gartens zu übersenden, wofür ich Ihnen sehr dankbar bin, ich habe die Ehre Ihnen hier eine kleine Abhandlung[2] zu übersenden, deren Inhalt sich in einigen Ihnen früher mitgetheilten Abhandlungen anschließt.

Der Überbringer dieses H(err) med.stud. Werner[3] aus Stuttgart kann ich als einen gebildeten jungen Mann empfehlen, er studirte bereits hier gegen 3 Jahre u. wünschte auf Ihrer Hochschule vorzüglich noch auf praktische Medicin sich beziehende Gegenstände zu hören.

Hochachtungsvoll *Ihr aufr(ichtig) erg(ebener) Schübler*

1 Schübler bezieht sich hier auf die Jahresversammlung deutscher Naturforscher und Ärzte im September 1828 in Heidelberg (siehe Bericht in der Isis, encyclopädische Zeitung Bd. 23 (1830), Sp. 449–736.

2 Nicht eruierbar, welche Schrift Schübler meint.

3 Es handelt sich um den Medizinstudenten Hermann Werner aus Stuttgart, der im August 1831 von Prof. Schübler zum Doktor der Medizin promoviert wurde; seine Dissertation trägt den Titel: „Beobachtungen über die jährlich wiederkehrenden Erscheinungen im Thier- und Pflanzenreich" (gedruckt bei C. H. Reiss u. C. A. Küstner, Tübingen 1831).

Nr. 16

Brief von Gustav Schübler an Karl Ernst von Baer in Königsberg, datiert Tübingen, 26. November 1829.

Quelle und bibliographische Angaben:
Universitätsbibliothek Giessen, Abt. Handschriften/Alte Drucke, Nachlass K. E. von Baer. – Kalliope Verbund: DE-611-HS-191405. – Handschrift, 2 Seiten.

(*mit Stempel:* Bibliothek der Ludwigs-Universität Gießen)
(Seite 1)

Tübingen, d(en) 26ten No(vem)ber 1829

Euer Hochwohlgeboren,

habe ich die Ehre endlich die Ihnen längst zugedachten Dissertationen zu übersenden; ich hoffte vielleicht bis Berlin eine Gelegenheit zu finden, da dieses nicht der Fall ist, so übersende ich sie Ihnen durch Buchhändlergelegenheit, ich hoffe, sie werden auf diesem Weg sicher zu Ihnen gelangen.

Herrn Prof. Meyer bitte ich mich vielmals zu empfehlen; die beiliegende erst diesen Sommer erschienene Dissertation über die Temperaturveränderung der Vegetabilien[1] wird eben in den Literaturblättern der Flora in Regensburg[2] abgedrukt, da nur wenige Exemplare davon abgezogen wurden u. sie einzeln nicht in den Buchhandel kam. Sollte H(err) Prof. Meyer diese Lit(eratur)Blätter nicht ohnehin besizen, so werde ich mir ein/
(Seite 2)
Vergnügen daraus machen ihm ein besonderes Exemplar dieser Dissertation bei nächster Gelegenheit nachzusenden.

Ich wählte bei dieser Sendung vorzügl(ich) solche Dissertationen, welche physiologischen, anatomischen, geologischen u. zum Theil pflanzenpysiologischen Inhalts u. von denen ich überhaupt vermuthen kon(n)te, daß sie vielleicht für Sie von einigem Interesse seyn dürften, in dem sonst die Sendung gar zu voluminös geworden wäre; ich wünsche nur, daß sie einiges für Sie brauchbares darunter finden möchte.
Hochachtungsvoll

Euer Wohlgeboren
erg(ebener) Schübler

1 Gemeint ist die Dissertation von Wilhelm NEUFFER: Untersuchungen über die Temperatur-Veränderungen der Vegetabilien und verschiedene damit in Beziehung stehende Gegenstände. Tübingen 1829.

2 In den Literaturblättern zur Flora oder Allgemeine botanische Zeitung 1829/30 nicht ermittelbar.

Nr. 17

Brief von Gustav Schübler an Justinus Kerner, datiert Tübingen, 13. December 1829

Quelle und bibliographische Angaben:
Deutsches Literaturarchiv Marbach a. N., Archiv, Handschriften, Bestand A: Kerner, Justinus (Nachlass), Akquisitionsnummer KN 6042). – Kalliope Verbund DE-2498-HS00897241. – Handschrift, Brief, 1 Blatt.

Tübingen, 13. December 1829

Verehrtester Freund!

Sie werden vor einigen Wochen meine Beiträge zur 3ten Ausgabe Ihrer Beschreibung des Wildbads[1] erhalten haben. – Vor wenigen Tagen hörte ich von Hrn Prof. Sigwart[2] daß er vor einiger Zeit eine neue Analyse des Wildbads vorgenommen und vollständig durchgeführt hat, nach welcher das Wasser an mineralischen Bestandtheilen reicher ist als es die ältere Analyse von Staudenmeyer[3] ergeben hatte, Sigwart untersuchte zugleich in Vergleichung mit dem Wildbad die Mineralquelle von Liebenzell, von welchem wir noch keine Analyse besizen. Es würde eine wesentliche Bereicherung für Ihre Schrift seyn, wenn Sie die Analyse dieser beiden sich so nahe liegenden Bäder mittheilen würden, da namentl(ich) das Liebenzeller Wasser in neuern Zeiten auch nicht selten als innerliches Mittel vorz(üglich) von den Aerzten in Stuttgart anempfohlen wird.

Ich zweifle nicht, daß Ihnen Hr. Prof. Sigwart die Resultate dieser Analysen mittheilen würde, wenn Sie ihn nur in einem Schreiben darum ersuchen würden.

Da beim Druk von Zahlen so leicht unangenehme Drukfehler entstehen, so würde ich es gern übernehmen die lezte Correktur Ihrer Schrift durchzusehen, wenn Sie nur Hrn Osiander[4] bei Übersendung des Manuskripts davon benachrichtigen wollten.
Nebst vielen Grüßen

Ihr aufr(ichtiger) Freund
Schübler

1 D. i. Bad Wildbad, Landkreis Calw.
2 D. i. Georg Carl Ludwig Sigwart (1784–1864), ab 1813 Außerordentlicher Professor für Chemie und Pharmacie, übernahm 1835 nach dem Tod Schüblers die Leitung des Schlosslabors und die Vorlesungen über Agrikulturchemie; Sigwart gab die Analysenergebnisse 1830 an Justinus Kerner (vgl. 4. Aufl. der Beschreibung des Wildbads S. 58).
3 Gemeint ist der Chemiker Johann Conrad Staudenmayer aus Ludwigsburg, ein Freund Kerners.
4 Verlag und Buchhandlung von Osiander in Tübingen.

Nr. 18

Brief von Gustav Schübler an Unbekannt, vermutlich an den Verleger seiner „Agriculturchemie" in Leipzig, datiert Tübingen, 17. November 1830.

Quelle und bibliographische Angaben:
Germanisches Nationalmuseum Nürnberg, Handschriften-Abteilung, Allgemeine Reihe, K 15 Schübler, Gustav an Unbekannt. – Kalliope Verbund DE-611-HS-191321. – Handschrift, 2 Blätter, 4 Seiten.

(Seite 1)

Tübingen, 17ten Nov(em)b(e)r 1830

Euer Wohlgeboren,

überschikkten an die Osiandrische Buchhandlung[1] die Exemplare über die Agriculturchemie[2], welche gerade noch zur rechten Zeit hier anlangten, wir hoffen, daß die 2te Sendung nächstens hier anlangen wird, da sich mehr Zuhörer zu dieser Vorlesung einfanden als ich früher vermuthete.
Ich kann nicht unterlassen Sie zu benachrichtigen, daß bei den hierher geschikkten Exemplaren die zu Seite 50 gehörige Tab. 1 über die Vergleichung der Thermometerscalen fehlt; es wurde auf dieser Tafel wahrscheinlich durch ein Versehen des Künstlers versäumt (zur Agriculturchemie gehörig) zu bemerken, wodurch auch beim Binden der Encyclopedie[3] überhaupt leicht Irrungen entstehen dürften, die auf Seite 50 der Agriculturchemie im Text ausdrüklich dieser Tafel erwähnt ist, so sollten sie bei erster Gelegenheit nachgeliefert werden, Eile (durch Versendung durch d(ie) Post) hat es übrigens nicht, da ich meinen Zuhörern schon sagte, daß sie nachgeliefert werden würde./
(Seite 2)
Es kön(n)te dann zugleich das Register u. Drukfehlerverzeichniß, wen(n) diese anders nicht schon abgeschikt sind, u. die Erklärung der Abbildungen nachgeschikt werden, auf dieser kön(n)te zugleich noch die Tafel über die Thermometerscalen bemerkt werden; da diese auch auf dem Zitat nicht bemerkt ist u. daher auch bei Versendungen

1 Gemeint ist die Osiander'sche Buchhandlung in Tübingen.
2 Bei diesem Werk handelt es sich um Schüblers *Grundsätze der Agricultur-Chemie in näherer Beziehung auf land- und forstwirthschaftliche Gewerbe.* 2 Teile (240 S. + 272 S.). Leipzig 1830 (Baumgärtner).
3 Das Stichwort „Encyclopedie" verweist auf die Buchreihe „Allgemeine Encyclopädie der gesammten Land- und Hauswirthschaft der Deutschen" (hg. von Carl Wilhelm Ernst Putsche. Im Verlag Baumgärtner Leipzig).

leicht Irrungen entstehen kön(n)ten. Beim Heften ließen sich beide Theile, welche nicht getrennt werden sollten, sogleich in einem Band vereinigen und am Schluß die beiden Tafeln (die der Thermometerscalen u. die zur Agronomie gehörige) mit deren Erklärungen u. Register beifügen.
Von Drukfehlern bemerkte ich bis jetzt keine weitern, ist es noch nicht zu spät, so kön(n)te ihnen noch etwas beigefügt werden. Seite 2 der Agriculturchemie Linie 6 von unten statt Dobunsie lies Docimasie[4].
Ich ergreife diese Veranlaßung mich zugleich bei Ihnen zu erkundigen, ob ich nicht einige vollständige Exemplare meiner Agricultuchemie auf weißem gutem Papier erhalten kön(n)te, so wie auch die der Meteorologie; ich hätte namentlich gewünscht 1 Exemplar der Agriculturchemie unserm H(err)n Minister des In(n)ern[5] so wie auch dem Vorsteher des landwirthschaftlichen Instituts in Hohenheim bei Stuttgart übersenden zu können, was vielleicht zur Folge haben dürfte, es in Hohenheim als Lehrbuch einzuführen; es sollte jedoch zu diesem Zwek ein möglichst vollständiges Register, Inhalt, Erklärung beider Tafeln, Drukfehlerverzeichniß beigefügt seyn, auch hätte ich zu diesem Zweck ein mehr ins Detail gehendes Inhaltsverzeichniß vorgezogen. Ein vollständiges Exemplar würde mir gleichfalls willkom(m)en seyn.
Die Beilage an H(err)n v. Sternburg[6] bitte ich gefälligst besorgen zu lassen; er überschikte mir die Beschreibung seines Landguts, wogegen er mich gleichfalls um eine Mittheilung ersuchte, da ich der Adresse nicht sicher bin, so bin ich so frei es beizulegen und um die nähere Besorgung zu bitten, die Ihnen dadurch etwa veranlaßten Portoauslagen bitte ich meiner Rechnung beizufügen.
Noch bemerke ich bei dieser Gelegenheit, daß in den Anzeigen der Abhandlung über den Mond[7] in der allgemeinen Zeitung u. einigen andern Zeitungen, welche mir zu Gesicht kamen, bemerkt ist, „nach 18jährigen Beobachtungen", statt daß gesezt seyn sollte, nach 28jährigen Beobachtungen.
Mit ausgezeichneter Hochachtung

Euer Wohlgeboren
erg(ebener)
Schübler

4 D. h. Prüfung.

5 Württembergischer Innenminister war zu dieser Zeit Christoph Friedrich von Schmidlin (* 1780, † 28.12.1830)

6 Mit Herr v. Sternburg ist Maximilian Speck von Sternburg (1776–1856) gemeint; bei der Schrift, für die sich Schübler erkenntlich zeigen möchte, handelt es sich vermutlich um den Titel: *Spaziergang nach Lützschena und dessen Umgebungen. Leipzig 1830.*

7 Untersuchungen über den Einfluß des Mondes auf die Veränderungen unserer Atmosphäre mit Nachweisung der Gesetze, nach welchen der Einfluß erfolgt. Leipzig 1830 (Baumgärtner).

Nr. 19

Brief von Gustav Schübler an Carl Friedrich Philipp von Martius in München, datiert Tübingen, 28. März 1831.

Quelle und bibliographische Angaben:
Bayerische Staatsbibliothek München, Abt. Handschriften/Alte Drucke, Signatur: Martusiana II A 2. Kalliope Verbund DE-611-HS-191449. – Handschrift, 1 Seite.

(Seite 1)

Tübingen, d(en) 28ten März 1831

Verehrtester Freund!

Ich ergreife eine sich mir eben darbietende Gelegenheit Ihnen einige im Verlauf des lezten Jahres hier unter meiner Leitung bearbeitete Abhandlungen zu übersenden, welche ich mit Nachsicht aufzunehmen bitte. – Überbringer dieses Herr Wolf[1] aus Tübingen erlernte die Gärtnerei und hielt sich in den lezten Jahren im botanischen Garten zu Carlsruh auf, er erhielt nun im bot.(anischen) Garten in Nymphenburg Beschäftigung; ich hoffe er wird sich daselbst die Zufriedenheit der Vorsteher des Gartens zu erwerben wissen.

Daß H(err) Dr. Mohl[2] als Adjunct des Direct(ors) des bot. Gartens in Petersburg eine Einladung erhielt, wird Ihnen schon bekannt seyn; er sagte mir in etwa 6 Wochen dahin zu reisen; ich hörte von demselben mit Bedauern daß Sie lezten Sommer an manchen Unpäßlichkeiten zu leiden hatten.
Mit bekannten Gesin(n)ungen
hochachtungsvoll

Ihr
aufr(ichtig) er(gebener)
Schübler

1 Gärtner Wolf aus Tübingen.
2 D. i. Hugo (von) Mohl (1805–1872), 1835 Nachfolger Schüblers in Tübingen; seine Brüder sind der Nationalökonom und Politiker Moriz (von) Mohl (1802–1888) und Robert (von) Mohl (1799–1875), ebenfalls Politiker und Staatswissenschaftler.

Nr. 20

Brief von Gustav Schübler an die Redaktion der Encyclopädie der Landwirtschaft der Deutschen in der Baumgärtnerischen Buchhandlung in Leipzig, datiert Tübingen, 20. April 1831.

Quelle und bibliographische Angaben:
Staatsbibliothek Berlin, Handschriftenabteilung, Sammlung Darmstädter F 1f 1820: Schübler, Gustav, Blatt 5–8. – Kalliope Verbund: DE-611-BF-181.

(*Interne Vermerke:* PR.St. BIBL. 88.45 Dokum.Slg.; am rechten Rand mit Bleistift die Ziffer: 3)

(Adressat)
An die
Redaction der Encyclopädie der Landwirthschaft der Deutschen
abzugeben in der Baumgärtnerischen Buchhandlung
in Leipzig

frei Nürnberg

(von anderer Hand: Registraturvermerk quer auf Umschlag geschrieben:)
1831
Schübler
Tübingen 20. April
empfangen 25. April
beantwortet 29. Juni

(Seite 1)

Euer Wohlgeboren,

beeile ich mich Ihre Anfrage in Ansehung des etwa zu ändernden Titel sogleich zu beantworten.
Ihr Schreiben vom 16ten April mit 3 Exemplaren auf Schreibpapier, dem 12ten Band der Encyclopädie u. 89 Th(a)l(e)r 12 gr (= Silbergroschen) Honorar ist mir richtig zugekommen, wofür ich meinen verbindlichen Dank abstatte. Die beigefügte Abrechnung über das Ganze stim(m)t mit meinen Aufzeichnungen überein.

Auf dem Titel der Meteorologie ist allerdings der Zusaz mit einer vergleichenden Thermometerscala ein Drukfehler, in dem diese Tabelle zur Seite 50 der Agrikultur-

chemie gehört, wo ihrer im Text auch näher erwähnt ist. Übrigens kön(n)te diese Vergleichungstabelle der Thermometer allerdings auch etwa der Meteorologie beigegeben werden, vielleicht bei den Exemplaren, welche einzeln unabhängig von den übrigen Exemplaren abgegeben würde, Seite 35 der Meteorologie habe ich im Text auf die vergleichende Thermometerscala der Agrikulturchemie verwiesen, nur müßte etwa auf einem Blättchen, auf welchem vielleicht auch die insbesondere die Meteorologie betreffenden Drukfehler bemerkt würden gesezt werden, daß diese besondere(n) Abdrükke auch diese zu S. 35 gehörige Thermometerscala noch beigegeben werden sezen. – Zu der die Meteorologie betreffenden Drukfehler würde insbesondere gehören, Seite 122 (im Septemberband) Linie 17 von unten sind die Worte obere und untere verwechselt, in der 2ten Colon(n)e sollte statt im untern Regenmesser im obern stehen u. umgekehrt./
(Seite 2)
Sollte jedoch diese Thermometerscala der Agrikulturchemie u. Meteorologie nicht beiden beigegeben werden, wie es ursprünglich nicht die Absicht war, u. für die Besizer der ganzen Encyclopädie nicht nötig wäre, so würde beim Umdrukken der Titel folgendes zu ändern seyn

1. Auf dem Titel der Meteorologie würden die Worte weggelassen seyn, mit einer vergleichenden Thermometerscale.
2. Müßte auf der mit dem Titel zugleich gedrukten Erklärung der zur Meteorologie gehörige Kupfertafeln die lezte Linie unten = (Vergleichung der Thermometerscalen) weggelassen werden.
3. Würde dagegen auf dem Blättchen, welches die Erklärung der zur Agrikulturchemie gehörigen Kupfer enthält, als erste Linien einzusezen seyn (zum 1ten Theil der Agrikulturchemie gehörig) Tab.1 Vergleichende Thermometerscla zu § 96 S. 50 gehörig.

Dem überschikkten 12ten Band der Encyclopädie war das zur Agrikulturchemie, insbesondere gehörige Register u. Inhaltsverzeichniß nicht beiliegend; erwünscht würde es mir jedoch seyn einen Abdruk dieses Registers u. Inhaltsverzeichniß auch zu dem zur der Encyclopädie überhaupt gehörenden Exemplar zu erhalten; da sich doch die meisten Besizer dieser Encyclopädie die einzelnen Wissenszweige besonders binden lassen werden, so wird es wohl jedem sehr willkom(m)en seyn, auch dieses besondere Register u. Inhaltsverzeichniß zur Agrikulturchemie zu erhalten; mit Versendung des Registerbandes kön(n)te auch dieses einzelne Register verschikt werden./
(Seite 3)
Sobald die auf den Titeln oder auf einem beiliegenden Blättchen oben bemerkten Aenderungen vorgenommen seyn werden, würde es mir erwünscht seyn, die 3 noch weiteren Exemplare der Agrikulturchemie u. Meteorologie, welche mir als Mitarbeiter noch zukommen würden, durch Einschluß an die Buchhandlungen von Laupp oder Osiander in Tübingen zugeschikt zu erhalten, dieser Sendung kön(n)te zugleich auch das zur Agrikulturchemie gehörige Register beigelegt werden.

Ich lasse mich Herrn Dr. Putsche vielmals empfehlen; die mir gütigst mitgetheilten Witterungsbeobachtungen aus frühern Jahren werde ich nächstens durch eine Gelegenheit zurükgehen lassen.
Hochachtungsvoll habe ich die Ehre zu seyn

Ihr
erg(ebener) Schübler

(nachträglicher Vermerk der Baumgärtnerischen Buchhandlung)
3 Bände 341 Bog. S. 15–18
3 Agriculturchemie
3 Meteorologie
Register zu allen Wissenschaften

Nr. 21

Brief von Gustav Schübler an Unbekannt, in Straßburg (Elsass) (?), datiert Tübingen, 1ten May 1833.

Quelle und bibliographische Angaben:
Staatsbibliothek Berlin, Handschriftenabteilung, Sammlung Darmstädter F 1f 1820: Schübler, Gustav, Blatt 5–8. – Kalliope Verbund: DE-611-BF-181. – Handschrift, 1 Blatt, 2 Seiten.

(Seite 1)

Tübingen, den 1ten May 1833

Euer Wohlgeboren,

hatten die Güte mir vor einigen Monaten die Nachricht zu ertheilen, daß die Gesellschaft zur Beförderung der Naturwissenschaften in Straßburg[1] mich zu Ihrem correspondirenden Mitglied ernan(n)te, ich bitte der Gesellschaft für diese mir erzeugte Ehre meinen verbindlichen Dank abzustatten, ich werde mir ein Vergnügen daraus machen beizutragen, was die Zwekke der Gesellschaft befördern kan(n), ich erhielt Ihr Schreiben durch einen Umweg erst etwas spät, sonst würde ich es schon früher beantwortet haben.
Ich wollte nicht unterlassen in der Beilage 6 unter meiner Leitung bearbeitete wissenschaftliche Abhandlungen zu übersenden, welche einzeln nicht in den Buchhandel kom(m)en und daher für einzelne Mitglieder Ihrer Gesellschaft vielleicht von einigem Interesse seyn dürften. Da ich nicht zweifle, daß Herr Prof. Herrenschneider[2], welchen ich mich vielmals zu empfehlen bitte, gleichfalls Mitglied der Gesellschaft ist, so bin ich so frei in dieser Beziehung sogleich seine/
(Seite 2)
Anfrage mit dieser Mittheilung zu verbinden. In der Abhandlung über die Temperatur-Verhältniße der schwäbischen Alp[3] theilte ich pag. 24 auch eine Vergleichung der Temperatur-Verhältniße von Straßburg mit unseren Gegenden mit. Ich bedauerte in diese Beziehung nicht die neusten bis auf gegenwärtige Zeit fortgesezte Beobachtungen

1 Gemeint ist die Société des sciences naturelles de Strasbourg.
2 Johann Ludwig Alexander Herrenschneider (1760–1840), Meteorologe und Mathematiker in Straßburg/Elsass.
3 Die Abhandlung ist eine von Schübler betreute Dissertation von Wilhelm Friedrich KERN: Untersuchungen über die Temperatur-Verhältnisse der schwäbischen Alp. Tübingen 1831.

über Straßburg zu besizen, sollte vielleicht indessen von Herrn Prof. Herrenschneider eine Berechnung der mittleren Temperatur von Straßburg nach den Beobachtungen der lezten 10–12 Jahre vorgenom(m)en worden seyn, die für die einzelnen Jahreszeiten erhaltenen Resultate auf ähnliche Art näher mitgetheilt zu erhalten, wie ich diese pag. 28 dieser Abhandlung für mehrere Standpunkte zusam(m)enstellte, zu nähern Vergleichungen würde es mir zugleich zu wissen nöthig seyn, an welchen Stunden des Tags die Beobachtungen in Straßburg angestellt wurden, um die Reduktion auf wahre mittlere Temperatur vornehmen zu können.

Mit der Bitte, beiliegendes Schreiben an H(er)rn Voltz[4] übergeben zu lassen, so habe ich die Ehre mit ausgezeichneter Hochachtung zu seyn

Euer Wohlgeboren
er(gebener) Schübler

4 Unklar, wer mit Voltz gemeint ist.

Nr. 22

Brief Gustav Schüblers an Unbekannt[1], datiert Tübingen, 8. November 1833.

Quelle und bibliographische Angaben:
Württembergische Landesbibliothek Stuttgart, Abt. Handschriften/Alte Drucke, Signatur Cod. hist. 8°. 146 (9 Briefe von Württembergern). – Kalliope Verbund DE-611-HS-191460.

Hier Brief Nr. 8

(Seite 1)

Tübingen, 8. November 1833

Verehrter Freund!

In der Beilage übersende ich Ihnen die Aushängebögen der Abhandlung über die Höhen in Württemberg[2], so weit ich sie bisher jetzt selbst besize, ich hoffte dieser Tage noch vergebens, die lezten Bögen zu erhalten, die zus(ammen) das Register über die ganze Abhandlung enthalten werden, erwünscht würde es mir seyn, diese Bögen wieder zurück zu erhalten, da ich darin verschiedene korrigirte u(nd) selbst noch keine weiteren Abdrucke besize. – Von dem Relief[3] wird in etwa 10 Tagen ein Exemplar an Ebner geschikt werden.
Mit bekannten Gesinnungen

Ihr
auf(richtiger)
G. Schübler

1 Der Adressat dürfte wohl Johann Daniel Georg Memminger (1773–1840), Herausgeber der Württembergischen Jahrbücher, sein; der Verweis auf die Druckbögen der unten stehenden Abhandlung erlaubt diese Identifizierung.

2 Höhenbestimmungen in Württemberg und den angrenzenden Gegenden von Bayern, Baden, Sigmaringen und Hechingen, mit Bemerkungen der geognostischen Verhältnisse, in: WJbb Jg. 1832, H. 2 (Stuttgart/Tübingen 1833), S. 221–400; dazu die nachfolgend zitierte *Charte en relief* von Württemberg.

3 Das erwähnte Relief ist die *Charte en relief* von Württemberg, die der Tübinger Universitätskonservator Carl Rath angefertigt hat; die Buchhändler Ebner in Stuttgart und Osiander in Tübingen übernahmen den Vertrieb des Reliefs von Württemberg.

Nr. 23

Brief von Gustav Schübler an Unbekannt, datiert Tübingen, 6. März 1834.

Quelle und bibliographische Angaben:
Universitätsbibliothek Leipzig, Abt. Alte Drucke/Sondersammlungen, Autographensammlung Römer, Signatur Slg. Römer/NL 136/60. – Kalliope Verbund DE-611-HS-2936416. – 1 Brief, 2 Blätter (1 Seite beschrieben)

(Seite 1)

Tübingen, den 6ten M(ä)rz 1834

Euer Wohlgeboren,

wollte ich nicht unterlassen bei einer sich mir darbietenden Gelegenheit einige akademische Gelegenheitsschriften zu übersenden, welche sich an meine frühern Mittheilungen anschließen.
Sie werden aus Zeitungen bereits erfahren haben, daß die Naturforscher Deutschlands nächsten Herbst ihre Versammlung in Stuttgart halten werden, freuen würde es uns, wen(n) Sie uns bei dieser Veranlassung gleichfalls mit Ihrer Gegenwart beehren würden, womit ich die Ehre habe mit ausgezeichneter Hochachtung zu seyn

Ihr
Erg.(ebener) Schübler

Beachte die späteren handschriftlichen Beifügungen am unteren Rand:
† 1834
Gustav Schübler, Professor der Botanik, Tübingen

Es handelt sich um die 12. Jahresversammlung der Gesellschaft deutscher Naturforscher und Ärzte, die in Stuttgart vom 21. bis 29. September 1834 stattfand. An ihr konnte Schübler nicht mehr teilnehmen, da er am 8. September verstorben war.

Register

Ortsregister

Vorbemerkung: Zur leichteren Orientierung und Lokalisation ist bei den baden-württembergischen Ortsnamen die heutige Gemeinde sowie die Landkreiszugehörigkeit mit Hilfe der amtlichen Kennzeichen in Großbuchstaben angegeben. Sie folgt den Vorgaben des Ortslexikons unter der Internet-Adresse: www.leo-bw.de.

Personenregister

Tafelteil

Abb. 4 Alter Botanischer Garten in Tübingen, rechts im Bild das unter Schübler erbaute Gewächshaus, Ansicht vom nördlichen Österberg von Heinrich Baumann 1828. – © Stadtmuseum Tübingen, Inventar Nr. 250.

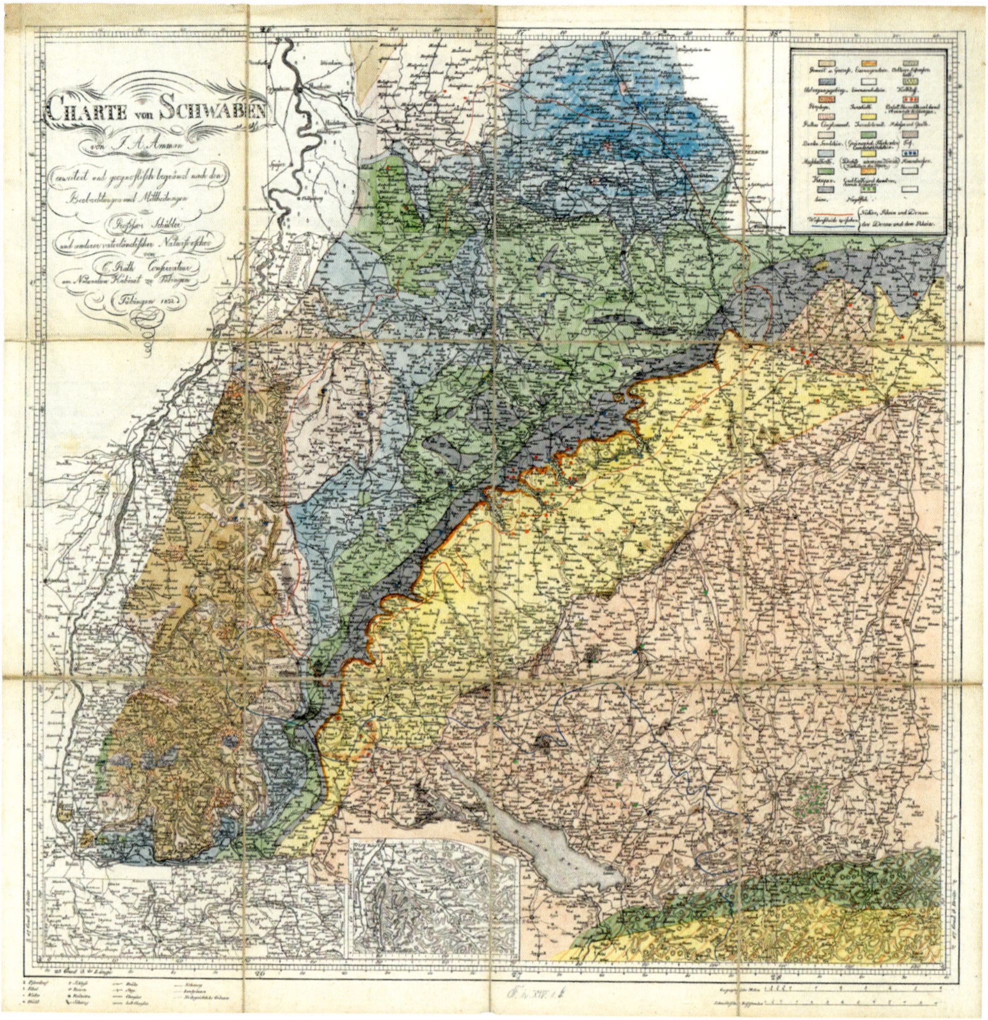

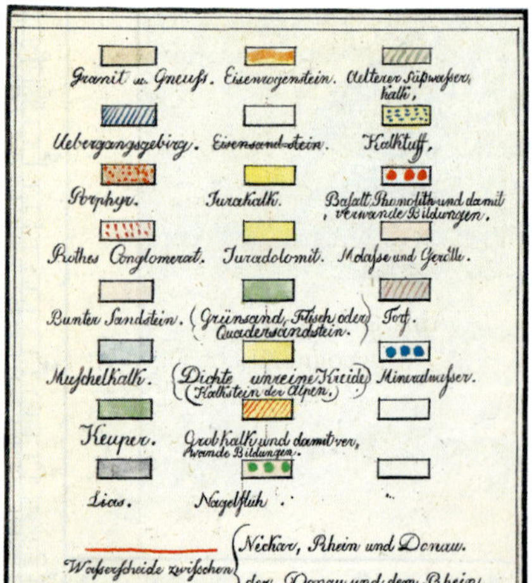

Abb. 7 Erste geologische Karte von Baden-Württemberg, sogenannte Charte von Schwaben von J. A. Amman, erweitert und geognostisch begrenzt nach den Beobachtungen und Mitteilungen von Prof. Schübler und anderer vaterländischer Naturforscher, von Carl Rath, Konservator am Naturalien-Kabinett Tübingen. Tübingen 1832. – Vorlage und Aufnahme: UB Tübingen.

Abb. 8 *Carte en rélief* von Württemberg, Relief von Württemberg, gefertigt von Carl Rath, geognostische Darstellung. Tübingen 1833. Vorlage: Universität Hohenheim, Institut für Bodenkunde und Standortlehre (Prof. Dr. Karl Stahr); Aufnahme: Manfred Grohe, Kirchentellinsfurt.

Abb. 9 *Carte en rélief* von Württemberg, Relief von Württemberg, gefertigt von Carl Rath, Kulturarten-Darstellung. Vorlage: Unternehmensgruppte Fürst von Hohenzollern, Sammlungen und Hofbibliothek, Sigmaringen; Aufnahme: Katja Ott, Mengen.

Abb. 14 Bodensee, Ausschnitt aus der *Carte en rélief* von Württemberg 1833 (Vorlage und Aufnahme wie Abb. 8).

Messstationen des Württembergischen Meteorologischen Vereins 1823–1850

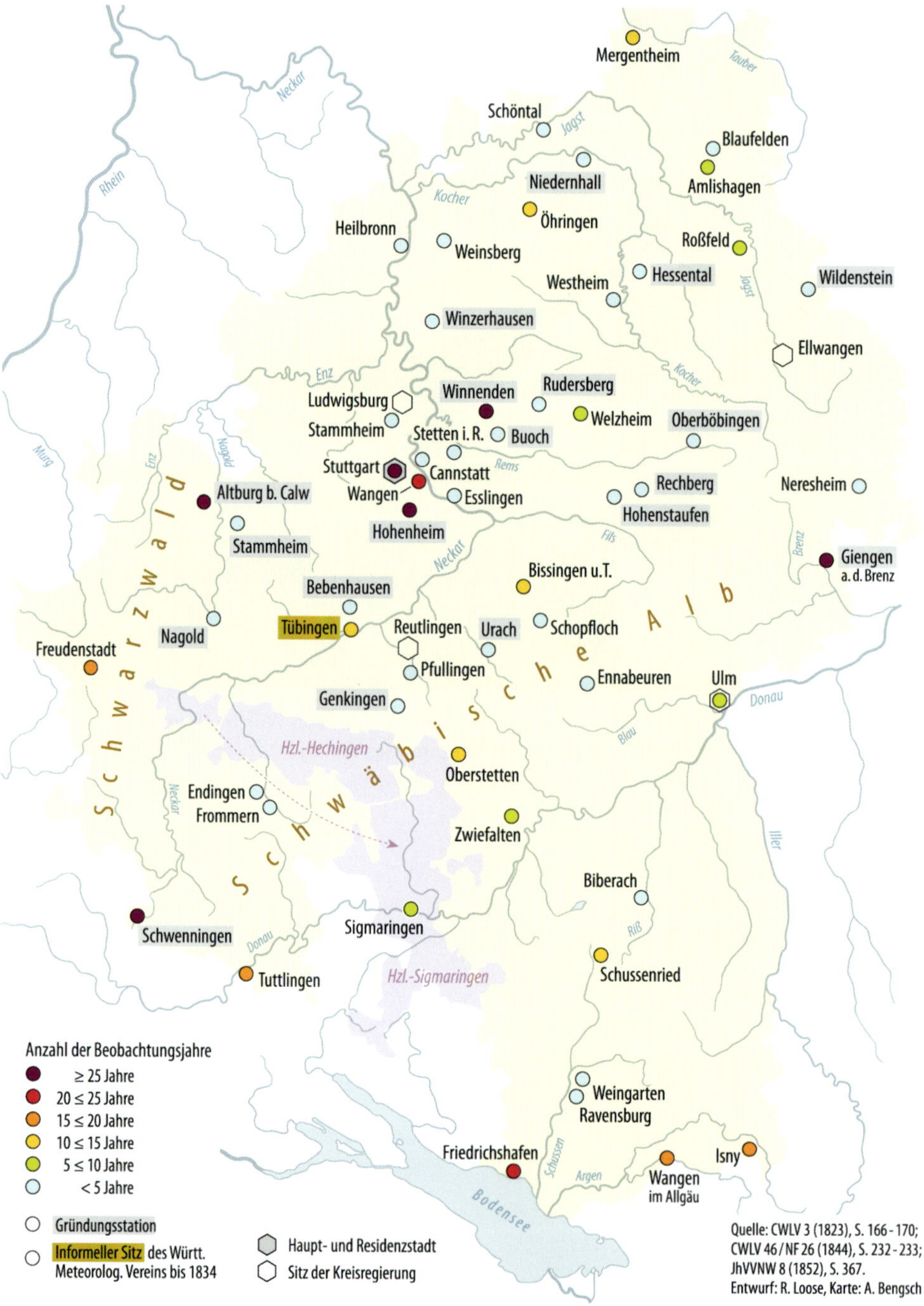

Abb. 19 Kartogramm: Messstationen des Württembergischn Meteorologischen Vereins 1823–1850. – Entwurf: R. Loose; Kartografie: Axel Bengsch, Tübingen.

Abb. 20 Hochwassermarke vom 29. Oktober 1824 am Haus Hauptstraße 29 in Schiltach. – Aufnahme: R. Loose.

Abb. 22 Fernrohr von Hofoptikus Carl Oechsle aus Esslingen, ca. 1830. – Vorlage und Aufnahme: Städtische Museen Esslingen, Stadtmuseum im Gelben Haus, Signatur: STME 006025.

Abb. 23 Mikroskop von Carl Oechsle (um 1830/40). – Vorlage: Universität Tübingen, Institut für Evolution der Pflanzen, Herbarium Tubingense; Aufnahme: Manfred Grohe, Kirchentellinsfurt.

Abb. 28 *Schübleria diffusa, Schübleria conferta Mart.,* neue Pflanzenarten der Familie *Gentianeae,* gefunden und beschrieben von C. F. Ph. von Martius auf der Reise in Brasilien 1817–1820; 1826 zu Ehren von Gustav Schübler benannt *(viro clarissimo Gustavo Schübler, apud Tubingeses Botanices Professori, Physiologo et Agronomo meritissimo);* – Abbildungen aus: Nova genera et species plantarum quas in itinere per Brasiliam 1817–1820 per Brasiliam suscepto collegit et descripsit. Bd. 2 (München 1826), S. 113–118 und Tafel 186. – Vorlage und Aufnahme: UB Tübingen.

Abb. 29 *Schübleria stricta,* neue Pflanzenart der Familie *Gentianeae,* gefunden und beschrieben von C. F. Ph. von Martius auf der Reise nach Brasilien 1817–1820; Tafel 187 aus: Nova genera et species plantarum quas in itinere per Brasiliam 1817–1820 per Brasiliam suscepto collegit et descripsit. Bd. 2 (München 1826), S. 113–118 und Tafel 186. – Vorlage und Aufnahme: UB Tübingen.

Abb. 30 *Schübleria patula,* neue Pflanzenart der Familie *Gentianeae,* gefunden und beschrieben von C. F. Ph. von Martius auf der Reise nach Brasilien 1817–1820; Tafel 188 aus: Nova genera et species plantarum quas in itinere per Brasiliam 1817–1820 per Brasiliam suscepto collegit et descripsit. Bd. 2 (München 1826), S. 113–118 und Tafel 186. – Vorlage und Aufnahme: UB Tübingen.